冶金工业建设工程预算定额

（2012 年版）

第一册　土建工程
（上册）

北　京

冶 金 工 业 出 版 社

2013

图书在版编目（CIP）数据

冶金工业建设工程预算定额:2012 年版. 第一册,土建工程. 上册/冶金工业建设工程定额总站编. —北京:冶金工业出版社,2013.1

ISBN 978-7-5024-6131-7

Ⅰ. ①冶… Ⅱ. ①冶… Ⅲ. ①冶金工业—建筑工程—建筑预算定额—中国 Ⅳ. ①TU723. 3

中国版本图书馆 CIP 数据核字(2012)第 296330 号

出 版 人 谭学余
地　　　址 北京北河沿大街嵩祝院北巷 39 号，邮编 100009
电　　　话 (010)64027926 电子信箱 yjcbs@cnmip. com. cn
责任编辑 李培禄 美术编辑 彭子赫 版式设计 孙跃红
责任校对 王贺兰 刘　倩 责任印制 牛晓波
ISBN 978-7-5024-6131-7

冶金工业出版社出版发行；各地新华书店经销；三河市双峰印刷装订有限公司印刷
2013 年 1 月第 1 版，2013 年 1 月第 1 次印刷
850mm×1168mm　1/32；16.25 印张；437 千字；504 页
95. 00 元

冶金工业出版社投稿电话：(010)64027932　投稿信箱：tougao@cnmip. com. cn
冶金工业出版社发行部　电话：(010)64044283　传真：(010)64027893
冶金书店　地址：北京东四西大街 46 号(100010)　电话：(010)65289081(兼传真)
(本书如有印装质量问题，本社发行部负责退换)

冶金工业建设工程定额总站　文件

冶建定[2012]52 号

关于颁发《冶金工业建设工程预算定额》(2012 年版)的通知

为适应冶金工业建设工程的需要,规范冶金建筑安装工程造价计价行为,指导企业合理确定和有效控制工程造价,由总站组织冶金系统造价专业人员修编的《冶金工业建设工程预算定额》(2012 年版)已经完成。经审查,现予以颁发,自 2012 年 11 月 1 日起施行。原冶金工业建设工程定额总站颁发的《冶金工业建设工程预算定额》(2001 年版)(共十四册)同时停止执行。

本定额由冶金工业建设工程定额总站负责具体解释和日常管理。

冶金工业建设工程定额总站

二〇一二年九月十九日

综 合 组：张德清　林希琤　赵　波　陈　月　张连生　吴永钢　吴新刚　万　缨　乔锡凤　文　苹

　　　　　　孙旭东　陈国裕　郭绍君　付文东　郑　云　朱四宝　杨　明　徐战艰　张福山

主 编 单 位：首钢总公司

副主编单位：中冶京诚工程技术有限公司

参 编 单 位：中国一冶集团有限公司

　　　　　　北京首钢国际工程技术有限公司

协 编 单 位：鹏业软件股份有限公司

主　　　编：宋国秀

副 主 编：武岩松　陈旭臣　张凤桐　张玉明

参 编 人 员：丁利霞　于俊良　王亚琦　冯丽英　刘志玲　张　磊　吴铁松　苏　娜　岳继红　范　晔

　　　　　　赵西子　杨志彬　高　铭　钱立全　韩永红　董秀玉　斯尚诺

编 辑 排 版：赖勇军

总 说 明

一、《冶金工业建设工程预算定额》(2012 年版)共分十四册,包括:

第一册《土建工程》(上、下册)

第二册《地基处理工程》

第三册《机械设备安装工程》(上、下册)

第四册《电气设备安装工程》

第五册《自动化控制仪表安装工程、消防及安全防范设备安装工程》

第六册《金属结构件制作与安装工程》

第七册《总图运输工程》

第八册《刷油、防腐、保温工程》

第九册《冶金炉窑砌筑工程》

第十册《工艺管道安装工程》

第十一册《给排水、采暖、通风、除尘管道安装工程》

第十二册《冶金施工机械台班费用定额》

第十三册《材料预算价格》

第十四册《冶金工厂建设建筑安装工程费用定额》

二、《冶金工业建设工程预算定额》(2012 年版)(以下简称本定额)是完成规定计量单位分项工程计价所需的人工、材料、施工机械台班的指导性消耗量标准;是统一冶金建筑安装工程预算工程量计算规则、项目划分、计量单位的依据;是编制冶金建筑安装工程施工图预算、招标控制价、确定工程造价的依据;是编制概算定额(指标)、投资估算指标的基础;也可作为制定企业定额和投标报价的基础;其中建筑安装工程的工程量计算规则、项目划分、计量单位、工作内容等也可作为实行工程量清单计价、编制冶金建筑安装工程量清单的基础依据。

三、本定额适用于冶金工厂的生产车间和与之配套的辅助车间、附属生产车间的新建、扩建工程(包括技术改造工程)。

四、本定额是依据国家及冶金行业现行有关产品标准、设计规范、施工及验收规范、技术操作规程、质量评定标准和安全操作规程编制的,同时也参考了有代表性的工程设计、施工资料和其他资料。

五、本定额是按目前冶金施工企业普遍采用的施工方法、机械化装备程度、合理的工期、施工工艺和劳动组织条件,同时也参考了目前冶金建筑市场招投标工程的中标价格行情进行编制的,基本上反映了冶金建筑市场目前的投标价格水平。

六、本定额基价为 2012 年基期市场价格的水平,是建筑安装工程费用定额进行取费的基础。为维护冶金建筑市场正常秩序和参建各方的合法权益,本基价应根据冶金建筑安装工程市场要素(人工、材料、机械)价格的变化情况,进行动态管理。冶金行业各单位的工程造价管理部门,可根据社会发展和施工技术水平的进步,依据典型工程的测算,适时发布不同类型(别)工程的调整系数,对其进行调整,使之与冶金建筑市场的招投标价格行情基本上相适应。

七、本定额是按下列正常的施工条件进行编制的：

1. 设备、材料、成品、半成品、构件完整无损，符合质量标准和设计要求，附有合格证书、实验记录和技术说明书。

2. 安装工程和土建工程之间的交叉作业正常。如施工与生产同时进行时，其降效增加费按人工费的10%计取。

3. 正常的气候、地理条件和施工环境。如在特殊的自然地理条件下进行施工的工程，如高原、高寒、沙漠、沼泽地区以及洞库、水下工程，其增加费用应按省、自治区、直辖市的有关规定执行；如省、自治区、直辖市无规定时，可按有关部门的规定执行。

4. 如在有害身体健康的环境中施工时，其降效增加费按人工费的10%计取。

5. 水、电供应均满足建筑安装工程施工正常使用。

6. 安装地点、建筑物、设备基础、预留孔洞等均符合安装要求。

八、人工工日消耗量的确定：

1. 本定额的人工工日以综合工日表示，包括基本用工和其他用工。

2. 基价中的定额综合工日单价采用2011年市场调查综合取定。其中：建筑工程75元/工日，安装工程80元/工日，包括基本工资、辅助工资和工资性津贴等。

九、材料消耗量的确定：

1.本定额中的材料消耗量包括直接消耗在建筑安装工作内容中的主要材料、辅助材料和零星材料等,并计入了相应损耗。其内容和范围包括:从工地仓库、现场集中堆放地点或现场加工地点到操作或安装地点的运输损耗、施工操作损耗、施工现场堆放损耗。

2.凡定额中未注明单价的材料均为主材,本定额基价中不包括其价格,应按"( )"内所列的用量,向材料供应商询价、招标采购或按经建设单位批准认可的工程所在地的市场价格进行采购,计算工程招投标书中的材料价格。

3.本定额基价的材料单价是采用《冶金工业建设工程预算定额》(2012 年版)第十三册《材料预算价格》取定的,不足部分予以补充。

4.用量少、对定额基价影响很小的零星材料合并为其他材料费,按占定额基价中材料费的百分比计算,以"元"表示,其费用已计入材料费内。具体占材料费的百分数,详见各册说明。

5.施工措施性消耗部分,周转性材料按不同施工方法、不同材质分别列出一次使用量和一次摊销量。

6.主要材料损耗率见各册附录。

十、施工机械台班消耗量的确定:

1.本定额的机械台班消耗量是按正常合理的机械配备和冶金施工企业的机械化装备程度综合取定的。

2.凡单位价值在 2000 元以内、使用年限在两年以内的不构成固定资产的工具、用具等未进入定额,已在建筑安装工程费用定额中考虑。

3.本定额基价中的施工机械使用费是采用《冶金工业建设工程预算定额》（2012年版）第十二册《冶金施工机械台班费用定额》中的台班单价计算的。其中允许在公路上行走的机械，需要交纳车船使用税的机型，机械台班使用费单价中已包括车船使用税、保险费、年检费等其他费用。

4.零星小型机械对定额影响不大的，合并为其他机械费，按占机械使用费的百分比计算，以"元"表示，其费用已计入机械使用费内。具体占机械费的百分数，详见各册说明。

十一、施工仪器仪表台班消耗量的确定：

1.本定额的施工仪器仪表消耗量是按冶金施工企业的现场校验仪器仪表配备情况综合取定的，实际与定额不符时，除各章另有说明外，均不作调整。

2.凡单位价值在2000元以内、使用年限在两年以内的不构成固定资产的施工仪器仪表等未进入定额，已在建筑安装工程费用定额中考虑。

3.施工仪器仪表台班单价，是按2000年建设部颁发的《全国统一安装工程施工仪器仪表台班费用定额》计算的。

十二、关于水平和垂直运输：

1.设备：包括自安装现场指定堆放地点运至安装地点的水平和垂直运输。

2.材料、成品、半成品：包括自施工单位现场仓库或现场指定堆放地点运至建筑安装地点的水平和垂直运输。

3.垂直运输基准面：室内以室内地平面为基准面，室外以安装现场地平面为基准面。

十三、本定额适用于海拔高程 2000m 以下、地震烈度七度以下的地区,超过上述情况时,可结合具体情况,由建设单位与施工单位在合同中约定。

十四、本定额中注有"XXX 以内"或"XXX 以下"者均包括 XXX 本身,"XXX 以外"或"XXX 以上"者均不包括 XXX 本身。

十五、本说明未尽事宜,详见各册和各章、节的说明。

目　录

第一章　土石方工程

第四章　混凝土及钢筋混凝土工程

册　说　明

一、本册定额计算建筑面积规定,执行 GB/T 50353—2005《建筑工程建筑面积计算规范》(以下简称《规范》)。本册说明仅列出《规范》中"计算建筑面积的规定"内容,其他未列出内容详见《规范》。

二、《冶金工业建设工程预算定额》(2012 年版)第一册《土建工程》(上、下册)内容包括:土石方工程,脚手架工程,砌筑工程,混凝土及钢筋混凝土工程,混凝土构件运输及安装,门窗,楼地面工程,屋面及防水工程,防腐、保温、隔热工程,装饰工程,建筑工程垂直运输,高层建筑超高增加费,附录为混凝土、砂浆配合比。

三、本册定额的工效是按檐高 20m 以下为准编制的,超过 20m 的建筑物另按规定计取高层建筑超高增加费。

四、本册定额工作内容仅注明主要工序,次要工序虽未说明但已包括在定额中。

五、本册定额中的混凝土、砂浆及防腐砂浆是按常用标准列入定额,若设计要求与定额不同时,允许换算。

六、本册定额中的材料、辅助材料、零星材料等凡能计量的材料、成品、半成品均按品种、规格逐一列出数量,并计取相应损耗。对次要和零星的材料未一一列出,均包括在其他材料费中,以"元"表示。

七、本册定额项目内用量极少的中小型机械(含小型工具)以其他机具费的形式列入定额以"元"表示。

八、本册定额的工程水、电消耗已包括在定额子目中,不得重复计取。

建筑面积计算规则

一、单层建筑物的建筑面积,应按其外墙勒脚以上结构外围水平面积计算,并应符合下列规定:

1. 单层建筑物高度在 2.20m 及以上者应计算全面积;高度不足 2.20m 者应计算 1/2 面积。

2. 利用坡屋顶内空间时,顶板下表面至楼面的净高超过 2.10m 的部位应计算全面积;净高在 1.20 ~ 2.10m 的部位应计算 1/2 面积;净高不足 1.20m 的部位不应计算面积。

二、单层建筑物内设有局部楼层者,局部楼层的二层及以上楼层,有围护结构的应按其围护结构外围水平面积计算,无围护结构的应按其结构底板水平面积计算。层高在 2.20m 及以上者应计算全面积;层高不足 2.20m 者应计算 1/2 面积。

三、多层建筑物首层应按其外墙勒脚以上结构外围水平面积计算;二层及以上楼层应按其外墙结构外围水平面积计算。层高在 2.20m 及以上者应计算全面积;层高不足 2.20m 者应计算 1/2 面积。

四、多层建筑坡屋顶内和场馆看台下,当设计加以利用时净高超过 2.10m 的部位应计算全面积;净高在 1.20 ~ 2.10m 的部位应计算 1/2 面积;当设计不利用或室内净高不足 1.20m 时不应计算面积。

五、地下室、半地下室(车间、商店、车站、车库、仓库等),包括相应的有永久性顶盖的出入口,应按其外墙上口(不包括采光井、外墙防潮层及其保护墙)外边线所围水平面积计算。层高在 2.20m 及以上者应计算全面积;层高不足 2.20m 者应计算 1/2 面积。

六、坡地的建筑物吊脚架空层、深基础架空层,设计加以利用并有围护结构的,层高在 2.20m 及以上的部位应计算全面积;层高不足 2.20m 的部位应计算 1/2 面积。设计加以利用、无围护结构的建筑吊脚架空层,应按其利用部位水平面积的 1/2 计算;设计不利用的深基础架空层、坡地吊脚架空层、多层建筑坡屋顶内、场馆看台下的空间不应计算面积。

七、建筑物的门厅、大厅按一层计算建筑面积。门厅、大厅内设有回廊时,应按其结构底板水平面积计算。回廊层高在 2.20m 及以上者应计算全面积;层高不足 2.20m 者应计算 1/2 面积。

八、建筑物间有围护结构的架空走廊,应按其围护结构外围水平面积计算,层高在 2.20m 及以上者应计算全面积;层高不足 2.20m 者应计算 1/2 面积。有永久性顶盖无围护结构的应按其结构底板水平面积的 1/2 计算。

九、立体书库、立体仓库、立体车库,无结构层的应按一层计算,有结构层的应按其结构层面积分别计算。层高在 2.20m 及以上者应计算全面积;层高不足 2.20m 者应计算 1/2 面积。

十、有围护结构的舞台灯光控制室,应按其围护结构外围水平面积计算。层高在 2.20m 及以上者应计算全面积;层高不足 2.20m 者应计算 1/2 面积。

十一、建筑物外有围护结构的落地橱窗、门斗、挑廊、走廊、檐廊,应按其围护结构外围水平面积计算。层高在 2.20m 及以上者应计算全面积;层高不足 2.20m 者应计算 1/2 面积。有永久性顶盖无围护结构的应按其结构底板水平面积的 1/2 计算。

十二、有永久性顶盖无围护结构的场馆看台应按其顶盖水平投影面积的 1/2 计算。

十三、建筑物顶部有围护结构的楼梯间、水箱间、电梯机房等,层高在 2.20m 及以上者应计算全面积;层高不足 2.20m 者应计算 1/2 面积。

十四、设有围护结构不垂直于水平面而超出底板外沿的建筑物,应按其底板面的外围水平面积计算。层高在 2.20m 及以上者应计算全面积;层高不足 2.20m 者应计算 1/2 面积。

十五、建筑物内的室内楼梯间、电梯井、观光电梯井、提物井、管道井、通风排气竖井、垃圾道、附墙烟囱应按建筑物的自然层计算。

十六、雨篷结构的外边线至外墙结构外边线的宽度超过 2.10m 者,应按雨篷结构板的水平投影面积的 1/2 计算。

十七、有永久性顶盖的室外楼梯,应按建筑物自然层的水平投影面积的 1/2 计算。

十八、建筑物的阳台均应按其水平投影面积的 1/2 计算。

十九、有永久性顶盖无围护结构的车棚、货棚、站台、加油站、收费站等,应按其顶盖水平投影面积的 1/2 计算。

二十、高低联跨的建筑物,应以高跨结构外边线为界分别计算建筑面积;其高低跨内部连通时,其变形缝应计算在低跨面积内。

二十一、以幕墙作为围护结构的建筑物,应按幕墙外边线计算建筑面积。

二十二、建筑物外墙外侧有保温隔热层的,应按保温隔热层外边线计算建筑面积。

二十三、建筑物内的变形缝,应按其自然层合并在建筑物面积内计算。

二十四、下列项目不应计算面积:

1. 建筑物通道(骑楼、过街楼的底层)。

2. 建筑物内的设备管道夹层。

3. 建筑物内分隔的单层房间,舞台及后台悬挂幕布、布景的天桥、挑台等。

4. 屋顶水箱、花架、凉棚、露台、露天游泳池。

5. 建筑物内的操作平台、上料平台、安装箱和罐体的平台。

6. 勒脚、附墙柱、垛、台阶、墙面抹灰、装饰面、镶贴块料面层、装饰性幕墙、空调室外机搁板(箱)、飘窗、构件、配件、宽度在2.10m及以内的雨篷以及与建筑物内不相连通的装饰性阳台、挑廊。

7. 无永久性顶盖的架空走廊、室外楼梯和用于检修、消防等的室外钢楼梯、爬梯。

8. 自动扶梯、自动人行道。

9. 独立烟囱、烟道、地沟、油(水)罐、气柜、水塔、贮油(水)池、贮仓、栈桥、地下人防通道、地铁隧道。

第一章　土石方工程

说　　明

一、本章包括：人工土石方和机械土石方 2 节，共 162 个子目。

二、人工土石方：

1. 凡工程量在 30m³ 以内，且基坑图示底面积 4m² 以内、沟槽槽宽 1m 以内的，方可执行人工土石方工程。

2. 土壤、岩石分类，详见"土壤、岩石分类表"。表中所列Ⅰ、Ⅱ类为定额中一、二类土壤（普通土），Ⅲ类为定额中三类土壤（坚土），Ⅳ类为定额中四类土壤（砂砾坚土）。

3. 人工挖地槽、基坑定额深度最深为 6m，超过 6m 时，每加深 1m 乘以系数 1.25。

4. 人工土方定额是按干土编制的，如挖湿土时，人工乘以系数 1.18。干、湿土的划分，应按地质勘测资料以地下常水位为准划分，地下常水位以上为干土，以下为湿土。

5. 淤泥与湿土的区分：地下静止水位以下的土层为湿土；堆积起来不能成型或具有流变性质的为淤泥或流砂。

6. 人工挖土定额中未包括地下水位以下施工的排水费用，发生时另行计算。挖土方时如有地表水需要排除时，亦应另行计算。

7. 场地按竖向布置挖填土方时，不再计算平整场地的工程量。

8. 在有挡土板支撑下挖土方时，按实挖体积，人工乘以系数 1.43。

9. 挖桩间土方时，按实挖体积（不扣除桩体占用体积），人工乘以系数 1.25。

10. 人工平整场地是指厚度在 ±30cm 以内挖、填及找平。挖、填土方厚度超过 ±30cm 时，按挖土方计算。

三、机械土石方：

1. 土壤、岩石分类，详见"土壤、岩石分类表"。表中Ⅴ类为定额中松石，Ⅵ~Ⅷ类为定额中次坚石，Ⅸ、Ⅹ类为普坚石，Ⅺ、Ⅻ类为特坚石。

2. 机械挖土均以天然湿度土壤为准。若含水率大于25%时，定额人工、机械乘以系数1.15。若含水率大于40%时，另行计算。

3. 推土机推土、推石碴，铲运机铲运土，重车上坡，坡度大于5%时，其运距按坡度区段斜长乘以下表所列系数计算。

坡度系数表

坡度(%)	5~10	15以内	20以内	25以内
系数	1.75	2.0	2.25	2.50

4. 汽车、人力车，重车上坡降效因素，已综合在相应的运输定额项目中，不再另行计算。

5. 机械挖土方需人工清底的清底深度按0.3m计算，定额套用挖深1.5m以内人工挖土方相应定额项目且人工乘以系数2。

6. 推土机推土或铲运机铲土土层平均厚度小于30cm时，推土机台班用量乘以系数1.25；铲运机台班用量乘以系数1.17。

7. 挖掘机在垫板上进行作业时，人工、机械乘以系数1.25，定额内不包括垫板铺设所需的人工、材料和机械的消耗。

8. 推土机推未经压实的堆积土时，按相应定额项目推土机台班用量乘以系数0.73。

9. 填料碾压定额是按不同压路机及不同遍数综合编制的，并已考虑了施工过程中的各种因素及推平机械,在执行中不得换算。

10.填料工程量按压实方计算,定额材料用量中已包含压实系数及施工损耗。

11.机械石方定额已综合了不同的开挖阶段高度、坡面开挖、改炮、找平、撬动松石等因素。如设计规定对石料粒径有要求时,所需增加的人工、材料和机械费用,应另行计算。

12.机械土方定额是按三类土编制的,如实际土壤类别为四类土时,定额中机械台班量乘以下表所列系数计算。

项　　　目	一、二类土壤	四类土壤
推土机推土方	0.84	1.18
铲运机铲运土方	0.84	1.26
自行铲运机铲运土方	0.86	1.09
挖掘机挖土方	0.84	1.14

13.石方爆破定额是按建筑工程小型爆破(如炮眼法)考虑的,不分明炮、闷炮均执行本定额。中型或大型爆破(如药室法),可另行计算。

14.定额中的爆破材料是按炮孔中无地下渗水、积水编制的,炮孔中若出现地下渗水、积水时,处理渗水或积水发生的费用另行计算。

15.定额内未计爆破时所需覆盖的安全网、草袋、架设安全屏障等设施,发生时另行计算。

16.石方爆破定额是按电雷管导电引爆编制的,如采用火雷管爆破时,雷管应换算,数量不变,扣除定额中的胶质导线,换为导火索,导火索的长度按每个雷管 1.56m 计算。

17. 机械上、下行驶坡道土方,按施工组织设计计算;无施工组织设计时,可按挖方总量的 3% 计算,合并在土方工程量内。

18. 汽车运土、石方,运输道路是按 Ⅰ、Ⅱ、Ⅲ 类道路综合考虑的,并已考虑了运输过程中清理道路的人工。如需要铺筑材料时,另行计算。

19.《冶金工业建设工程预算定额》(2012 年版)第十册《工艺管道安装工程》中的土石方挖运项目执行本册土石方章节有关子目。

工程量计算规则

一、计算土石方工程量前,应确定下列各项资料:

1. 土壤及岩石类别的确定:土石方工程土壤及岩石类别的划分,依据工程勘测资料和"土壤、岩石分类表"对照后确定。

2. 地下水位标高及降水方法(参见地质勘察报告及地基处理子目)。

3. 土方、沟槽、基坑挖(填)起止标高,施工方法及运距。

4. 岩石开凿、爆破方法,石碴清运方法及运距。

5. 其他有关资料。

二、土石方工程量计算一般规则:

1. 土方体积均以挖掘前的天然密实体积为准计算。如遇有必须以天然密实体积折算时,可参考下表所列数值换算。

土石方体积折算表

虚方体积	天然密实度体积	夯实后体积	松填体积
1.00	0.77	0.67	0.83
1.30	1.00	0.87	1.08
1.50	1.15	1.00	1.25
1.20	0.92	0.80	1.00

2. 挖土一律以设计室外地坪标高为准计算。

三、平整场地及碾压工程量按下列规定计算:

1. 平整场地工程量按建筑物或构筑物底面积的外边线每边各增加2m,以平方米(m²)计算。围墙按中心线每边各增加1m计算。室外管道沟不计算平整场地。

2. 场地原土碾压以 m² 计算,填料碾压按设计垫层面积乘以设计厚度以立方米(m³)计算。

四、挖掘沟槽、基坑土方工程量按下列规定计算:

1. 沟槽、基坑划分:凡图示沟槽底宽在3m以内,且沟槽长大于槽宽三倍的,为沟槽;凡图示基坑底面积在20m² 以内的为基坑;凡图示沟槽底宽3m以上,坑底面积20m² 以上,平整场地挖土方厚度在30cm以上,均按挖土方计算。

2. 计算挖土方、沟槽、基坑,放坡系数及起点按下表规定计算。

放坡系数表

土壤类别	放坡起点(m)	人工挖土	机械挖土	
			在坑内作业	在坑上作业
Ⅰ~Ⅱ类土	1.20	1:0.50	1:0.33	1:0.75
Ⅲ类土	1.50	1:0.33	1:0.25	1:0.67
Ⅳ类土	2.00	1:0.25	1:0.10	1:0.33

注:1. 沟槽、基坑中土壤类别不同时,分别按其放坡起点、放坡系数依不同土壤厚度加权平均计算。

　　2. 计算放坡时,在交接处的重复工程量不予扣除,原槽、坑作基础垫层时,放坡自垫层上表面开始计算。

3. 挖沟槽、基坑需支挡土板时,其宽度按图示沟槽、基坑底宽,单面加10cm,双面加20cm计算。挡土板面积,按槽、坑垂直支撑面积计算,不分连续和断续,均执行本定额;支挡土板后,不得再计算放坡工程量。

4. 挖沟槽长度,外墙按图示中心线长度计算;内墙按图示基础底面之间净长线长度计算;内外突出部分(垛、附墙烟囱等)体积并入沟槽土方工程量内计算。

5. 沟槽、基坑深度,按图示槽、坑底面至室外地坪深度计算;管道地沟按图示沟底面至室外地坪深度计算。

6. 挖管道沟槽按图示中心线长度计算;沟底宽度,设计有规定的,按设计规定尺寸计算,设计无规定的,可按下表规定宽度计算。

管道地沟沟底宽度计算表

管径(mm)	铸铁管、钢管、石棉水泥管	混凝土、钢筋混凝土、预应力混凝土管	陶土管
50～70	0.60	0.80	0.70
100～200	0.70	0.90	0.80
250～350	0.80	1.00	0.90
400～450	1.00	1.30	1.10
500～600	1.30	1.50	1.40
700～800	1.60	1.80	
900～1000	1.80	2.00	
1100～1200	2.00	2.30	
1300～1400	2.20	2.60	

注:1. 按上表计算管道沟土方工程量时,各种井类及管道(不含铸铁给排水管)接口等处需加宽增加的土方量不另行计算,底面积大于
   20m² 的井类,其增加工程量并入管沟土方内计算。

   2. 铺设铸铁给排水管道时其接口等处土方增加量,可按铸铁给排水管道地沟土方数量的2.5%计算。

7. 基础施工所需增加的工作面,按施工组织设计规定计算,如无规定,可按下表规定计算:

基础施工所需工作面宽度计算表

基 础 材 料	每边各增加工作面宽度(mm)
砖基础	200
浆砌毛石、条石基础	150
混凝土基础垫层模板	300
混凝土基础支模板	300
基础垂直做防水层	800(防水层面)

五、石方开挖及爆破工程量,区别石质规定:石方开挖一般按图示尺寸以 m³ 计算;沟槽和地坑开挖按图示尺寸另加允许超挖量以 m³ 计算。允许超挖量按被开挖的坡面积乘以允许超挖厚度。允许超挖厚度:松、次坚石为 20cm,普坚石为 15cm,特坚石为 10cm。

六、回填土区分夯填、松填按图示回填体积并按下列规定,以立方米(m³)计算:

1. 沟槽、基坑回填土,以挖方体积减去设计室外地坪以下埋设砌筑物(包括垫层、基础、管道等)体积计算。

2. 房心回填土,按墙之间的面积乘以回填土厚度计算。

3. 余土或取土工程量,可按下式计算:

$$余土外运体积 = 挖土总体积 - 回填土总体积$$

注:式中计算结果为正值时为余土外运体积,负值时为需取土体积。

4. 管道沟槽回填,以挖方体积减去管径所占体积计算。管径在 500mm 以下的不扣除管道所占体积;管径超过 500mm 以上时,按下表规定扣除管道所占体积计算。

管道扣除土方体积表

管道名称	管 道 直 径 (mm)					
	501~600	601~800	801~1000	1001~1200	1201~1400	1401~1600
钢 管	0.21	0.44	0.71			
铸 铁 管	0.24	0.49	0.77			
混凝土管	0.33	0.60	0.92	1.15	1.35	1.55

七、土方运距按下列规定计算:

1. 推土机推土运距:按挖方区重心至回填区重心之间的直线距离计算。

2. 铲运机运土运距:按挖方区重心至卸土区重心加转向距离计算(斗容量 $3m^3$ 以上的转向距离为45m)。

3. 自卸汽车运土运距:按挖方区重心至填土区(或堆放地点)重心的最短距离计算。

八、挡土墙、窨井、化粪池等不计算平整场地。

土壤及岩石(普氏)分类表

定额分类	普氏分类	土壤及岩石名称	天然湿度下平均容重 (kg/m³)	极限压碎强度 (kg/cm²)	用轻钻孔机钻进1m耗时(min)	开挖方法及工具	紧固系数 (f)
一、二类土壤	I	砂 砂壤土 腐殖土 泥炭	1500 1600 1200 600			用尖锹开挖	0.5~0.6
	II	轻壤土和黄土类土 潮湿而松散的黄土,软的盐渍土和碱土 平均15mm以内的松散而软的砾石 含有草根的密实腐殖土 含有直径在30mm以内根类的泥炭和腐殖土 掺有卵石、碎石和石屑的砂和腐殖土 含有卵石或碎石杂质的胶结成块的填土 含有卵石、碎石和建筑料杂质的砂壤土	1600 1600 1700 1400 1100 1650 1750 1900			用锹开挖并少数用镐开挖	0.6~0.8
三类土壤	III	肥黏土,其中包括侏炭纪,侏罗纪的黏土和冰黏土 重壤土、粗砾石、粒径为15~40mm的碎石和卵石 干黄土和掺有碎石或卵石的自然含水量黄土 含有直径大于30mm根类的腐殖土或泥炭 掺有碎石或卵石和建筑碎料的土壤	1800 1750 1790 1400 1900			用尖锹并同时用镐开挖(30%)	0.81~1.0
四类土壤	IV	含碎石重黏土,其中包括侏罗纪和石炭纪的硬黏土 含有碎石、卵石、建筑碎料和重达25kg的顽石(总体积10%以内)等杂质的肥黏土和重壤土	1950 1950			用尖锹并同时用镐和撬棍开挖(30%)	1.0~1.5

续前

定额分类	普氏分类	土壤及岩石名称	天然湿度下平均容重（kg/m³）	极限压碎强度（kg/cm²）	用轻钻孔机钻进1m耗时（min）	开挖方法及工具	紧固系数（f）
四类土壤	Ⅳ	冰碛黏土,含有重量在50kg以内的巨砾,其含量为总体积10%以内	2000			用尖锹并同时用镐和撬棍开挖（30%）	1.0 ~ 1.5
		泥板岩	2000				
		不含或含有重量达10kg的顽石	1950				
松石	Ⅴ	含有重量在50kg内的巨砾(占体积10%以上)的冰碛石	2100	小于200	小于3.5	部分用手凿工具,部分用爆破开挖	1.5 ~ 2.0
		硅藻岩和软白垩岩	1800				
		胶结力弱的砾岩	1900				
		各种不坚实的片岩	2600				
		石膏	2200				
次坚石	Ⅵ	凝灰岩和浮石	1100	200 ~ 400	3.5	用风镐的爆破法开挖	2 ~ 4
		松软多孔和裂隙严重的石灰岩和介质石灰岩	1200				
		中等硬变的片岩	2700				
		中等硬变的泥灰岩	2300				
	Ⅶ	石灰石胶结的带有卵石和沉积岩的砾石	2200	400 ~ 600	6.0	用爆破方法开挖	4 ~ 6
		风化的和有大裂缝的黏土质砂岩	2000				
		坚实的泥板岩	2800				
		坚实泥灰岩	2500				
	Ⅷ	砾质花岗岩	2300	600 ~ 800	8.5	用爆破方法开挖	6 ~ 8
		泥灰质石灰岩	2300				
		黏土质砂岩	2200				

定额分类	普氏分类	土壤及岩石名称	天然湿度下平均容重（kg/m³）	极限压碎强度（kg/cm²）	用轻钻孔机钻进1m耗时（min）	开挖方法及工具	紧固系数（f）
次坚石	Ⅷ	砂质云片岩	2300	600~800	8.5	用爆破方法开挖	6~8
		硬石膏	2900				
普坚石	Ⅸ	严重风化的软弱的花岗岩、片麻岩和正长岩	2500	800~1000	11.5	用爆破方法开挖	8~10
		滑石化的蛇纹岩	2400				
		致密的石灰岩	2500				
		含有卵石、沉积岩的硅质胶结的砾岩	2500				
		砂岩	2500				
		砂质石灰质片岩	2500				
		菱镁矿	3000				
	Ⅹ	白云石	2700	1000~1200	15.0	用爆破方法开挖	10~12
		坚固的石灰岩	2700				
		大理岩	2700				
		石灰岩质胶结的致密砾石	2600				
		坚固砂质片岩	2600				
特坚石	Ⅺ	粗花岗岩	2800	1200~1400	18.5	用爆破方法开挖	12~14
		非常坚硬的白云岩	2900				
		蛇纹岩	2600				
		石灰质胶结的含有火成岩之卵石的砾石	2800				
		石英胶结的坚固砂岩	2700				
		粗粒正长岩	2700				

定额分类	普氏分类	土壤及岩石名称	天然湿度下平均容重（kg/m³）	极限压碎强度（kg/cm²）	用轻钻孔机钻进1m耗时(min)	开挖方法及工具	紧固系数(f)
特坚石	XII	具有风化痕迹的安山岩和玄武岩	2700	1400～1600	22.0	用爆破方法开挖	14～16
		片麻岩	2600				
		非常坚固的石灰岩	2900				
		硅质胶结的含有火成岩之卵石的砾岩	2900				
		粗石岩	2600				
	XIII	中粒花岗岩	3100	1600～1800	27.5	用爆破方法开挖	16～18
		坚固的片麻岩	2800				
		辉绿岩	2700				
		玢岩	2500				
		坚固的粗面岩	2800				
		中粒正长岩	2800				
	XIV	非常坚硬的细粒花岗岩	3300	1800～2000	32.5	用爆破方法开挖	18～20
		花岗片麻岩	2900				
		闪长岩	2900				
		高硬度的石灰岩	3100				
		坚固的玢岩	2700				
	XV	安山岩、玄武岩、坚固的角页岩	3100	2000～2500	46.0	用爆破方法开挖	20～25
		高硬度的辉绿岩和闪长岩	2900				
		坚固的辉长岩和石英岩	2800				
	XVI	拉长玄武岩和橄榄玄武岩	3300	大于2500	大于60	用爆破方法开挖	大于25
		特别坚固的辉长绿岩、石英石和玢岩	3000				

一、人工土石方

1. 人工挖土方、淤泥、流砂

工作内容:1.挖土方:挖土、装土、修理底边。2.挖淤泥、流砂:挖、装淤泥、流砂、修理底边。　　　　　单位:100m³

定　额　编　号			1-1-1	1-1-2	1-1-3	1-1-4
项　　　　　目			一、二类土			
			深度(m)			
			1.5 以内	2 以内	4 以内	6 以内
基　　　价　（元）			**1353.75**	**1770.00**	**2673.75**	**3315.75**
其中	人　工　费　（元）		1353.75	1770.00	2673.75	3315.75
	材　料　费　（元）		-	-	-	-
	机　械　费　（元）		-	-	-	-
名　　　　　称	单位	单价(元)	数		量	
人工 综合工日	工日	75.00	18.050	23.600	35.650	44.210

工作内容:同前

单位:100m³

定 额 编 号			1-1-5	1-1-6	1-1-7	1-1-8
项 目			三类土			
			深度(m)			
			1.5 以内	2 以内	4 以内	6 以内
基 价 (元)			**2448.00**	**2864.25**	**3768.00**	**4410.00**
其 中	人 工 费 (元)		2448.00	2864.25	3768.00	4410.00
	材 料 费 (元)		－	－	－	－
	机 械 费 (元)		－	－	－	－
名 称	单位	单价(元)	数		量	
人 工 综合工日	工日	75.00	32.640	38.190	50.240	58.800

工作内容:同前

定 额 编 号			1-1-9	1-1-10	1-1-11	1-1-12	1-1-13
项 目			四类土				挖淤泥、流砂
			深度(m)				
			1.5 以内	2 以内	4 以内	6 以内	1.5 以内
基 价 (元)			**3753.00**	**4169.25**	**5073.00**	**5715.00**	**8250.00**
其 中	人 工 费 (元)		3753.00	4169.25	5073.00	5715.00	8250.00
	材 料 费 (元)		–	–	–	–	–
	机 械 费 (元)		–	–	–	–	–
	名 称	单位	单价(元)	数		量	
人 工	综合工日	工日	75.00	50.040	55.590	67.640	76.200	110.000

2. 人工挖地槽

工作内容:1.挖土方:挖土、装土、修理底边。2.挖淤泥、流砂:挖、装淤泥、流砂、修理底边。

单位:100m³

定 额 编 号				1-1-14	1-1-15	1-1-16	1-1-17
项 目				一、二类土			
				深度(m)			
				2 以内	3 以内	4 以内	6 以内
基 价 (元)				**2536.56**	**2938.04**	**3266.69**	**4207.68**
其 中	人 工 费 (元)			2530.50	2934.00	3264.00	4206.00
	材 料 费 (元)			–	–	–	–
	机 械 费 (元)			6.06	4.04	2.69	1.68
名 称		单位	单价(元)	数		量	
人工	综合工日	工日	75.00	33.740	39.120	43.520	56.080
机械	夯实机(电动) 20~62N·m	台班	33.64	0.180	0.120	0.080	0.050

单位:100m³

定 额 编 号			1-1-18	1-1-19	1-1-20	1-1-21
项 目			三类土			
			深度(m)			
			2 以内	3 以内	4 以内	6 以内
基 价 (元)			**4035.81**	**4544.54**	**4960.94**	**5715.93**
其	人 工 费 (元)		4029.75	4540.50	4958.25	5714.25
中	材 料 费 (元)		–	–	–	–
	机 械 费 (元)		6.06	4.04	2.69	1.68

	名 称	单位	单价(元)	数		量	
人工	综合工日	工日	75.00	53.730	60.540	66.110	76.190
机械	夯实机(电动)20~62N·m	台班	33.64	0.180	0.120	0.080	0.050

工作内容:同前

定 额 编 号			1-1-22	1-1-23	1-1-24	1-1-25
项 目			四类土			
			深度(m)			
			2 以内	3 以内	4 以内	6 以内
基 价 (元)			**6102.06**	**6394.04**	**6632.69**	**7261.68**
其 中	人 工 费 (元)		6096.00	6390.00	6630.00	7260.00
	材 料 费 (元)		-	-	-	-
	机 械 费 (元)		6.06	4.04	2.69	1.68
名 称	单位	单价(元)	数		量	
人工 综合工日	工日	75.00	81.280	85.200	88.400	96.800
机械 夯实机(电动)20~62N·m	台班	33.64	0.180	0.120	0.080	0.050

3. 人工挖基坑

工作内容:挖土、抛土于坑边1m以外、修理底边,基坑底夯实。

单位:100m³

定　额　编　号				1-1-26	1-1-27	1-1-28	1-1-29
项　　　　　目				一、二类土			
				深度(m)			
				2以内	3以内	4以内	6以内
基　　　价　(元)				**2813.49**	**3327.62**	**3747.91**	**4518.13**
其中	人　工　费　(元)			2796.00	3315.00	3739.50	4512.75
	材　料　费　(元)			—	—	—	—
	机　械　费　(元)			17.49	12.62	8.41	5.38
名　　　称		单位	单价(元)	数		量	
人工	综合工日	工日	75.00	37.280	44.200	49.860	60.170
机械	夯实机(电动)20~62N·m	台班	33.64	0.520	0.375	0.250	0.160

定　额　编　号				1-1-30	1-1-31	1-1-32	1-1-33
项　　　　　目				三类土			
				深度(m)			
				2 以内	3 以内	4 以内	6 以内
基　　　价　（元）				**4763.49**	**5191.75**	**5541.91**	**6273.13**
其中	人　工　费（元）			4746.00	5179.13	5533.50	6267.75
	材　料　费（元）			－	－	－	－
	机　械　费（元）			17.49	12.62	8.41	5.38
	名　　　　称	单位	单价(元)	数		量	
人工	综合工日	工日	75.00	63.280	69.055	73.780	83.570
机械	夯实机(电动) 20~62N·m	台班	33.64	0.520	0.375	0.250	0.160

定 额 编 号			1-1-34	1-1-35	1-1-36	1-1-37
项　　　目			四类土			
			深度(m)			
			2 以内	3 以内	4 以内	6 以内
基　　价　　(元)			**6876.99**	**7192.37**	**7449.91**	**8168.38**
其 中	人　工　费　(元)		6859.50	7179.75	7441.50	8163.00
	材　料　费　(元)		–	–	–	–
	机　械　费　(元)		17.49	12.62	8.41	5.38
名　　　称	单位	单价(元)	数		量	
人 工	综合工日	工日	75.00	91.460	95.730	99.220	108.840
机 械	夯实机(电动)20~62N·m	台班	33.64	0.520	0.375	0.250	0.160

4. 人工挖冻土

工作内容：挖、抛冻土于槽、坑两侧 1m 以外，修理底边。

单位：100m³

定　额　编　号				1-1-38	1-1-39	1-1-40
项　　　　目				冻土厚度(m)		
				0.5 以内	1.0 以内	1.0 以外
基　　价（元）				**9302.25**	**13196.25**	**13886.25**
其中	人　工　费（元）			9302.25	13196.25	13886.25
	材　料　费（元）			－	－	－
	机　械　费（元）			－	－	－
名　　称		单位	单价(元)	数		量
人工	综合工日	工日	75.00	124.030	175.950	185.150

注：开挖冻土层以下的不冻土执行相应的挖土定额。

5. 人工爆破挖冻土

工作内容:打眼、装药、填充填塞物、爆破、清理、弃土于槽、坑边1m以外,修理底边。

单位:100m³

定 额 编 号				1-1-41	1-1-42	1-1-43
项 目				冻土厚度(m)		
				0.5 以内	1.0 以内	1.0 以外
基 价 (元)				**3730.97**	**5766.47**	**6064.97**
其	人 工 费 (元)			3476.25	5511.75	5810.25
	材 料 费 (元)			254.72	254.72	254.72
中	机 械 费 (元)			—	—	—
名 称		单位	单价(元)	数		量
人工	综合工日	工日	75.00	46.350	73.490	77.470
材	六角钢	kg	4.50	6.060	6.060	6.060
	炸药 硝铵1号	kg	3.21	27.860	27.860	27.860
	电雷管	个	1.60	63.980	63.980	63.980
料	导火索	m	0.27	132.060	132.060	132.060

6. 回填土、原土打夯、平整场地

工作内容：1. 回填土:5m 以内取土、碎土、回填铺平,夯填夯实。2. 原土打夯:碎土、平土、找平、洒水、夯实。
3. 平整场地:标高在 ±30cm 以内挖、填及找平。

单位:见表

定 额 编 号			1-1-44	1-1-45	1-1-46	1-1-47	1-1-48
项 目			回填土		房心回填土	原土打夯	平整场地
			松填	夯填			
单 位			100m³			100m²	
基 价 （元）			642.75	2473.45	3638.04	129.34	236.25
其中	人 工 费 （元）		642.75	2205.00	3225.00	106.50	236.25
	材 料 费 （元）		－	－	80.00	4.00	－
	机 械 费 （元）		－	268.45	333.04	18.84	－
名 称	单位	单价（元）	数		量		
人工 综合工日	工日	75.00	8.570	29.400	43.000	1.420	3.150
材料 水	t	4.00	－	－	20.000	1.000	－
机械 夯实机(电动) 20~62N·m	台班	33.64	－	7.980	9.900	0.560	－

工作内容:1.回填土:5m 以内取土、碎土、回填铺平,夯填夯实。

2.人工铺设:熬沥青、灌缝,拌和、铺碎石和级配砂石、夯实,调运砂浆、灌缝。 单位:100m³

定 额 编 号			1-1-49	1-1-50	1-1-51	1-1-52	1-1-53
项 目			人工碾压灰土		人工铺设		
			3:7	2:8	碎石	人工级配砂石	天然级配砂石
基 价 (元)			**8498.02**	**8233.12**	**12822.92**	**13719.45**	**15165.16**
其中	人 工 费 (元)		5550.00	5550.00	4185.00	5055.00	4882.50
	材 料 费 (元)		2800.00	2535.10	8550.46	8610.79	10229.00
	机 械 费 (元)		148.02	148.02	87.46	53.66	53.66
名 称	单位	单价(元)	数		量		
人工 综合工日	工日	75.00	74.000	74.000	55.800	67.400	65.100
材料 灰土2:8	m³	25.10	–	101.000	–	–	–
灰土3:7	m³	28.00	100.000	–	–	–	–
砂	t	42.00	–	–	47.880	71.850	–
碎石	t	41.00	–	–	159.500	133.490	–
天然砂石	m³	55.00	–	–	–	–	183.800
水	t	4.00	–	–	–	30.000	30.000
机械 混凝土振捣器 平板式 BL11	台班	13.76	–	–	–	3.900	3.900
夯实机(电动)20~62N·m	台班	33.64	4.400	4.400	2.600	–	–

工作内容:挖土、装土、修理底边。

单位:100m³

定　额　编　号			1-1-54	1-1-55	1-1-56
项　　　　　目			山坡切土		
			一、二类土	三类土	四类土
			100m³		
基　　　价　（元）			**996.00**	**1806.00**	**2810.25**
其 中	人　工　费　（元）		996.00	1806.00	2810.25
	材　料　费　（元）		–	–	–
	机　械　费　（元）		–	–	–
	名　　　　称	单位	单价（元）	数　　　　量	
人工	综合工日	工日	75.00	13.280	24.080	37.470

7. 土方运输

工作内容: 人工运土方、淤泥,包括装、运、卸土淤泥及平整。 单位:100m³

定 额 编 号			1-1-57	1-1-58	1-1-59	1-1-60
项 目			人工运土方		人工运淤泥	
			运距	200m 以内	运距	200m 以内
			20m 以内	每增加 20m	20m 以内	每增加 20m
基 价 (元)			**1530.00**	**342.00**	**3300.00**	**495.00**
其 中	人 工 费 (元)		1530.00	342.00	3300.00	495.00
	材 料 费 (元)		–	–	–	–
	机 械 费 (元)		–	–	–	–
名 称	单位	单价(元)	数 量			
人 工 综合工日	工日	75.00	20.400	4.560	44.000	6.600

定　额　编　号				1-1-61	1-1-62
项　　　　　目				单(双)轮车运土方	
				运距 50m 以内	500m 以内每增加 50m
基　　价　（元）				**1233.00**	**198.00**
其 中	人　工　费　（元）			1233.00	198.00
	材　料　费　（元）			–	–
	机　械　费　（元）			–	–
	名　　　称	单位	单价(元)	数　　　　　量	
人 工	综合工日	工日	75.00	16.440	2.640

8. 支挡土板、地基钎探

工作内容：1. 支挡土板：制作、运输、安装及拆除。
2. 地基钎探：打拔钎子、插牌号、做记录、取料、搭拆高凳、架板、探孔回填。

单位：100m³

定 额 编 号			1-1-63	1-1-64	1-1-65
项 目			支挡土板		地基钎探
			单面	双面	
基 价 （元）			**3139.07**	**5380.31**	**402.40**
其中	人 工 费 （元）		949.50	1575.00	384.00
	材 料 费 （元）		2002.96	3497.41	18.40
	机 械 费 （元）		186.61	307.90	－
名 称	单位	单价（元）	数		量
人工 综合工日	工日	75.00	12.660	21.000	5.120
材料 木支撑	m³	1200.00	0.400	0.382	－
二等方木 综合	m³	1800.00	0.165	0.330	－
二等板方材 综合	m³	1800.00	0.660	1.320	－
铁钉	kg	4.86	7.810	14.200	－
黄土	m³	10.00	－	－	1.840
机械 载货汽车 4t	台班	466.52	0.400	0.660	－

注：支挡土板：若土壤含水率大于25%时，材料量乘以系数1.33。地基钎探：如用锤击钎探，人工乘以系数1.48。探孔回填：采用就地取土，如用其他材料时可换算价格，含量不变。

9. 风镐凿石

工作内容：平基,开凿石方、打碎、修边检底。

单位:100m³

定　额　编　号				1-1-66	1-1-67	1-1-68	1-1-69
项　　　　目				平　基			
				松　石	次坚石	普坚石	特坚石
基　　　价　　（元）				**2969.76**	**3986.71**	**7381.20**	**12887.16**
其中	人　工　费　（元）			672.38	859.88	1510.80	2490.45
	材　料　费　（元）			107.58	275.18	725.20	1593.92
	机　械　费　（元）			2189.80	2851.65	5145.20	8802.79
名　　　　称		单位	单价(元)	数			量
人工	综合工日	工日	75.00	8.965	11.465	20.144	33.206
材料	镐头 500cm	个	20.00	5.379	13.759	36.260	79.696
机械	风镐	台班	56.35	10.758	13.758	24.173	39.848
	电动空气压缩机 3m³/min	台班	231.38	6.455	8.255	14.504	23.909
	磨钎机	台班	62.00	1.452	2.683	6.889	16.537

工作内容:打单面槽子、碎石、槽壁打直,底检平、石方运出槽外1m以外。

单位:100m³

定 额 编 号				1-1-70	1-1-71	1-1-72	1-1-73
项 目				沟 槽			
				松 石	次坚石	普坚石	特坚石
基 价 (元)				3513.52	4712.57	9940.60	21211.68
其中	人 工 费 (元)			795.45	1016.48	2034.68	4099.20
	材 料 费 (元)			127.28	325.26	976.66	2623.52
	机 械 费 (元)			2590.79	3370.83	6929.26	14488.96
名 称		单位	单价(元)	数			量
人工	综合工日	工日	75.00	10.606	13.553	27.129	54.656
材料	镐头 500cm	个	20.00	6.364	16.263	48.833	131.176
机械	风镐	台班	56.35	12.728	16.263	32.555	65.588
	电动空气压缩机 3m³/min	台班	231.38	7.637	9.758	19.533	39.353
	磨钎机	台班	62.00	1.718	3.171	9.278	27.219

工作内容:打两面槽子、碎石、坑壁打直,底检平,将石方运出坑边1m以外。

定 额 编 号			1-1-74	1-1-75	1-1-76	1-1-77
项 目			基 坑			
			松石	次坚石	普坚石	特坚石
基 价 （元）			**4878.24**	**6543.36**	**14931.11**	**32947.35**
其 中	人 工 费 （元）		1104.45	1411.35	3056.18	6367.20
	材 料 费 （元）		176.72	451.62	1466.98	4075.04
	机 械 费 （元）		3597.07	4680.39	10407.95	22505.11
名 称	单位	单价(元)	数			量
人工 综合工日	工日	75.00	14.726	18.818	40.749	84.896
材料 镐头 500cm	个	20.00	8.836	22.581	73.349	203.752
机 械 风镐	台班	56.35	17.672	22.581	48.899	101.876
电动空气压缩机 3m³/min	台班	231.38	10.603	13.549	29.339	61.125
磨钎机	台班	62.00	2.386	4.403	13.936	42.279

工作内容:在石方爆破的基底上进行摊座,清理石渣。

定　额　编　号				1-1-78	1-1-79	1-1-80	1-1-81
项　　　　　目				槽(坑)摊座			
				松石	次坚石	普坚石	特坚石
基　　　价　(元)				**1070.04**	**1393.45**	**2439.14**	**6090.97**
其 中	人　工　费　(元)			242.25	300.60	499.20	1177.13
	材　料　费　(元)			38.76	96.18	239.64	753.36
	机　械　费　(元)			789.03	996.67	1700.30	4160.48
名　　　称		单位	单价(元)	数			量
人工	综合工日	工日	75.00	3.230	4.008	6.656	15.695
材料	镐头 500cm	个	20.00	1.938	4.809	11.982	37.668
机 械	风镐	台班	56.35	3.876	4.809	7.988	18.834
	电动空气压缩机 3m³/min	台班	231.38	2.326	2.885	4.793	11.300
	磨钎机	台班	62.00	0.523	0.938	2.277	7.816

工作内容:同前

单位:100m³

定　额　编　号				1-1-82	1-1-83	1-1-84	1-1-85
项　　　　　目				地面摊座			
				松石	次坚石	普坚石	特坚石
基　　　价　（元）				**887.50**	**1105.84**	**2168.91**	**5634.80**
其	人　工　费（元）			200.93	238.50	443.93	1088.93
中	材　料　费（元）			32.16	76.32	213.10	696.92
	机　械　费（元）			654.41	791.02	1511.88	3848.95
名　　　称		单位	单价（元）	数		量	
人工	综合工日	工日	75.00	2.679	3.180	5.919	14.519
材料	镐头 500cm	个	20.00	1.608	3.816	10.655	34.846
机	风镐	台班	56.35	3.215	3.816	7.103	17.423
	电动空气压缩机 3m³/min	台班	231.38	1.929	2.290	4.262	10.454
械	磨钎机	台班	62.00	0.434	0.744	2.024	7.231

工作内容:修整石方爆破后的边坡、清理石渣。

单位:100m³

定　额　编　号				1-1-86	1-1-87	1-1-88	1-1-89
项　　　　　目				修整边坡			
				松石	次坚石	普坚石	特坚石
基　　　价　　（元）				565.37	758.64	1686.05	3432.34
其中	人　工　费　（元）			127.95	163.58	345.08	663.30
	材　料　费　（元）			20.48	52.36	165.66	424.52
	机　械　费　（元）			416.94	542.70	1175.31	2344.52
名　　　称		单位	单价(元)	数			量
人工	综合工日	工日	75.00	1.706	2.181	4.601	8.844
材料	镐头 500cm	个	20.00	1.024	2.618	8.283	21.226
机械	风镐	台班	56.35	2.048	2.618	5.522	10.613
	电动空气压缩机 3m³/min	台班	231.38	1.229	1.571	3.313	6.368
	磨钎机	台班	62.00	0.277	0.511	1.574	4.404

10. 人工打眼爆破岩石

工作内容: 布孔、打眼、准备炸药及装药、填充填塞物、安爆破线、封锁爆破区;爆破前后的检查、爆破、清理岩石、撬开及破碎不规则的大石块、修理工具。

单位:100m³

定 额 编 号				1-1-90	1-1-91	1-1-92	1-1-93
项 目				平 基			
				松 石	次坚石	普坚石	特坚石
基 价 (元)				**2389.06**	**2955.42**	**5081.20**	**7695.23**
其中	人 工 费 (元)			2036.25	2553.75	4596.75	7125.00
	材 料 费 (元)			352.81	401.67	484.45	570.23
	机 械 费 (元)			—	—	—	—
名 称		单位	单价(元)	数		量	
人工	综合工日	工日	75.00	27.150	34.050	61.290	95.000
材料	电雷管	个	1.60	54.000	62.000	75.000	88.000
	胶质导线 2.5mm	m	2.15	76.870	81.490	88.880	94.090
	炸药 硝铵1号	kg	3.21	26.320	32.580	41.500	52.970
	六角钢	kg	4.50	3.700	5.040	8.920	12.690

定 额 编 号				1-1-94	1-1-95	1-1-96	1-1-97
项 目				沟 槽			
				松 石	次坚石	普坚石	特坚石
基 价 (元)				**6138.10**	**7711.59**	**12687.98**	**19666.79**
其中	人 工 费 (元)			5466.75	6911.25	11697.75	18486.00
	材 料 费 (元)			671.35	800.34	990.23	1180.79
	机 械 费 (元)			–	–	–	–
名 称		单位	单价(元)	数		量	
人工	综合工日	工日	75.00	72.890	92.150	155.970	246.480
材料	电雷管	个	1.60	198.000	232.000	275.000	315.000
	胶质导线 2.5mm	m	2.15	55.690	58.480	63.180	66.620
	炸药 硝铵1号	kg	3.21	61.150	77.670	99.180	124.400
	六角钢	kg	4.50	8.560	12.020	21.340	29.830

工作内容:同前

单位:100m³

定 额 编 号				1-1-98	1-1-99	1-1-100	1-1-101
项 目				基 坑			
				松 石	次坚石	普坚石	特坚石
基 价 （元）				**6689.87**	**8645.10**	**13882.06**	**21347.32**
其中	人 工 费 （元）			5850.75	7419.75	12312.75	19392.00
	材 料 费 （元）			839.12	1225.35	1569.31	1955.32
	机 械 费 （元）			–	–	–	–
名 称		单位	单价（元）	数			量
人工	综合工日	工日	75.00	78.010	98.930	164.170	258.560
材料	电雷管	个	1.60	194.000	284.000	349.000	413.000
	胶质导线 2.5mm	m	2.15	105.190	131.740	161.060	191.670
	炸药 硝铵1号	kg	3.21	84.330	133.780	178.930	232.340
	六角钢	kg	4.50	7.080	12.950	20.060	30.360

11. 机械打眼爆破石方

工作内容: 选、清孔位,钻孔、吹扫、封堵孔口,爆破材料的检查领运,装药,准备及填充塞物、安装爆破线;封锁爆破区, 检查、爆破、清理岩石,处理暗炮,撬开及破碎不规则的大石块,修理工具,余料退库。

单位:100m³

定 额 编 号				1-1-102	1-1-103	1-1-104	1-1-105
项 目				平基爆破开挖			
				松 石	次坚石	普坚石	特坚石
基 价 (元)				**2099.13**	**3118.13**	**4453.02**	**5887.10**
其中	人 工 费 (元)			738.75	1008.75	1188.00	1515.00
	材 料 费 (元)			336.68	408.40	512.85	630.52
	机 械 费 (元)			1023.70	1700.98	2752.17	3741.58
名 称		单位	单价(元)	数		量	
人工	综合工日	工日	75.00	9.850	13.450	15.840	20.200
材料	电雷管	个	1.60	54.000	62.000	75.000	88.000
	胶质导线 1.5mm	m	1.58	76.870	81.430	88.880	94.090
	炸药 硝铵1号	kg	3.21	26.320	32.580	41.500	52.970
	合金钢钻头 一字形	个	7.00	1.000	2.000	3.000	5.000
	六角钢	kg	4.50	2.210	3.150	4.650	6.930
	高压风管 φ13	m	38.40	0.210	0.350	0.560	0.760
	高压水管	m	13.10	0.340	0.570	0.920	1.250
	水	t	4.00	3.720	6.720	10.930	14.820
机械	风动凿岩机 气腿式	台班	176.65	1.880	3.140	5.110	6.930
	液压锻钎机 11.25kW	台班	402.90	0.070	0.100	0.140	0.210
	镦头机	台班	41.96	0.310	0.470	0.520	0.760
	内燃空气压缩机 9m³/min	台班	691.90	0.940	1.570	2.560	3.470

定 额 编 号			1-1-106	1-1-107	1-1-108	1-1-109
项 目			沟槽爆破开挖			
			松石	次坚石	普坚石	特坚石
基 价 （元）			**4974.68**	**7755.79**	**9086.54**	**14560.99**
其中	人 工 费 （元）		1812.00	2634.00	2490.00	3969.75
	材 料 费 （元）		701.98	873.53	1111.75	1343.97
	机 械 费 （元）		2460.70	4248.26	5484.79	9247.27
名 称	单位	单价（元）	数		量	
人工 综合工日	工日	75.00	24.160	35.120	33.200	52.930
材料 电雷管	个	1.60	198.000	232.000	275.000	315.000
胶质导线 1.5mm	m	1.58	55.690	58.880	63.070	66.440
炸药 硝铵 1 号	kg	3.21	61.150	77.670	99.180	124.400
合金钢钻头 一字形	个	7.00	3.000	5.000	7.000	11.000
六角钢	kg	4.50	5.130	7.520	11.150	16.250
高压风管 ϕ13	m	38.40	0.410	0.590	1.120	1.520
高压水管	m	13.10	0.680	1.130	1.840	2.490
水	t	4.00	8.040	13.420	21.860	23.640
机械 风动凿岩机 气腿式	台班	176.65	4.380	7.650	9.952	16.700
液压锻钎机 11.25kW	台班	402.90	0.170	0.240	0.288	0.530
镦头机	台班	41.96	2.460	3.580	4.000	7.300
内燃空气压缩机 9m³/min	台班	691.90	2.190	3.830	4.976	8.350

工作内容:同前

定　额　编　号			1-1-110	1-1-111	1-1-112	1-1-113
项　　　　　目			基坑爆破开挖			
			松　石	次坚石	普坚石	特坚石
基　　　价　（元）			**5464.02**	**10250.88**	**15916.59**	**22368.78**
其中	人　工　费　（元）		1953.00	3389.25	4144.50	5769.75
	材　料　费　（元）		926.71	1366.28	1868.49	2423.58
	机　械　费　（元）		2584.31	5495.35	9903.60	14175.45
名　　　称	单位	单价(元)	数		量	
人工	综合工日	工日	75.00	26.040	45.190	55.260	76.930
材料	电雷管	个	1.60	194.000	284.000	349.000	413.000
	胶质导线 1.5mm	m	1.58	103.940	131.740	161.100	191.670
	炸药 硝铵1号	kg	3.21	84.330	133.780	178.930	232.340
	合金钢钻头 一字形	个	7.00	5.000	9.000	13.000	20.000
	六角钢	kg	4.50	7.080	12.950	20.060	30.360
	高压风管 ϕ13	m	38.40	0.830	1.110	2.180	3.180
	高压水管	m	13.10	1.360	1.820	3.570	5.200
	水	t	4.00	16.210	21.640	42.360	61.820
机械	风动凿岩机 气腿式	台班	176.65	4.740	10.150	18.370	26.260
	液压锻钎机 11.25kW	台班	402.90	0.190	0.330	0.530	0.800
	镦头机	台班	41.96	0.730	1.300	2.060	3.090
	内燃空气压缩机 9m³/min	台班	691.90	2.370	5.080	9.190	13.130

12. 石方运输

工作内容:装、运、卸石方。

单位:100m³

定 额 编 号				1-1-114	1-1-115	1-1-116	1-1-117
项 目				人工运石方		单(双)轮车运石方	
				运距	200m 以内	运距	500m 以内
				20m 以内	每增加 20m	50m 以内	每增加 50m
基 价 (元)				**2249.25**	**661.50**	**2209.50**	**529.50**
其中	人 工 费 (元)			2249.25	661.50	2209.50	529.50
	材 料 费 (元)			-	-	-	-
	机 械 费 (元)			-	-	-	-
	名 称	单位	单价(元)	数		量	
人工	综合工日	工日	75.00	29.990	8.820	29.460	7.060

二、机械土石方

1. 推土机推土

工作内容:推土、弃土、平整、修理边坡,工作面内排水。

单位:100m³

定 额 编 号				1-1-118	1-1-119	1-1-120	1-1-121
项 目				推土机推土			
				运距20m以内			运距100m以内每增加10m
				一、二类土	三类土	四类土	
基 价 (元)				**283.89**	**329.84**	**381.14**	**99.39**
其中	人 工 费 (元)			43.43	43.43	43.43	-
	材 料 费 (元)			-	-	-	-
	机 械 费 (元)			240.46	286.41	337.71	99.39
名 称		单位	单价(元)	数		量	
人工	综合工日	工日	75.00	0.579	0.579	0.579	-
机械	履带式推土机90kW	台班	1068.71	0.225	0.268	0.316	0.093

2. 拖式铲运机铲运土

工作内容:铲土、运土卸土、平整、修理边坡,工作面内排水。

单位:100m³

定 额 编 号				1-1-122	1-1-123	1-1-124	1-1-125
项 目				拖式铲运机铲运土			
				运距200m			运距100m以内每增加10m
				一、二类土	三类土	四类土	
基 价 (元)				**632.16**	**740.92**	**919.40**	**99.02**
其中	人 工 费 (元)			43.43	43.43	43.43	–
	材 料 费 (元)			2.00	2.00	2.00	–
	机 械 费 (元)			586.73	695.49	873.97	99.02
名 称		单位	单价(元)	数		量	
人工	综合工日	工日	75.00	0.579	0.579	0.579	–
材料	水	t	4.00	0.500	0.500	0.500	–
机械	拖式铲运机 10m³	台班	1217.32	0.441	0.525	0.662	0.076
	履带式推土机 135kW	台班	1300.97	0.026	0.031	0.040	0.005
	洒水车 4000L	台班	642.60	0.025	0.025	0.025	–

3. 机械出渣运渣

工作内容:集渣、弃渣、平整、工作面内排水和道路养护。

单位:100m³

定 额 编 号				1-1-126	1-1-127	1-1-128	1-1-129
项 目				推土机推渣		挖掘机挖渣自卸汽车运渣	
				运 距			
				20m 以内	每增加 10m	2000m 以内	每增加 1000m
基 价 (元)				**587.61**	**166.52**	**3406.05**	**399.01**
其 中	人 工 费 (元)			36.00	–	–	–
	材 料 费 (元)			–	–	4.80	1.20
	机 械 费 (元)			551.61	166.52	3401.25	397.81
名 称	单位	单价(元)		数		量	
人工 综合工日	工日	75.00		0.480	–	–	–
材料 水	t	4.00		–	–	1.200	0.300
机 械 履带式推土机 135kW	台班	1300.97		0.424	0.128	0.413	–
履带式单斗挖掘机(液压) 1m³	台班	1307.60		–	–	0.446	–
自卸汽车 12t	台班	1046.29		–	–	2.143	0.371
洒水车 4000L	台班	642.60		–	–	0.060	0.015

4. 挖掘机挖土

工作内容:挖土、将土堆放在一边,清理机下余土,修理边坡,工作面内排水。

单位:100m³

定　额　编　号				1-1-130	1-1-131	1-1-132	1-1-133
项　　　　目				挖掘机挖土方			
				一、二类土	三类土	四类土	冻土
基　　　价　（元）				**293.72**	**340.91**	**395.28**	**1524.11**
其中	人　工　费　（元）			28.28	38.85	51.38	589.73
	材　料　费　（元）			－	－	－	－
	机　械　费　（元）			265.44	302.06	343.90	934.38
名　　　称		单位	单价(元)	数		量	
人工	综合工日	工日	75.00	0.377	0.518	0.685	7.863
机械	履带式单斗挖掘机(液压) 1m³	台班	1307.60	0.203	0.231	0.263	0.385
	履带式液压镐(破拆机)	台班	650.00	－	－	－	0.663

5. 机械挖(装)、运土

工作内容: 挖土、装车、卸土、平整,修理边坡,清理机下余土,工作面内排水及场内行驶道路的养护。　　　　　　单位:100m³

定　额　编　号			1-1-134	1-1-135	1-1-136	1-1-137	1-1-138	1-1-139
项　　　　目			挖掘机挖土自卸汽车				装载机装土	自卸汽车运土
			一、二类土	三类土	四类土	淤泥、流砂	自卸汽车运土 1000m 以内	运距每增加 1000m
			自卸汽车运土1000m以内					
基　　　　价　(元)			**1179.43**	**1388.13**	**1466.67**	**1342.59**	**1207.17**	**156.94**
其 中	人　工　费　(元)		26.18	36.38	48.53	56.18	40.50	–
	材　料　费　(元)		4.80	4.80	4.80	3.44	–	–
	机　械　费　(元)		1148.45	1346.95	1413.34	1282.97	1166.67	156.94
名　　称	单位	单价(元)	数　　　　量					
人工 综合工日	工日	75.00	0.349	0.485	0.647	0.749	0.540	–
材料 水	t	4.00	1.200	1.200	1.200	0.860	–	–
机械 履带式单斗挖掘机(液压) 1m³	台班	1307.60	0.167	0.190	0.217	0.153		
轮胎式装载机 3m³	台班	1286.93	–	–	–	–	0.222	–
自卸汽车 12t	台班	1046.29	0.821	0.977	0.998	1.035	0.842	0.150
履带式推土机 135kW	台班	1300.97	0.025	0.029	0.036			
洒水车 4000L	台班	642.60	0.060	0.060	0.060	–		

6. 场地机械平整、碾压

工作内容:标高在±30cm以内的就地挖、填、平整。推平碾压,工作面内排水。

单位:1000m²

定　额　编　号			1-1-140	1-1-141	1-1-142
项　　　　目			场地机械平整	原土碾压	
				拖式双联羊角碾	内燃压路机
基　　价　（元）			**489.24**	**129.98**	**179.16**
其 中	人　工　费　（元）		150.00	72.00	72.00
	材　料　费　（元）		－	－	－
	机　械　费　（元）		339.24	57.98	107.16
名　　称	单位	单价(元)	数		量
人工　综合工日	工日	75.00	2.000	0.960	0.960
机 械　平地机75kW	台班	788.92	0.430	－	－
履带式推土机75kW	台班	917.94	－	0.060	－
拖式羊角碾(双筒)6t	台班	48.37	－	0.060	－
光轮压路机(内燃)15t	台班	765.45	－	－	0.140

7. 机械填料、碾压

工作内容:基底碾压、填料配比拌和、铺料、推平、碾压、地面、工作面排水。

单位:100m³

定 额 编 号			1-1-143	1-1-144	1-1-145
项 目			机械填土碾压		灰土
			密实度		
			93%以内	93%以外	
基 价 (元)			**1872.50**	**2153.56**	**6610.48**
其中	人 工 费 (元)		112.50	112.50	3007.50
	材 料 费 (元)		1159.20	1159.20	2828.00
	机 械 费 (元)		600.80	881.86	774.98
名 称	单位	单价(元)	数		量
人工 综合工日	工日	75.00	1.500	1.500	40.100
材料 黄土	m³	10.00	114.800	114.800	–
水	t	4.00	2.800	2.800	–
灰土3:7	m³	28.00	–	–	101.000
机械 光轮压路机(内燃)15t	台班	765.45	0.528	0.817	0.817
履带式推土机135kW	台班	1300.97	0.082	0.128	0.115
洒水车4000L	台班	642.60	0.140	0.140	–

注:素土、灰土用土为就地取土,若从场外运土时,可调整土的价格。

工作内容:同前

単位:100m³

定 额 编 号			1-1-146	1-1-147	1-1-148	1-1-149
项 目			干 铺			
			天然砂砾	人工级配砂石	碎(卵)石	矿渣
基 价 (元)			**8078.68**	**9212.58**	**8826.08**	**4858.18**
其中	人 工 费 (元)		517.50	795.00	502.50	375.00
	材 料 费 (元)		6738.00	7594.40	7500.40	3660.00
	机 械 费 (元)		823.18	823.18	823.18	823.18
名 称	单位	单价(元)	数		量	
人工 综合工日	工日	75.00	6.900	10.600	6.700	5.000
材料 天然砂石	m³	55.00	122.400	–	–	–
中砂	m³	60.00	–	48.300	29.400	–
砾石 40mm	m³	52.00	–	90.200	–	–
碎(砾)石 40mm	m³	52.00	–	–	110.200	–
矿渣	m³	30.00	–	–	–	121.800
水	t	4.00	1.500	1.500	1.500	1.500
机械 光轮压路机(内燃) 15t	台班	765.45	0.817	0.817	0.817	0.817
履带式推土机 135kW	台班	1300.97	0.115	0.115	0.115	0.115
洒水车 4000L	台班	642.60	0.075	0.075	0.075	0.075

注:素土、灰土用土为就地取土,若从场外运土时,可调整土的价格。

8. 液压镐凿石

工作内容: 破碎凿石,移动机械。

单位:100m³

定 额 编 号				1-1-150	1-1-151	1-1-152	1-1-153
项 目				松石	次坚石	普坚石	特坚石
基 价 (元)				**4026.09**	**4226.34**	**4611.84**	**6708.50**
其中	人 工 费 (元)			441.00	448.50	448.50	463.50
	材 料 费 (元)			–	–	–	–
	机 械 费 (元)			3585.09	3777.84	4163.34	6245.00
名 称		单位	单价(元)	数			量
人工	综合工日	工日	75.00	5.880	5.980	5.980	6.180
机械	反铲挖掘机带液压锤 HM960	台班	1927.47	1.860	1.960	2.160	3.240

第二章　脚手架工程

说　明

一、本章包括:综合脚手架、单项脚手架、构筑物脚手架 3 节,共 106 个子目。

二、脚手架搭设材料按扣件式钢管脚手架考虑,材料不同时,不得换算。

三、脚手架材料的垂直运输,已包括在第十一章垂直运输定额中。

四、综合脚手架:

1. 综合脚手架适用于工业建筑、民用建筑及公共建筑。

2. 凡能按《建筑工程建筑面积计算规范》计算建筑面积的建筑工程(滑模施工除外),均按综合脚手架定额执行。

3. 综合脚手架定额已综合了施工中各分部分项工程应搭设脚手架及各项安全设施的全部因素,故在执行中不得调整。对于构筑物、球节点钢网架、电梯井架、钢筋混凝土满堂基础另套用相应子目。

4. 综合脚手架的檐口高度系指设计室外地坪至檐口(或女儿墙上平)的高度。突出主体建筑物屋顶的楼梯间、水箱间、电梯机房等不计高度。如建筑物前后檐口高度不同时,以高者为准。

5. 在多层建筑中,如下部为框架结构,上部为混合结构时,以该建筑物总檐高为准,按不同结构计算建筑面积,分别执行相应定额。

6. 同一建筑物高度不同时,按不同高度的建筑面积,分别执行相应定额。

7. 对于有梁无板不能计算建筑面积的特殊建筑物的脚手架工程,按其柱框外围水平投影面积乘以梁层数与建筑面积合并计算工程量;梁层高间距小于 2.2m 的不并入建筑面积合并计算工程量。

8. 综合脚手架分单层建筑及多(高)层建筑:

(1)多(高)层建筑综合脚手架:适用于设计室外地坪至檐口高度(或女儿墙上平)130m以下工程;檐高130m以上高层建筑的脚手架,室内执行综合内脚手架,室外根据施工组织设计执行单项脚手架。在定额子目材料分析中含有"安全网"、"密目网"消耗材料的子项,不得再计算安全防护费用。

(2)多(高)层建筑大模板结构综合脚手架:檐高70m以下按相应框架结构定额项目乘以系数0.82执行;檐高70m以上室内综合内脚手架按相应定额项目乘以系数0.92执行。

五、单项脚手架:

1. 外脚手架:包括单、双排脚手架,外脚手架均综合了护身栏杆、挡脚板、上料平台;悬挑梁式脚手架和导轨附着式爬架还综合了垂直全封闭等因素。

2. 依附斜道为依附于外脚手架的斜道,包括护身栏杆、挡脚板、防滑坡道。

3. 里脚手架:包括砌筑用里脚手架和装饰里脚手架。

4. 满堂脚手架:包括基本层脚手架和增加层脚手架。

5. 悬空脚手架:包括金属挂栏架、手动及电动提升式吊篮架。提升式吊篮架的悬臂杆按钢管支承考虑,吊篮架以单层操作台为准。如采用桁架式组装钢结构支承时,杆件不允许换算。吊篮为双层操作台时,人工乘以系数1.5。

6. 砌砖、砌混凝土块高度在1.2m以上至3.6m以内,按里脚手架定额执行。石砌墙体高度在1m以上时,按外脚手架定额执行。

7. 安装球节点钢网架所需脚手架,按实际搭设执行相应的单项脚手架。

8. 凡高度超过1.2m的钢筋混凝土贮水(油)池、贮仓等,其脚手架按外脚手架相应定额执行;有盖钢筋混凝土贮水(油)池、贮仓及内壁做防水层的执行满堂脚手架相应定额。

9.工业通廊的脚手架执行满堂脚手架相应定额子目。

10.安全网定额中,分别列有立网、平网(包括楼层平网及海底网)、全封闭(安全网、密目网、钢丝网三层网封闭)三个项目,根据施工需要,可分别列项计算,但如果按全封闭定额执行时,不得再计算立网和平网。

六、构筑物脚手架:

1.烟囱脚手架均包括依附斜道、上料平台、安全网及安全防护等全部因素;不论实际采用何种搭设方式,均执行本定额(滑模施工除外)。水塔脚手架按相应的烟囱脚手架人工乘以系数1.11、材料乘以系数1.05计算,其他不变。

2.烟囱(水塔)竖井架,已综合了不同直径的因素,执行时不得换算。

工程量计算规则

一、综合脚手架:

1.综合脚手架按建筑物的总面积以平方米(m²)计算。建筑面积的计算,按计算建筑面积规定执行。

2.层高超过2.2m的地下室,只计算建筑面积。

3.多层建筑综合脚手架是按层高3.6m计算的,超过3.6m时,每超高一步(1.2m为一步,不足0.6m舍去不计),按相应定额乘以系数1.08计算;超过两步按相应定额乘以系数1.16计算,依此类推。

二、单项脚手架:

1.按规定不能计算建筑面积及需搭设架子的工程均执行单项脚手架相应定额。

2.外脚手架按墙的外边线长度乘以外墙面高度以平方米(m^2)计算,不扣除门、窗洞口等所占面积,但突出墙面的砖垛及附墙烟囱等亦不另计算。

3.依附斜道区别不同高度以座计算。

4.里脚手架按墙面垂直投影面积以平方米(m^2)计算。

5.独立柱脚手架按图示柱结构外围周长加3.6m乘以柱高以平方米(m^2)计算。食堂砖砌独立烟囱,高度在15m以下者,可按独立柱相应高度的双排外脚手架定额乘以系数1.5。

6.满堂脚手架按搭设的水平投影面积计算,不扣除垛、柱所占的面积。满堂脚手架高度在5.2m以内的为基本层,超过5.2m时,再计算增加层。增加层的高度若在0.6m以内,舍去不计;在0.6m以上至1.2m,按增加一层计算。

7.围墙脚手架,其高度按自然地坪至围墙顶计算,长度按围墙中心线长计算。不扣除大门面积,但门柱和独立门柱的脚手架亦不增加;围墙高度在3.6m以下的按里脚手架计算,超过3.6m,按单排外脚手架计算。围墙如系双面加浆勾缝时,仍按单面计算,按相应定额乘以系数1.25。

8.悬空脚手架,按外墙面垂直投影面积,以平方米(m^2)计算。

9.电梯井架按单孔电梯井,区别不同高度,以座计算。

10.安全网:平网按挑出的水平投影面积以平方米(m^2)计算;立网按架网部分实挂长度乘以实挂高度以平方米(m^2)计算;全封闭按封闭面的垂直投影面积,以平方米(m^2)计算。

11.钢筋混凝土满堂基础,凡宽度超过3m时,按其基础底板面积,执行满堂脚手架(基本层)定额乘以系数0.7。

12.工业通廊的脚手架执行满堂脚手架子目的计算规则,为通廊长度乘以通廊的水平投影宽度每边加

2m。高度为施工地面标高至通廊顶面标高;地下通廊为垫层上表面标高至通廊顶面标高。

三、构筑物脚手架:

1.烟囱、水塔脚手架,区别不同直径及高度,以座计算。直径指构筑物在设计室外地坪处的外径尺寸,高度指设计室外地坪至构筑物的顶面高度。

2.滑升模板施工的钢筋混凝土烟囱、倒锥壳水塔支筒、筒仓,不另计算脚手架。如遇抹灰装饰,另行考虑。

一、综合脚手架
1.单层建筑脚手架

工作内容:场内、外材料搬运,搭设脚手架、斜道、上料平台、安全网、上下翻板子、安全防护和拆除后
材料的保养、整理、堆放。

单位:100m²

定 额 编 号			1-2-1	1-2-2	1-2-3	1-2-4
项 目			单层建筑			
			混合结构			
			檐高5m以下建筑面积		檐高8~9m建筑面积	
			500m²以内	500m²以外	2000m²以内	2000m²以外
基 价 (元)			**1285.85**	**1210.72**	**2564.90**	**2345.02**
其中	人 工 费 (元)		640.50	624.75	1668.75	1491.00
	材 料 费 (元)		492.59	460.49	552.43	543.04
	机 械 费 (元)		152.76	125.48	343.72	310.98
名 称	单位	单价(元)	数		量	
人工 综合工日	工日	75.00	8.540	8.330	22.250	19.880
材料 木脚手板	m³	1487.00	0.161	0.156	0.122	0.121
挡脚板	m³	1475.00	–	–	0.003	0.003
镀锌铁丝8~12号	kg	5.36	13.270	10.080	9.180	8.300

单位:100m²

定　额　编　号				1-2-1	1-2-2	1-2-3	1-2-4
项　　　　　目				单层建筑			
				混合结构			
				檐高5m以下建筑面积		檐高8~9m建筑面积	
				500m²以内	500m²以外	2000m²以内	2000m²以外
材料	铁钉	kg	4.86	2.600	2.530	1.320	1.190
	脚手架钢管48mm×3.5mm	kg	4.90	13.420	12.810	25.670	25.440
	脚手架对接扣件	个	6.79	0.320	0.300	0.890	0.880
	脚手架直角扣件	套	7.30	3.440	3.270	5.460	5.420
	脚手架回转扣件	个	7.30	–	–	0.330	0.310
	脚手架底座	套	2.97	0.200	0.180	0.260	0.260
	酚醛调和漆（各种颜色）	kg	18.00	0.370	0.370	0.380	0.380
	防锈漆	kg	13.65	1.160	1.100	2.210	2.210
	油漆溶剂油	kg	4.87	0.130	0.130	0.250	0.250
	安全网	m²	9.00	5.308	5.124	10.268	10.176
	其他材料费	元	–	4.880	4.560	5.470	5.380
机械	载货汽车6t	台班	545.58	0.280	0.230	0.630	0.570

工作内容：同前

定　额　编　号				1-2-5	1-2-6	1-2-7	1-2-8
项　　　　目				单层建筑			
				框架结构			
				檐高5m以下建筑面积			每增高1m以内
				1000m²以内	3000m²以内	3000m²以外	
基　　价　（元）				**1525.21**	**1403.46**	**1154.42**	**376.51**
其中	人　工　费　（元）			759.00	725.25	530.25	280.50
	材　料　费　（元）			569.80	492.71	465.95	57.82
	机　械　费　（元）			196.41	185.50	158.22	38.19
名　　　称		单位	单价(元)	数		量	
人工	综合工日	工日	75.00	10.120	9.670	7.070	3.740
材料	木脚手板	m³	1487.00	0.161	0.140	0.137	0.002
	挡脚板	m³	1475.00	－	－	－	0.001
	镀锌铁丝8~12号	kg	5.36	19.780	18.950	17.310	－
	铁钉	kg	4.86	2.640	2.620	1.750	－
	脚手架钢管48mm×3.5mm	kg	4.90	16.800	13.400	12.800	6.180

定 额 编 号			1-2-5	1-2-6	1-2-7	1-2-8
项　　　　目			单层建筑			
			框架结构			
			檐高5m以下建筑面积			每增高1m以内
			1000m²以内	3000m²以内	3000m²以外	
材料	脚手架对接扣件	个	6.79	0.410	0.330	0.320	0.240
	脚手架直角扣件	套	7.30	4.150	3.270	3.150	1.170
	脚手架回转扣件	个	7.30	0.100	0.070	0.070	0.120
	脚手架底座	套	2.97	0.280	0.220	0.210	0.040
	酚醛调和漆（各种颜色）	kg	18.00	0.500	0.475	0.350	–
	防锈漆	kg	13.65	1.370	1.100	1.050	0.530
	油漆溶剂油	kg	4.87	0.150	0.120	0.120	0.060
	安全网	m²	9.00	6.720	5.360	5.120	0.309
	密目网	m²	8.44	0.003	0.002	0.002	0.124
	其他材料费	元	–	5.640	4.880	4.610	0.570
机械	载货汽车6t	台班	545.58	0.360	0.340	0.290	0.070

工作内容:同前

单位:100m²

定　额　编　号				1-2-9	1-2-10	1-2-11	1-2-12
项　　　　　目				单层建筑			
				框架结构			
				檐高 8~9m 建筑面积			每增高 1m 以内
				3000m² 以内	6000m² 以内	6000m² 以外	
基　　　价　　(元)				**3330.41**	**2852.72**	**2505.33**	**210.27**
其中	人　工　费　(元)			2064.00	1726.50	1586.25	138.00
	材　料　费　(元)			845.32	778.39	670.75	61.36
	机　械　费　(元)			421.09	347.83	248.33	10.91
名　　　　　称		单位	单价(元)	数		量	
人工	综合工日	工日	75.00	27.520	23.020	21.150	1.840
材料	木脚手板	m³	1487.00	0.162	0.160	0.144	0.007
	挡脚板	m³	1475.00	0.005	0.005	0.004	-
	镀锌铁丝 8~12 号	kg	5.36	12.100	8.950	8.410	1.870
	铁钉	kg	4.86	2.060	1.370	1.180	0.150
	脚手架钢管 48mm×3.5mm	kg	4.90	43.520	40.110	33.490	4.630

续前

定 额 编 号				1-2-9	1-2-10	1-2-11	1-2-12
项 目				单层建筑			
				框架结构			
				檐高 8~9m 建筑面积			每增高 1m 以内
				3000m² 以内	6000m² 以内	6000m² 以外	
材 料	脚手架对接扣件	个	6.79	1.480	1.370	1.140	0.100
	脚手架直角扣件	套	7.30	9.170	8.430	7.010	1.030
	脚手架回转扣件	个	7.30	0.600	0.570	0.480	0.020
	脚手架底座	套	2.97	0.450	0.420	0.350	0.010
	酚醛调和漆（各种颜色）	kg	18.00	0.330	0.280	0.250	–
	防锈漆	kg	13.65	3.690	3.380	2.830	0.400
	油漆溶剂油	kg	4.87	0.880	0.380	0.320	0.040
	安全网	m²	9.00	17.408	16.044	13.396	0.232
	密目网	m²	8.44	0.070	0.064	0.054	0.093
	其他材料费	元	–	8.370	7.710	6.640	0.610
机 械	交流弧焊机 40kV·A	台班	259.06	0.067	0.058	0.053	–
	载货汽车 6t	台班	545.58	0.740	0.610	0.430	0.020

·73·

定 额 编 号			1-2-13	1-2-14	1-2-15	1-2-16
项　　　　目			单层建筑			
			框架结构			
			檐高 14～15m 建筑面积			每增高 1m 以内
			3000m² 以内	6000m² 以内	6000m² 以外	
基　　　价　（元）			**4447.57**	**4212.21**	**3914.90**	**239.44**
其中	人　工　费　（元）		2742.75	2607.75	2346.75	160.50
	材　料　费　（元）		1236.72	1207.28	1153.12	62.57
	机　械　费　（元）		468.10	397.18	415.03	16.37
名　　　称	单位	单价(元)	数		量	
人工 综合工日	工日	75.00	36.570	34.770	31.290	2.140
材料 木脚手板	m³	1487.00	0.195	0.192	0.189	0.009
挡脚板	m³	1475.00	0.003	0.003	0.002	0.003
镀锌铁丝 8～12 号	kg	5.36	20.830	19.450	17.900	1.400
铁钉	kg	4.86	2.530	2.460	2.350	0.190
脚手架钢管 48mm×3.5mm	kg	4.90	69.080	67.690	63.770	4.230

单位:100m²

定额编号			1-2-13	1-2-14	1-2-15	1-2-16
项目			单层建筑			
			框架结构			
			檐高 14~15m 建筑面积			每增高1m 以内
			3000m² 以内	6000m² 以内	6000m² 以外	
材料	脚手架对接扣件	个	6.79	1.990	1.920	1.810	0.180
	脚手架直角扣件	套	7.30	14.840	14.530	13.710	0.760
	脚手架回转扣件	个	7.30	0.680	0.670	0.640	0.050
	脚手架底座	套	2.97	0.470	0.460	0.430	0.040
	酚醛调和漆（各种颜色）	kg	18.00	0.330	0.320	0.650	-
	防锈漆	kg	13.65	5.910	5.760	5.450	0.360
	油漆溶剂油	kg	4.87	0.660	0.650	0.620	0.040
	安全网	m²	9.00	27.632	27.076	25.508	0.212
	密目网	m²	8.44	0.111	0.108	0.102	0.085
	其他材料费	元	-	12.240	11.950	11.420	0.620
机械	交流弧焊机 40kV·A	台班	259.06	0.080	0.080	0.170	-
	载货汽车 6t	台班	545.58	0.820	0.690	0.680	0.030

工作内容:同前

单位:100m²

定　　额　　编　　号				1-2-17	1-2-18	1-2-19	1-2-20
项　　　　　目				单层建筑			
				预制排架结构			
				檐高9m 建筑面积			每增高1m 以内
				3000m² 以内	6000m² 以内	6000m² 以外	
基　　　　价　(元)				**1369.94**	**1164.21**	**929.96**	**232.90**
其中	人　工　费　(元)			804.00	670.50	508.50	141.75
	材　料　费　(元)			379.45	353.20	309.53	74.78
	机　械　费　(元)			186.49	140.51	111.93	16.37
名　　　　称		单位	单价(元)	数　　　　　　　量			
人工	综合工日	工日	75.00	10.720	8.940	6.780	1.890
材料	木脚手板	m³	1487.00	0.047	0.045	0.038	0.009
	挡脚板	m³	1475.00	0.002	0.002	0.002	—
	镀锌铁丝8～12号	kg	5.36	7.050	3.220	2.450	1.330
	铁钉	kg	4.86	0.960	0.800	0.450	0.120
	脚手架钢管 48mm×3.5mm	kg	4.90	22.320	22.300	19.910	6.190

·76·

单位:100m²

定　额　编　号			1-2-17	1-2-18	1-2-19	1-2-20
项　　　目			单层建筑			
			预制排架结构			
			檐高9m 建筑面积			每增高1m 以内
			3000m² 以内	6000m² 以内	6000m² 以外	
材 料	脚手架对接扣件	个	6.79	0.740	0.730	0.660	0.160
	脚手架直角扣件	套	7.30	4.620	4.530	4.100	1.340
	脚手架回转扣件	个	7.30	0.300	0.280	0.260	0.040
	脚手架底座	套	2.97	0.230	0.220	0.200	0.030
	酚醛调和漆（各种颜色）	kg	18.00	0.160	0.140	0.120	–
	防锈漆	kg	13.65	1.820	1.800	1.630	0.530
	油漆溶剂油	kg	4.87	0.210	0.210	0.180	0.060
	安全网	m²	9.00	8.928	8.920	7.964	0.310
	密目网	m²	8.44	0.036	0.036	0.032	0.124
	其他材料费	元	–	3.760	3.500	3.060	0.740
机 械	交流弧焊机40kV·A	台班	259.06	0.067	0.058	0.053	–
	载货汽车6t	台班	545.58	0.310	0.230	0.180	0.030

工作内容:同前
单位:100m²

定　额　编　号				1-2-21	1-2-22	1-2-23	1-2-24
项　　　　　目				单层建筑			
				预制排架结构			
				檐高 14～15m 建筑面积			每增高 1m 以内
				3000m² 以内	6000m² 以内	6000m² 以外	
基　　　价　（元）				**3043.17**	**2620.25**	**2386.90**	**170.67**
其中	人　工　费　（元）			1779.00	1458.00	1296.75	102.00
	材　料　费　（元）			970.66	923.29	849.70	57.76
	机　械　费　（元）			293.51	238.96	240.45	10.91
名　　称		单位	单价(元)	数　　量			
人工	综合工日	工日	75.00	23.720	19.440	17.290	1.360
材料	木脚手板	m³	1487.00	0.102	0.101	0.090	0.009
	挡脚板	m³	1475.00	0.003	0.002	0.003	－
	镀锌铁丝 8～12 号	kg	5.36	14.400	11.660	10.530	0.870
	铁钉	kg	4.86	1.680	1.400	1.280	0.140
	脚手架钢管 48mm×3.5mm	kg	4.90	61.940	59.470	54.500	4.550

定 额 编 号			1-2-21	1-2-22	1-2-23	1-2-24
项 目			单层建筑			
			预制排架结构			
			檐高 14～15m 建筑面积			每增高 1m 以内
			3000m² 以内	6000m² 以内	6000m² 以外	
材 料	脚手架对接扣件	个	6.79	1.740	1.700	1.530	0.180
	脚手架直角扣件	套	7.30	13.120	12.660	11.600	0.830
	脚手架回转扣件	个	7.30	0.570	0.550	0.490	0.050
	脚手架底座	套	2.97	0.400	0.420	0.350	－
	酚醛调和漆（各种颜色）	kg	18.00	0.330	0.320	0.650	－
	防锈漆	kg	13.65	5.170	4.960	4.580	0.400
	油漆溶剂油	kg	4.87	0.580	0.560	0.510	0.050
	安全网	m²	9.00	24.776	23.788	21.800	0.228
	密目网	m²	8.44	0.099	0.095	0.087	0.091
	其他材料费	元	－	9.610	9.140	8.410	0.570
机 械	交流弧焊机 40kV·A	台班	259.06	0.080	0.080	0.170	－
	载货汽车 6t	台班	545.58	0.500	0.400	0.360	0.020

单位:100m²

定　额　编　号			1-2-25	1-2-26	1-2-27	1-2-28
项　　　　　目			单层建筑			
			预制排架结构			
			檐高 23～24m 建筑面积			每增高 1m 以内
			3000m² 以内	6000m² 以内	6000m² 以外	
基　　　价　（元）			**4868.27**	**4698.00**	**4210.08**	**285.72**
其 中	人　工　费　（元）		2593.50	2534.25	2166.00	37.50
	材　料　费　（元）		1635.18	1545.16	1495.59	51.81
	机　械　费　（元）		639.59	618.59	548.49	196.41
名　　　称	单位	单价（元）	数		量	
人工 综合工日	工日	75.00	34.580	33.790	28.880	0.500
材 料						
木脚手板	m³	1487.00	0.189	0.173	0.171	0.012
挡脚板	m³	1475.00	0.002	0.001	0.001	0.001
镀锌铁丝 8～12 号	kg	5.36	21.240	20.920	17.930	0.510
铁钉	kg	4.86	2.980	2.880	2.370	0.070
脚手架钢管 48mm×3.5mm	kg	4.90	104.310	98.280	96.100	3.020

定　额　编　号			1-2-25	1-2-26	1-2-27	1-2-28
项　　　　　目			单层建筑			
			预制排架结构			
			檐高 23～24m 建筑面积			每增高 1m 以内
			3000m² 以内	6000m² 以内	6000m² 以外	
材料	脚手架对接扣件	个	6.79	3.460	3.170	3.200	0.200
	脚手架直角扣件	套	7.30	20.730	20.000	19.170	0.400
	脚手架回转扣件	个	7.30	1.010	0.920	0.920	0.510
	脚手架底座	套	2.97	0.430	0.410	0.400	–
	酚醛调和漆（各种颜色）	kg	18.00	0.562	0.548	0.780	–
	防锈漆	kg	13.65	8.800	8.660	8.140	0.300
	油漆溶剂油	kg	4.87	1.010	0.980	0.930	0.030
	安全网	m²	9.00	41.724	39.312	38.440	0.151
	密目网	m²	8.44	0.167	0.157	0.154	0.060
	其他材料费	元	–	16.190	15.300	14.810	0.510
机械	交流弧焊机 40kV·A	台班	259.06	1.100	1.040	0.980	–
	载货汽车 6t	台班	545.58	0.650	0.640	0.540	0.360

2. 多层建筑脚手架

工作内容: 场内、外材料搬运,搭设脚手架、斜道、上料平台、安全网、上下翻板子、安全防护和拆除后材料的
保养整理堆放。

单位:100m²

定 额 编 号				1-2-29	1-2-30	1-2-31	1-2-32
项 目				多层建筑			
				混合结构			
				檐高 9m 以下	檐高 15m 以下	檐高 20m 以下	檐高 30m 以下
基 价 (元)				**1419.37**	**1828.57**	**1913.80**	**2253.01**
其中	人 工 费 (元)			816.00	1075.50	1125.75	1296.00
	材 料 费 (元)			488.80	671.23	706.21	858.81
	机 械 费 (元)			114.57	81.84	81.84	98.20
名 称		单位	单价(元)	数		量	
人工	综合工日	工日	75.00	10.880	14.340	15.010	17.280
材料	木脚手板	m³	1487.00	0.144	0.104	0.117	0.142
	挡脚板	m³	1475.00	0.002	0.010	0.010	0.020
	镀锌铁丝 8~12 号	kg	5.36	2.770	4.010	4.230	4.740
	铁钉	kg	4.86	2.690	1.010	1.260	1.280

定 额 编 号			1-2-29	1-2-30	1-2-31	1-2-32
项 目			多层建筑			
			混合结构			
			檐高 9m 以下	檐高 15m 以下	檐高 20m 以下	檐高 30m 以下
材	脚手架钢管 48mm×3.5mm	kg	4.90	18.430	35.640	41.824	49.920
	脚手架对接扣件	个	6.79	0.610	1.330	1.530	2.020
	脚手架直角扣件	套	7.30	3.960	8.150	8.310	10.730
	脚手架回转扣件	个	7.30	0.210	1.290	1.660	2.280
	脚手架底座	套	2.97	0.170	0.210	0.220	0.240
	酚醛调和漆（各种颜色）	kg	18.00	0.850	1.170	0.900	0.950
	防锈漆	kg	13.65	1.590	3.290	3.630	4.900
	油漆溶剂油	kg	4.87	0.180	0.500	0.520	0.660
	安全网	m²	9.00	7.372	14.280	12.200	13.580
料	密目网	m²	8.44	1.106	2.210	1.760	1.730
	其他材料费	元	–	4.840	6.650	6.990	8.500
机械	载货汽车 6t	台班	545.58	0.210	0.150	0.150	0.180

工作内容:同前

单位:100m²

定 额 编 号				1-2-33	1-2-34	1-2-35	1-2-36	1-2-37
项 目				多层建筑				
				框架结构				
				檐高 9m 以下	檐高 15m 以下	檐高 20m 以下	檐高 30m 以下	檐高 40m 以下
基 价 （元）				**1350.84**	**1687.95**	**1964.89**	**2255.41**	**2258.93**
其中	人 工 费 （元）			716.25	828.75	930.75	1047.75	1057.50
	材 料 费 （元）			506.12	717.50	878.94	1044.69	1033.28
	机 械 费 （元）			128.47	141.70	155.20	162.97	168.15
名 称		单位	单价(元)	数		量		
人工	综合工日	工日	75.00	9.550	11.050	12.410	13.970	14.100
材料	木脚手板	m³	1487.00	0.153	0.172	0.200	0.235	0.238
	挡脚板	m³	1475.00	0.002	0.001	0.001	0.002	0.002
	镀锌铁丝 8～12 号	kg	5.36	1.930	3.540	4.290	4.330	4.380
	铁钉	kg	4.86	2.350	2.710	2.650	3.250	3.240
	脚手架钢管 48mm×3.5mm	kg	4.90	18.580	33.200	44.790	56.490	59.530

续前

定 额 编 号				1-2-33	1-2-34	1-2-35	1-2-36	1-2-37
项 目				多层建筑				
				框架结构				
				檐高 9m 以下	檐高 15m 以下	檐高 20m 以下	檐高 30m 以下	檐高 40m 以下
材 料	脚手架对接扣件	个	6.79	0.720	0.920	1.480	2.130	2.220
	脚手架直角扣件	套	7.30	4.060	7.130	9.070	10.680	11.250
	脚手架回转扣件	个	7.30	0.280	0.330	0.450	1.890	1.960
	脚手架底座	套	2.97	0.190	0.220	0.190	0.200	0.190
	酚醛调和漆（各种颜色）	kg	18.00	0.600	0.949	1.112	1.168	0.811
	防锈漆	kg	13.65	1.510	2.800	3.830	4.880	5.140
	油漆溶剂油	kg	4.87	0.160	0.320	0.440	0.550	0.590
	安全网	m²	9.00	8.789	13.646	15.634	16.228	12.952
	密目网	m²	8.44	1.115	2.050	2.460	2.721	2.251
	其他材料费	元	—	5.010	7.100	8.700	10.340	10.230
机 械	交流弧焊机 40kV·A	台班	259.06	0.180	0.210	0.220	0.250	0.270
	载货汽车 6t	台班	545.58	0.150	0.160	0.180	0.180	0.180

工作内容:同前

定 额 编 号				1-2-38	1-2-39	1-2-40	1-2-41
项 目				综合脚手架			
				多层建筑框架结构			
				檐高 50m 以下	檐高 60m 以下	檐高 70m 以下	檐高 90m 以下
基 价 (元)				**2389.08**	**2658.27**	**2787.98**	**3432.94**
其中	人 工 费 (元)			1138.50	1178.25	1218.00	1444.50
	材 料 费 (元)			1082.43	1290.23	1382.78	1788.29
	机 械 费 (元)			168.15	189.79	187.20	200.15
名 称		单位	单价(元)	数		量	
人工	综合工日	工日	75.00	15.180	15.710	16.240	19.260
材料	木脚手板	m³	1487.00	0.247	0.250	0.260	0.292
	挡脚板	m³	1475.00	0.002	0.005	0.006	0.007
	镀锌铁丝 8~12 号	kg	5.36	5.130	3.110	3.470	4.310
	铁钉	kg	4.86	3.470	3.020	3.150	3.360
	脚手架钢管 48mm×3.5mm	kg	4.90	64.340	90.610	98.110	134.170
	脚手架对接扣件	个	6.79	2.410	3.100	3.360	4.730

单位:100m²

定 额 编 号			1-2-38	1-2-39	1-2-40	1-2-41
项 目			综合脚手架			
			多层建筑框架结构			
			檐高50m以下	檐高60m以下	檐高70m以下	檐高90m以下
材 料	脚手架直角扣件	套	7.30	12.150	17.880	19.360	26.570
	脚手架回转扣件	个	7.30	2.130	2.010	2.180	3.060
	脚手架底座	套	2.97	0.210	0.120	0.130	0.140
	酚醛调和漆（各种颜色）	kg	18.00	0.853	0.773	0.804	1.073
	防锈漆	kg	13.65	5.550	7.890	8.540	11.710
	油漆溶剂油	kg	4.87	0.640	0.890	0.970	1.330
	安全网	m²	9.00	12.870	13.510	14.753	20.126
	密目网	m²	8.44	1.250	1.050	1.183	1.610
	其他材料费	元	–	10.720	12.770	13.690	17.710
机 械	交流弧焊机 40kV·A	台班	259.06	0.270	0.270	0.260	0.310
	载货汽车 6t	台班	545.58	0.180	0.180	0.180	0.180
	交流弧焊机 30kV·A	台班	216.39	–	0.100	0.100	0.100

工作内容:同前

定 额 编 号				1-2-42	1-2-43	1-2-44
项 目				综合脚手架		综合内脚手架
				多层建筑框架结构		
				檐高 110m 以下	檐高 130m 以下	檐高 130m 以上
基 价 (元)				**3981.49**	**4657.76**	**2156.37**
其中	人 工 费 (元)			1935.75	2304.00	1185.00
	材 料 费 (元)			1843.27	2140.65	869.63
	机 械 费 (元)			202.47	213.11	101.74
	名 称	单位	单价(元)	数		量
人工	综合工日	工日	75.00	25.810	30.720	15.800
材料	木脚手板	m³	1487.00	0.310	0.324	0.096
	挡脚板	m³	1475.00	0.008	0.009	0.003
	镀锌铁丝 8~12 号	kg	5.36	3.680	3.680	72.380
	铁钉	kg	4.86	3.850	3.730	1.540
	脚手架钢管 48mm×3.5mm	kg	4.90	136.960	165.730	27.240
	脚手架对接扣件	个	6.79	4.890	6.050	0.920

单位:100m²

定　额　编　号			1-2-42	1-2-43	1-2-44
项　　　　目			综合脚手架		综合内脚手架
			多层建筑框架结构		
			檐高 110m 以下	檐高 130m 以下	檐高 130m 以上
材	脚手架直角扣件	套	7.30	27.160	33.040	5.240
	脚手架回转扣件	个	7.30	3.150	3.670	0.730
	脚手架底座	套	2.97	0.110	0.100	0.190
	酚醛调和漆（各种颜色）	kg	18.00	1.096	1.326	0.817
	防锈漆	kg	13.65	11.930	14.130	2.180
	油漆溶剂油	kg	4.87	1.350	1.610	0.440
	安全网	m²	9.00	20.544	24.860	9.770
料	密目网	m²	8.44	1.644	1.989	－
	其他材料费	元	－	18.250	21.190	8.610
机	交流弧焊机 40kV·A	台班	259.06	0.340	0.360	0.140
	载货汽车 6t	台班	545.58	0.170	0.180	0.120
械	交流弧焊机 30kV·A	台班	216.39	0.100	0.100	－

二、单项脚手架

1. 外脚手架

工作内容: 平土、打垫层、铺垫木、安底座,打缆风桩、拉缆风绳,场内、外材料运输,搭设脚手架、上料平台、上下翻板子、挡脚板、护身栏杆、扫地杆和拆除后材料的整理堆放。

单位:100m²

定 额 编 号			1-2-45	1-2-46	1-2-47	1-2-48	1-2-49	1-2-50
项　　　　目			钢管脚手架					
			单　排			双　排		
			高度(m)					
			5 以下	9 以下	15 以下	5 以下	9 以下	15 以下
基　　　价　　(元)			**540.41**	**719.39**	**831.08**	**725.62**	**1013.88**	**1169.42**
其中	人　工　费　(元)		237.00	421.50	458.25	326.25	547.50	598.50
	材　料　费　(元)		227.03	226.96	318.27	290.25	351.81	478.17
	机　械　费　(元)		76.38	70.93	54.56	109.12	114.57	92.75
名　　称	单位	单价(元)	数			量		
人工 综合工日	工日	75.00	3.160	5.620	6.110	4.350	7.300	7.980
材料 脚手架钢管 48mm×3.5mm	kg	4.90	10.070	19.430	25.530	15.230	30.690	42.750
脚手架直角扣件	套	7.30	1.930	3.480	5.410	3.960	6.620	9.300

单位:100m²

定 额 编 号				1-2-45	1-2-46	1-2-47	1-2-48	1-2-49	1-2-50
项 目				钢管脚手架					
				单 排			双 排		
				高度(m)					
				5 以下	9 以下	15 以下	5 以下	9 以下	15 以下
材料	脚手架对接扣件	个	6.79	0.210	0.580	0.710	0.380	1.070	1.230
	脚手架回转扣件	个	7.30	–	0.360	0.350	–	0.360	0.350
	脚手架底座	套	2.97	0.120	0.170	0.170	0.240	0.300	0.270
	镀锌铁丝 8~12 号	kg	5.36	11.180	2.550	4.360	11.390	2.940	4.980
	铁钉	kg	4.86	1.130	0.320	0.430	1.150	0.430	0.580
	木脚手板	m³	1487.00	0.055	0.035	0.054	0.064	0.052	0.067
	挡脚板	m³	1475.00	–	0.004	0.002	–	0.004	0.002
	防锈漆	kg	13.65	0.870	1.680	2.390	1.320	2.660	3.680
	油漆溶剂油	kg	4.87	0.100	0.190	0.270	0.150	0.300	0.420
	其他材料费	元	–	2.250	2.250	3.150	2.870	3.480	4.730
机械	载货汽车 6t	台班	545.58	0.140	0.130	0.100	0.200	0.210	0.170

工作内容:同前

定 额 编 号				1-2-51	1-2-52	1-2-53	1-2-54
项 目				钢管脚手架			
				双 排			
				高度(m)			
				24 以下	30 以下	50 以下	70 以下
基 价 (元)				**1781.91**	**2071.51**	**2749.64**	**3726.29**
其中	人 工 费 (元)			768.75	868.50	1091.25	1326.75
	材 料 费 (元)			931.32	1110.26	1565.64	2284.97
	机 械 费 (元)			81.84	92.75	92.75	114.57
名 称		单位	单价(元)	数			量
人工	综合工日	工日	75.00	10.250	11.580	14.550	17.690
材料	脚手架钢管 48mm×3.5mm	kg	4.90	68.910	87.050	130.560	174.740
	脚手架直角扣件	套	7.30	12.920	16.190	24.280	32.740
	脚手架对接扣件	个	6.79	2.710	3.120	4.670	6.220
	脚手架回转扣件	个	7.30	0.900	2.300	3.450	6.410
	脚手架底座	套	2.97	0.220	0.200	0.200	0.770
	镀锌铁丝 8~12 号	kg	5.36	33.230	27.920	27.920	35.220
	铁钉	kg	4.86	0.900	0.780	0.780	0.750
	木脚手板	m³	1487.00	0.114	0.148	0.209	0.324
	挡脚板	m³	1475.00	0.018	0.023	0.033	0.051
	防锈漆	kg	13.65	6.050	7.640	11.460	23.000
	油漆溶剂油	kg	4.87	0.690	0.870	1.300	2.550
	其他材料费	元	—	9.220	10.990	15.500	22.620
机械	载货汽车 6t	台班	545.58	0.150	0.170	0.170	0.210

工作内容:场内、外材料运输,悬挑钢支架制作安装、搭拆挑架,上下翻板子,绑拆护身拦、挡脚板、安全网、材料的保养以及拆除后材料的整理堆放。

单位:100m²

定　额　编　号			1-2-55	1-2-56	1-2-57
项　　　　目			悬挑梁式双排外脚手架	导轨式整体提升架	
				电动	手动
基　　价　（元）			**4599.76**	**2861.56**	**2852.57**
其中	人　工　费　（元）		3112.50	845.25	1543.50
	材　料　费　（元）		1389.06	434.49	655.42
	机　械　费　（元）		98.20	1581.82	653.65
名　　　　称	单位	单价(元)	数		量
人工 综合工日	工日	75.00	41.500	11.270	20.580
材料 脚手架钢管 48mm×3.5mm	kg	4.90	53.660	9.410	27.750
脚手架直角扣件	套	7.30	12.400	1.930	3.230
脚手架对接扣件	个	6.79	1.890	0.440	0.180
脚手架回转扣件	个	7.30	0.550	0.360	0.640
脚手架底座	套	2.97	0.350	0.002	0.003
木脚手板	m³	1487.00	0.044	0.045	0.037
挡脚板	m³	1475.00	0.006	0.011	0.007
镀锌铁丝 8～12 号	kg	5.36	20.030	1.230	3.700
铁钉	kg	4.86	1.460	0.130	0.420

单位:100m²

定 额 编 号				1-2-55	1-2-56	1-2-57
项 目				悬挑梁式双排外脚手架	导轨式整体提升架	
					电动	手动
材 料	防锈漆	kg	13.65	5.870	0.810	1.780
	油漆溶剂油	kg	4.87	0.680	0.090	0.210
	槽钢 5~16 号	kg	4.00	10.950	–	–
	钢板综合	kg	3.75	2.920	–	–
	角钢综合	kg	4.00	6.040	–	–
	花篮螺丝 300	套	18.00	0.500	–	–
	安全网	m²	9.00	22.080	13.210	20.590
	密目网	m²	8.44	22.080	11.750	18.070
	钢丝绳 股丝 6~7×19 φ=8.1~9	kg	7.30	10.960	–	–
	钢线卡子 φ25	个	15.80	3.010	–	–
	镀锌铁丝网	m²	10.40	12.620	–	–
	电气通讯摊销费	元	–	–	44.450	33.120
	其他材料费	元	–	13.750	4.300	6.490
机 械	载货汽车 6t	台班	545.58	0.180	0.040	0.080
	其他机具费	元	–	–	1560.000	610.000

2. 依附斜道

工作内容：平土、选料，场内、外材料运输，搭架子、铺斜道板、钉防滑木条、绑防护栏杆、挡脚板、拆除后材料的整理堆放。　　单位：100m²

定　额　编　号			1-2-58	1-2-59	1-2-60	1-2-61
项　　　　目			钢　管　斜　道			
			高度(m)			
			5 以下	9 以下	15 以下	24 以下
基　　　价　　（元）			**472.19**	**2025.81**	**3389.69**	**6411.87**
其中	人　工　费　（元）		198.75	409.50	845.25	1543.50
	材　料　费　（元）		213.43	1501.74	2309.84	4470.10
	机　械　费　（元）		60.01	114.57	234.60	398.27
名　　　　称	单位	单价(元)	数		量	
人工	综合工日	工日	75.00	2.650	5.460	11.270	20.580
材料	脚手架钢管 48mm×3.5mm	kg	4.90	10.240	57.260	145.230	294.520
	脚手架直角扣件	套	7.30	1.870	8.550	20.130	39.120
	脚手架对接扣件	个	6.79	0.130	1.220	2.850	6.870
	脚手架回转扣件	个	7.30	0.300	3.760	10.120	22.500
	脚手架底座	套	2.97	0.080	0.290	0.510	0.590
	木脚手板	m³	1487.00	0.051	0.212	0.486	0.940
	挡脚板	m³	1475.00	0.004	0.340	0.068	0.131
	防滑木条	m³	880.00	0.002	0.049	0.014	0.027
	镀锌铁丝 8~12 号	kg	5.36	7.840	29.680	52.470	87.500
	铁钉	kg	4.86	1.240	3.740	8.030	8.130
	防锈漆	kg	13.65	0.890	4.940	12.540	25.430
	油漆溶剂油	kg	4.87	0.100	0.560	1.420	2.890
	其他材料费	元	—	2.110	14.870	22.870	44.260
机械	载货汽车 6t	台班	545.58	0.110	0.210	0.430	0.730

定 额 编 号			1-2-62	1-2-63	1-2-64	1-2-65
项 目			钢 管 斜 道			
			高度(m)			
			30 以下	50 以下	70 以下	90 以下
基 价 (元)			**9101.44**	**18389.22**	**51846.60**	**80683.02**
其中	人 工 费 (元)		2173.50	3666.00	6480.00	8836.50
	材 料 费 (元)		6420.55	13959.41	43969.92	70067.93
	机 械 费 (元)		507.39	763.81	1396.68	1778.59
名 称	单位	单价(元)	数		量	
人工 综合工日	工日	75.00	28.980	48.880	86.400	117.820
材料 脚手架钢管 48mm×3.5mm	kg	4.90	433.660	975.730	2948.720	4706.900
脚手架直角扣件	套	7.30	55.160	124.130	419.900	670.260
脚手架对接扣件	个	6.79	10.130	22.800	71.090	113.480
脚手架回转扣件	个	7.30	31.670	71.250	261.250	417.020
脚手架底座	套	2.97	0.680	1.010	2.960	3.690
木脚手板	m³	1487.00	1.376	3.090	10.200	16.280
挡脚板	m³	1475.00	0.194	0.436	0.780	1.590
防滑木条	m³	880.00	0.039	0.089	1.968	3.144
镀锌铁丝 8～12 号	kg	5.36	110.560	165.840	319.010	407.370
铁钉	kg	4.86	7.500	11.250	50.730	64.790
防锈漆	kg	13.65	37.440	84.220	254.570	406.450
油漆溶剂油	kg	4.87	4.250	9.570	28.930	46.200
其他材料费	元	－	63.570	138.210	435.350	693.740
机械 载货汽车 6t	台班	545.58	0.930	1.400	2.560	3.260

3. 里脚手架

工作内容:场内、外材料运输,安装底座、搭设脚手架、扫地杆、上下翻板子和拆除后材料的整理堆放。

单位:100m²

定 额 编 号				1-2-66	1-2-67
项 目				砌 筑	装 饰
				钢 管 架	
				3.6m 以下	3.6m 以上
基 价 (元)				**380.67**	**455.67**
其中	人 工 费 (元)			185.25	238.50
	材 料 费 (元)			179.05	200.80
	机 械 费 (元)			16.37	16.37
名 称		单位	单价(元)	数	量
人工	综合工日	工日	75.00	2.470	3.180
材料	木脚手板	m³	1487.00	0.008	0.006
	挡脚板	m³	1475.00	0.001	0.001
	镀锌铁丝 8~12 号	kg	5.36	27.454	30.961
	铁钉	kg	4.86	0.390	1.360
	脚手架钢管 48mm×3.5mm	kg	4.90	2.150	2.190
	脚手架直角扣件	套	7.30	0.390	0.540
	脚手架回转扣件	个	7.30	0.060	0.030
	脚手架对接扣件	个	6.79	–	0.020
	脚手架底座	套	2.97	0.040	0.040
	防锈漆	kg	13.65	0.190	0.190
	油漆溶剂油	kg	4.87	0.020	0.020
机械	载货汽车 6t	台班	545.58	0.030	0.030

4.满堂脚手架

工作内容:场内、外材料运输,安装底座、搭设脚手架、扫地杆、上下翻板子和拆除后材料的整理堆放。

单位:100m²

定　额　编　号				1-2-68	1-2-69
项　　目				钢　管　架	
				基本层	增加层1.2m
基　价(元)				**1122.07**	**294.73**
其中	人　工　费(元)			724.50	267.00
	材　料　费(元)			370.29	22.27
	机　械　费(元)			27.28	5.46
名　称		单位	单价(元)	数	量
人工	综合工日	工日	75.00	9.660	3.560
材料	木脚手板	m³	1487.00	0.056	-
	挡脚板	m³	1475.00	0.002	-
	镀锌铁丝8~12号	kg	5.36	39.500	-
	铁钉	kg	4.86	0.260	-
	脚手架钢管48mm×3.5mm	kg	4.90	8.830	2.940
	脚手架直角扣件	套	7.30	1.160	0.390
	脚手架回转扣件	个	7.30	0.220	0.070
	脚手架对接扣件	个	6.79	0.430	0.140
	脚手架底座	套	2.97	0.130	-
	防锈漆	kg	13.65	0.760	0.250
	油漆溶剂油	kg	4.87	0.080	0.030
	其他材料费	元	-	3.670	-
机械	载货汽车6t	台班	545.58	0.050	0.010

5. 吊篮脚手架

工作内容:绑垫杆、悬臂杆、压杆,安装电葫芦及滑轮、钢丝绳,焊制框架、组装吊篮,绑护身栏杆,铺板子,挂安全网,升降及拆除等全部操作过程。

单位:100m²

定　额　编　号			1-2-70	1-2-71	1-2-72
项　　　目			电动提升式吊篮脚手架		
			块料面层玻璃幕墙	涂刷(油)涂料	水泥砂浆
基　　　价　（元）			**938.64**	**141.80**	**467.72**
其中	人　工　费　（元）		174.75	95.25	95.25
	材　料　费　（元）		146.04	3.23	42.55
	机　械　费　（元）		617.85	43.32	329.92
名　　　　称	单位	单价(元)	数		量
人工 综合工日	工日	75.00	2.330	1.270	1.270
材料 钢丝绳 股丝6～7×19 ϕ=8.1～9	kg	7.30	4.820	0.150	1.280
钢丝绳 股丝6～7×19 ϕ=15.5	m	4.06	13.500	0.500	3.610
钢线卡子 ϕ10～20	个	5.13	0.440	0.020	0.120
交联聚乙烯绝缘聚氯乙烯护套电力电缆 0.6/1kV YJV 3×6＋1×4	km	17930.40	0.003	－	0.001
机械 电动提升式吊篮	台班	66.65	9.270	0.650	4.950

6.安全网

工作内容:绑支撑、挂网、阴阳角挂绳、拆除等。

单位:100m²

定 额 编 号				1-2-73	1-2-74	1-2-75
项 目				挑出式平网	立挂式立网	垂直全封闭
基 价 (元)				**737.11**	**465.77**	**750.36**
其中	人 工 费 (元)			133.50	74.25	221.25
	材 料 费 (元)			581.79	391.52	529.11
	机 械 费 (元)			21.82	–	–
名 称	单位	单价(元)		数		量
人工 综合工日	工日	75.00		1.780	0.990	2.950
材料 脚手架钢管 48mm×3.5mm	kg	4.90		24.720	–	–
脚手架直角扣件	套	7.30		5.320	–	–
脚手架对接扣件	个	6.79		0.550	–	–
脚手架回转扣件	个	7.30		0.670	–	–
阻燃网	m²	11.76		32.080	32.080	36.670
镀锌铁丝 8～12 号	kg	5.36		5.630	2.660	18.260
其他材料费	元	–		5.760	–	–
机械 载货汽车 6t	台班	545.58		0.040	–	–

7. 电梯井架

工作内容: 场内、外材料运输,平土、安装底座,搭设脚手架,上下翻板子和拆除后材料的整理堆放。

单位:座

定 额 编 号			1-2-76	1-2-77	1-2-78	1-2-79
项 目			搭设高度(m)			
			20 以下	30 以下	40 以下	50 以下
基 价 (元)			**1324.63**	**2359.54**	**3860.85**	**5400.23**
其中	人 工 费 (元)		947.25	1455.00	2157.00	3180.75
	材 料 费 (元)		333.73	828.16	1600.19	2083.08
	机 械 费 (元)		43.65	76.38	103.66	136.40
名 称	单位	单价(元)	数		量	
人工 综合工日	工日	75.00	12.630	19.400	28.760	42.410
材料 脚手架钢管 48mm×3.5mm	kg	4.90	37.320	82.950	174.200	223.970
脚手架直角扣件	套	7.30	3.420	7.600	15.960	20.520
脚手架对接扣件	个	6.79	0.380	0.820	1.810	2.280
脚手架回转扣件	个	7.30	2.280	5.070	10.640	13.680
脚手架底座	套	2.97	0.190	0.250	0.380	0.380
木脚手板	m³	1487.00	0.026	0.101	0.155	0.208
挡脚板	m³	1475.00	0.005	0.020	0.031	0.041
镀锌铁丝 8~12 号	kg	5.36	2.000	6.030	6.030	9.840
铁钉	kg	4.86	0.070	0.210	0.210	0.350
防锈漆	kg	13.65	3.220	7.160	15.040	19.330
料 油漆溶剂油	kg	4.87	0.360	0.810	1.710	2.190
其他材料费	元	—	3.300	8.200	15.840	20.620
机械 载货汽车 6t	台班	545.58	0.080	0.140	0.190	0.250

定 额 编 号			1-2-80	1-2-81	1-2-82	1-2-83
项 目			搭设高度(m)			
			60 以下	80 以下	100 以下	130 以下
基 价 (元)			**8643.62**	**11890.11**	**18228.79**	**22782.06**
其中	人 工 费 (元)		4365.75	5865.75	7959.75	9945.00
	材 料 费 (元)		4097.83	5767.94	9941.69	12427.87
	机 械 费 (元)		180.04	256.42	327.35	409.19
名 称	单位	单价(元)	数			量
人工 综合工日	工日	75.00	58.210	78.210	106.130	132.600
材料	脚手架钢管 48mm×3.5mm	kg	4.90	453.740	631.810	1079.840	1349.800
	脚手架直角扣件	套	7.30	52.440	75.810	132.240	165.300
	脚手架对接扣件	个	6.79	6.410	9.690	17.290	21.613
	脚手架回转扣件	个	7.30	30.780	43.320	74.480	93.100
	脚手架底座	套	2.97	1.140	1.140	1.520	1.900
	木脚手板	m³	1487.00	0.312	0.456	0.831	1.039
	挡脚板	m³	1475.00	0.063	0.090	0.167	0.209
	镀锌铁丝 8~12 号	kg	5.36	11.990	16.350	20.720	25.900
	铁钉	kg	4.86	0.420	0.590	0.750	0.938
	防锈漆	kg	13.65	39.170	54.550	93.240	116.550
	油漆溶剂油	kg	4.87	4.450	6.200	10.600	13.250
	其他材料费	元	–	40.570	57.110	98.430	123.050
机械 载货汽车 6t	台班	545.58	0.330	0.470	0.600	0.750

8. 悬空脚手架

工作内容:选料、绑拆架子、护身栏杆、铺拆板子、安全挡板、挂卸安全网、材料场内运输等。

单位:100m²

定　额　编　号				1-2-84
项　　　目				钢　管　架
基　　价　（元）				**434.16**
其中	人　工　费　（元）			315.45
	材　料　费　（元）			102.34
	机　械　费　（元）			16.37
名　　　称		单位	单价（元）	数　　　　量
人工	综合工日	工日	75.00	4.206
材料	脚手架钢管 48mm×3.5mm	kg	4.90	2.190
	脚手架直角扣件	套	7.30	0.240
	木脚手板	m³	1487.00	0.053
	镀锌铁丝 8~12 号	kg	5.36	2.060
机械	载货汽车 6t	台班	545.58	0.030

三、构筑物脚手架

1. 烟囱(水塔)脚手架

工作内容:场内、外材料运输,挖坑、平土、安装底座,搭设脚手架,打缆风桩、拉缆风绳、斜道、上料平台、安全网、上下翻板子和拆除及材料的整理堆放。

单位:座

定 额 编 号				1-2-85	1-2-86	1-2-87	1-2-88
项 目				直径5m以内,高度(m)			
				15 以下	25 以下	35 以下	45 以下
基 价 (元)				**6941.74**	**12096.17**	**20038.32**	**28517.03**
其中	人 工 费 (元)			3528.00	7167.75	12634.50	19186.50
	材 料 费 (元)			2900.89	4170.06	6296.29	7884.74
	机 械 费 (元)			512.85	758.36	1107.53	1445.79
名 称		单位	单价(元)	数		量	
人工	综合工日	工日	75.00	47.040	95.570	168.460	255.820
材料	脚手架钢管 48mm×3.5mm	kg	4.90	173.880	278.450	391.800	537.170
	脚手架直角扣件	套	7.30	26.650	43.180	63.560	84.050
	脚手架回转扣件	个	7.30	12.660	13.560	19.520	25.460

定 额 编 号			1-2-85	1-2-86	1-2-87	1-2-88
项 目			直径5m以内,高度(m)			
			15 以下	25 以下	35 以下	45 以下
材	脚手架对接扣件	个	6.79	4.800	7.790	11.450	15.150
	脚手架底座	套	2.97	0.860	0.860	0.860	0.860
	木脚手板	m³	1487.00	0.393	0.476	0.932	0.920
	挡脚板	m³	1475.00	0.065	0.083	0.122	0.162
	防滑木条	m³	880.00	0.004	0.007	0.010	0.013
	镀锌铁丝8~12号	kg	5.36	95.837	152.628	222.838	293.356
	铁钉	kg	4.86	3.970	6.340	9.300	12.260
	防锈漆	kg	13.65	15.020	24.040	35.120	46.380
	油漆溶剂油	kg	4.87	1.710	2.740	3.990	5.270
料	安全网	m²	9.00	29.770	29.770	34.920	40.060
	其他材料费	元	–	28.720	41.290	62.340	78.070
机械	载货汽车6t	台班	545.58	0.940	1.390	2.030	2.650

工作内容: 场内、外材料运输,挖坑、平土、安装底座,搭设脚手架,打缆风桩、拉缆风绳、斜道、上料平台、安全网、上下翻板子和拆除及材料的整理堆放。

单位:座

定 额 编 号			1-2-89	1-2-90	1-2-91	1-2-92	1-2-93	1-2-94
项 目			直径 8m 以内,高度(m)					
			20 以下	30 以下	40 以下	50 以下	60 以下	80 以下
基 价 (元)			**9504.88**	**16330.89**	**25979.52**	**37233.84**	**51770.19**	**87978.21**
其中	人 工 费 (元)		4572.75	8830.50	15714.75	24189.00	33543.75	58287.00
	材 料 费 (元)		4233.79	6425.60	8802.62	11069.84	15754.96	26297.70
	机 械 费 (元)		698.34	1074.79	1462.15	1975.00	2471.48	3393.51
名 称	单位	单价(元)	数			量		
人工 综合工日	工日	75.00	60.970	117.740	209.530	322.520	447.250	777.160
材料 脚手架钢管 48mm×3.5mm	kg	4.90	246.290	406.870	565.040	725.610	1083.640	1896.760
脚手架直角扣件	套	7.30	41.040	68.540	95.620	123.120	162.540	285.040
脚手架回转扣件	个	7.30	10.500	16.630	22.680	28.830	91.550	157.850
脚手架对接扣件	个	6.79	7.080	11.830	16.510	21.230	34.830	61.060
脚手架底座	套	2.97	1.110	1.110	1.110	1.110	2.590	3.330
木脚手板	m³	1487.00	0.507	0.615	0.887	0.995	1.509	2.771
挡脚板	m³	1475.00	0.085	0.108	0.130	0.180	0.272	0.496
防滑木条	m³	880.00	0.005	0.008	0.011	0.015	0.022	0.038
镀锌铁丝 8~12 号	kg	5.36	188.419	311.885	434.175	557.641	655.914	893.270
铁钉	kg	4.86	5.010	8.290	11.540	14.820	18.380	25.020
防锈漆	kg	13.65	21.270	35.130	48.790	62.640	93.570	163.770
料 油漆溶剂油	kg	4.87	2.410	3.990	5.540	7.120	10.640	18.620
安全网	m²	9.00	37.490	41.240	41.240	48.790	65.730	107.160
其他材料费	元	–	41.920	63.620	87.150	109.600	155.990	260.370
机械 载货汽车 6t	台班	545.58	1.280	1.970	2.680	3.620	4.530	6.220

2. 烟囱内衬脚手架

工作内容:场内、外材料运输,挖坑、平土、安装底座,搭设脚手架,打缆风桩、拉缆风绳、斜道、上料平台、安全网、
上下翻板子和拆除及材料的整理堆放。

单位:座

定 额 编 号			1-2-95	1-2-96	1-2-97	1-2-98	1-2-99
项 目			直径5m以内,高度(m)				
			15以下	20以下	25以下	35以下	45以下
基 价 (元)			**1457.14**	**2266.09**	**3024.43**	**5456.74**	**8353.30**
其中	人 工 费 (元)		1353.00	2139.00	2864.25	5184.75	7938.75
	材 料 费 (元)		60.49	77.99	100.17	190.15	310.89
	机 械 费 (元)		43.65	49.10	60.01	81.84	103.66
名 称	单位	单价(元)	数		量		
人工 综合工日	工日	75.00	18.040	28.520	38.190	69.130	105.850
材料 脚手架钢管 48mm×3.5mm	kg	4.90	1.630	3.020	4.830	10.840	19.560
脚手架对接扣件	个	6.79	0.020	0.030	0.080	0.160	0.310
木脚手板	m³	1487.00	0.007	0.007	0.009	0.018	0.029
镀锌铁丝 8~12号	kg	5.36	5.690	5.390	5.100	6.580	7.460
脚手架直角扣件	套	7.30	0.140	0.240	0.400	0.890	1.600
脚手架回转扣件	个	7.30	0.130	0.240	0.380	0.890	1.600
脚手架底座	套	2.97	0.010	0.010	0.020	0.030	0.040
防锈漆	kg	13.65	0.120	0.230	0.360	0.820	1.480
油漆溶剂油	kg	4.87	0.010	0.030	0.040	0.090	0.170
挡脚板	m³	1475.00	0.003	0.005	0.006	0.010	0.015
钢丝绳 单股 $\phi=6$	kg	7.30	0.360	1.120	1.840	4.070	7.490
砂布	张	3.00	0.240	0.440	0.700	1.580	2.840
机械 载货汽车 6t	台班	545.58	0.080	0.090	0.110	0.150	0.190

定　额　编　号			1-2-100	1-2-101	1-2-102	1-2-103	1-2-104	1-2-105
项　　　　　目			直径8m以内,高度(m)					
			20以下	30以下	40以下	50以下	60以下	80以下
基　　价　(元)			**2977.25**	**5944.79**	**9400.55**	**12552.31**	**16627.01**	**28871.78**
其中	人　工　费　(元)		2571.75	4978.50	7833.75	10262.25	13534.50	23474.25
	材　料　费　(元)		220.00	660.77	1168.53	1799.04	2525.11	4661.00
	机　械　费　(元)		185.50	305.52	398.27	491.02	567.40	736.53
名　　称	单位	单价(元)	数		量			
人工 综合工日	工日	75.00	34.290	66.380	104.450	136.830	180.460	312.990
材料 脚手架钢管48mm×3.5mm	kg	4.90	17.250	57.570	107.600	177.940	245.250	461.590
脚手架对接扣件	个	6.79	0.240	1.010	2.200	3.280	5.190	9.200
木脚手板	m³	1487.00	0.018	0.070	0.141	0.174	0.264	0.522
镀锌铁丝8~12号	kg	5.36	9.730	17.290	23.640	22.720	28.750	37.210
脚手架直角扣件	套	7.30	1.810	6.080	11.750	19.220	28.240	51.830
脚手架回转扣件	个	7.30	0.400	1.480	3.060	5.080	7.680	13.930
脚手架底座	套	2.97	0.120	0.250	0.370	0.470	0.580	0.840
防锈漆	kg	13.65	1.300	4.340	5.600	13.300	18.500	34.820
油漆溶剂油	kg	4.87	0.150	0.490	0.630	1.500	2.080	3.920
挡脚板	m³	1475.00	0.006	0.013	0.019	0.025	0.030	0.044
钢丝绳 单股 φ=6	kg	7.30	0.490	1.810	3.600	5.780	8.720	16.150
砂布	张	3.00	2.510	8.370	15.650	25.880	35.660	67.120
机械 载货汽车6t	台班	545.58	0.340	0.560	0.730	0.900	1.040	1.350

定　额　编　号				1-2-106	
项　　　　　目				竖井架	
				烟囱(水塔)高度在60m以下	
基　　　价　（元）				**37841.40**	
其 中	人　工　费　（元）			28401.75	
	材　料　费　（元）			8523.08	
	机　械　费　（元）			916.57	
名　　　　称		单位	单价(元)	数　　　　量	
人工	综合工日	工日	75.00	378.690	
材 料	木脚手板	m³	1487.00	4.287	
	铁钉	kg	4.86	28.500	
	安全网	m²	9.00	7.500	
	钢支架、平台及连接件	kg	5.80	88.600	
	钢爬梯	kg	5.60	38.700	
	钢吊笼支架	kg	5.40	20.000	
	钢丝绳 股丝6~7×19 ϕ=7.1~8	kg	7.30	13.200	
	普通螺栓 M8	个	1.26	219.000	
	铁件	kg	5.30	138.000	
机 械	载货汽车6t	台班	545.58	1.680	

第三章　砌　筑　工　程

说　　明

一、本章包括:砌砖砌块工程、砌石工程两节,共 89 个子目。

二、砌砖、砌块:

1. 定额中砖的规格,是按标准砖编制的;砌块、多孔砖规格是按常用规格编制的。规格不同时,可以换算。

2. 砖墙定额中已包括腰线、窗台线、挑檐等一般出线用工。

3. 砖砌体均包括了原浆勾缝用工,加浆勾缝时,另按相应定额计算。

4. 填充墙以填炉渣、炉渣混凝土为准,如实际使用材料与定额不同时允许换算,其他不变。

5. 墙体必需放置的拉接钢筋,应按有关章节另行计算。

6. 硅酸盐砌块是按水泥混合砂浆编制的,如设计使用水玻璃矿渣等粘结剂为胶合料时,应按设计要求另行换算。

7. 加气混凝土砌块墙,是按加气混凝土砌块墙专用砂浆编制的。

8. 圆形烟囱基础按砖基础定额执行,人工乘以系数 1.2。

9. 砖砌挡土墙,两砖以上执行砖基础定额;两砖以内执行砖墙定额。

10. 零星项目系指砖砌小便池槽、明沟、暗沟、隔热板带砖墩、地板墩等。

11. 项目中砂浆系按常用规格、强度等级列出,如与设计不同时,可以换算。

12. 沟算子中的塑料、不锈钢、铸铁算子均是按成品考虑的,钢筋算子是按现场制作考虑的。

三、砌石:

1. 定额中粗、细料石(砌体)墙按 400mm×220mm×200mm、柱按 450mm×220mm×200mm、踏步石按 400mm×200mm×100mm 规格编制。

2. 毛石墙镶砖墙身按内背镶 1/2 砖编制,墙体厚度为 600mm。

3. 毛石护坡高度超过 4m 时,定额人工乘以系数 1.15。

4. 砌筑圆弧形石砌体基础、墙(含砖石混合砌体)按定额项目人工乘以系数 1.1。

工程量计算规则

一、砌筑工程量计算规则:

1. 计算墙体时,应扣除门窗洞口、过人洞、空圈、嵌入墙身的钢筋混凝土柱、梁(包括过梁、圈梁、挑梁)、砖平旋,平砌砖过梁和暖气包壁龛及内墙板头的体积,不扣除梁头、外墙板头、檩头、垫木、木楞头、沿椽木、木砖、门窗走头、砖墙内的加固钢筋、木筋、铁件、钢管及每个面积在 0.3m² 以下的孔洞等所占的体积,突出墙面的窗台虎头砖、压顶线、山墙泛水、烟囱根、门窗套及三皮砖以内的腰线和挑檐等体积亦不增加。

2. 砖垛、三皮砖以上的腰线和挑檐等体积,并入墙身体积内计算。

3. 附墙烟囱(包括附墙通风道)按其外形体积计算,并入所依附的墙体积内,不扣除每一个孔洞横截面在 0.1m² 以下的体积,但孔洞内的抹灰工程量亦不增加。

4. 女儿墙高度,自外墙顶面至图示女儿墙顶面高度,分别不同墙厚并入外墙计算。

5. 砖平旋平砌砖过梁按图示尺寸以立方米(m³)计算。如设计无规定时,砖平旋按门窗洞口宽度两端共加 100mm,乘以高度(门窗洞口宽小于 1500mm 时,高度为 240mm;大于 1500mm 时,高度为 365mm)计算;平砌砖过梁按门窗洞口宽度两端共加 500mm,高度按 440mm 计算。

二、砌体厚度,按如下规定计算:

1. 标准砖以 240mm×115mm×53mm 为准,其砌体计算厚度,按下表计算。

标准砖砌体计算厚度表

砖数(厚度)	1/4	1/2	3/4	1	1.5	2	2.5	3
计算厚度(mm)	53	115	180	240	365	490	615	740

2. 使用非标准砖时,其砌体厚度应按砖实际规格和设计厚度计算。

三、基础与墙身(柱身)的划分:

1. 基础与墙(柱)身使用同一种材料时,以设计室内地面为界(有地下室者,以地下室室内设计地面为界),以下为基础,以上为墙(柱)身。

2. 基础与墙身使用不同材料时,位于设计室内地面 ±300mm 以内时,以不同材料为分界线,超过 ±300mm 时,以设计室内地面为分界线。

3. 砖、石围墙,以设计室外地坪为界线,以下为基础,以上为墙身。

四、基础长度:外墙墙基按外墙中心线长度计算;内墙墙基按内墙基净长计算。基础大放脚 T 形接头处的重叠部分以及嵌入基础的钢筋、铁件、管道、基础防潮层及单个面积在 0.3m² 以内孔洞所占体积不予扣除,但靠墙暖气沟的挑檐亦不增加,附墙垛基础宽出部分体积并入基础工程量内。

五、墙的长度:外墙长度按外墙中心线长度计算,内墙长度按内墙净化线计算。

六、墙身高度按下列规定计算:

1. 外墙墙身高度:斜(坡)屋面无檐口天棚者算至屋面板底;有屋架且室内外均有天棚者,算至屋架下弦底面另加 200mm;无天棚者算至屋架下弦底加 300mm,出檐宽度超过 600mm 时,应按实砌高度计算;平屋面算至钢筋混凝土板底。

2. 内墙墙身高度:位于屋架下弦者,其高度算至屋架底;无屋架者算至天棚底另加 100mm;有钢筋混凝土楼板隔层者算至板底;有框架梁时算至梁底面。

3. 内、外山墙,墙身高度:按其平均高度计算。

七、框架间砌体,分别内外墙以框架间的净空面积乘以墙厚计算,框架外表镶贴砖部分亦并入框架间砌体工程量内计算。

八、空花墙按空花部分外形体积以立方米(m^3)计算,空花部分不予扣除,其中实体部分以立方米(m^3)另行计算。

九、多孔砖;空心砖按图示厚度以立方米(m^3)计算,不扣除其孔、空心部分体积。

十、填充墙按外形尺寸以立方米(m^3)计算,其中实砌部分已包括在定额内,不另计算。

十一、加气混凝土墙、硅酸盐砌块墙、小型空心砌块墙,按图示尺寸以立方米(m^3)计算,按设计规定需要镶嵌砖砌体部分已包括在定额内,不另计算。

十二、其他砖砌体:

1. 砖砌锅台、炉灶不分大小,均按图示外形尺寸以立方米(m^3)计算,不扣除各种空洞的体积。

2. 砖砌台阶(不包括梯带)按水平投影面积以平方米(m^2)计算。

3. 厕所蹲台、水槽腿、灯箱、垃圾箱、台阶挡墙或梯带、花台、花池、地垄墙及支撑地楞的砖墩,房上烟囱、屋面架空隔热层砖墩及毛石墙的门窗立边、窗台虎头砖等实砌体积,以立方米(m^3)计算,套用零星砌体定额项目。

4. 检查井及化粪池不分壁厚均以立方米(m^3)计算,洞口上的砖平拱旋等并入砌体体积内计算。

5. 砖砌地沟不分路基、墙身合并以立方米(m^3)计算。石砌地沟按其中心线长度以延长米计算。

十三、砖烟囱:

1. 筒身,圆形、方形均按图示筒壁平均中心线周长乘以厚度并扣除筒身各种孔洞、钢筋混凝土圈梁、过梁等体积以立方米(m³)计算,其筒壁周长不同时可按下式分段计算。

$$V = \sum H \times C \times \pi D$$

式中　V——筒身体积;

　　　H——每段筒身垂直高度;

　　　C——每段筒壁厚度;

　　　D——每段筒壁中心线的平均直径。

2. 烟道、烟囱内衬按不同内衬材料并扣除孔洞后,以图示实际体积计算。

3. 烟囱内壁表面隔热层,按筒身内壁并扣除各种孔洞后的面积以平方米(m²)计算;填料按烟囱内衬与筒身之间的中心线平均周长乘以图示宽度和筒高,并扣除各种孔洞所占体积(但不扣除连接横砖及防沉带的体积)后以立方米(m³)计算。

4. 烟道砌砖:烟道与炉体的划分以第一道闸门为界,炉体内的烟道部分列入炉体工程量计算。

十四、砖砌水塔:

1. 水塔基础与塔身划分,以砖砌体的扩大部分顶面为界,以上为塔身,以下为基础,分别套相应基础砌体定额。

2. 塔身以图示实砌体积计算,并扣除门窗洞口和混凝土构件所占的体积,砖平拱旋及砖出檐等并入塔身体积内计算,套水塔砌筑定额。

3. 砖水箱内外壁,不分壁厚,均以图示实砌体积计算,套相应的内外砖墙定额。

十五、砌体内的钢筋加固应根据设计规定,以吨(t)计算,套相应项目。

十六、墙面勾缝按垂直投影面积计算,应扣除墙裙和墙面抹灰的面积;不扣除门窗洞口、门窗套、腰线等零星抹灰所占的面积,附墙柱和门窗洞口侧面的勾缝面积亦不增加。独立柱、房上烟囱勾缝,按图示尺寸以平方米(m²)计算。

一、砌砖砌块工程

1. 砖基础、砌墙

工作内容:砖基础:调运砂浆、铺砂浆、运砖、清理基槽坑、砌砖等。

单位:10m³

	定　额　编　号				1-3-1	
	项　　　　目				砖　基　础	
	基　　价　（元）				**2862.63**	
其	人　工　费　（元）				913.50	
	材　料　费　（元）				1899.92	
中	机　械　费　（元）				49.21	
	名　　　　　　　称	单位	单价（元）		数　　　　　量	
人工	综合工日	工日	75.00		12.180	
材	水泥砂浆 M5	m³	137.68		2.360	
	普通黏土砖（红砖）240mm×115mm×53mm	千块	300.00		5.236	
料	水	t	4.00		1.050	
机械	灰浆搅拌机 200L	台班	126.18		0.390	

工作内容:砖墙:调运、铺砂浆,运砖、砌砖包括窗台虎头砖、腰线、门窗套、安放木砖、铁件等。

单位:10m³

定 额 编 号			1-3-2	1-3-3	1-3-4	1-3-5	1-3-6	1-3-7
项 目			混水砖墙					
			1/4 砖	1/2 砖	3/4 砖	1 砖	1 砖半	2 砖及以上
基 价 （元）			**4183.92**	**3517.44**	**3467.82**	**3160.19**	**3160.32**	**3143.33**
其中	人 工 费 （元）		2112.75	1510.50	1473.00	1206.00	1172.25	1159.50
	材 料 费 （元）		2045.93	1965.30	1950.66	1906.24	1937.60	1932.10
	机 械 费 （元）		25.24	41.64	44.16	47.95	50.47	51.73
名 称	单位	单价(元)	数		量			
人工 综合工日	工日	75.00	28.170	20.140	19.640	16.080	15.630	15.460
材料 水泥砂浆 M10	m³	164.08	1.180	–	–	–	–	–
水泥砂浆 M5	m³	137.68	–	1.950	2.130	–	–	–
混合砂浆 M2.5	m³	136.80	–	–	–	2.250	2.400	2.450
普通黏土砖（红砖）240mm×115mm×53mm	千块	300.00	6.158	5.641	5.510	5.314	5.350	5.309
水	t	4.00	1.230	1.130	1.100	1.060	1.070	1.060
机械 灰浆搅拌机 200L	台班	126.18	0.200	0.330	0.350	0.380	0.400	0.410

单位:10m³

定　额　编　号			1-3-8	1-3-9
项　　　　　目			弧形砖墙	
			混　　水	
			1 砖	1 砖半
基　　价　（元）			**3305.95**	**3304.26**
其中	人　工　费　（元）		1318.50	1284.00
	材　料　费　（元）		1939.50	1969.79
	机　械　费　（元）		47.95	50.47
名　　　　称		单位	单价(元)	数　　量	
人工	综合工日	工日	75.00	17.580	17.120
材料	水泥砂浆 M5	m³	137.68	2.250	2.400
	普通黏土砖（红砖）240mm×115mm×53mm	千块	300.00	5.418	5.450
	水	t	4.00	1.080	1.090
机械	灰浆搅拌机 200L	台班	126.18	0.380	0.400

工作内容:同前

单位:10m³

定　额　编　号				1-3-10	1-3-11	1-3-12	1-3-13
项　　　　　目				多孔砖墙			
				1/4 砖	1/2 砖	1 砖	1 砖以上
基　　　价　（元）				**3492.68**	**3482.69**	**3286.72**	**3242.31**
其中	人　工　费　（元）			1110.00	1110.00	934.50	884.25
	材　料　费　（元）			2356.18	2341.14	2311.84	2308.85
	机　械　费　（元）			26.50	31.55	40.38	49.21
名　　　　　称		单位	单价(元)	数		量	
人工	综合工日	工日	75.00	14.800	14.800	12.460	11.790
材料	水泥砂浆 M7.5	m³	150.88	1.290	1.500	1.890	2.290
	多孔砖 240mm×115mm×90mm	千块	600.00	3.413	3.339	3.200	3.101
	普通黏土砖（红砖）240mm×115mm×53mm	千块	300.00	0.363	0.355	0.340	0.326
	水	t	4.00	1.210	1.230	1.170	1.233
机械	灰浆搅拌机 200L	台班	126.18	0.210	0.250	0.320	0.390

单位:10m³

定　额　编　号			1-3-14	1-3-15	1-3-16	1-3-17
项　　　目			空心砖墙			
			承重黏土空心砖		非承重	
			1/2 砖	1 砖	1/2 砖	1 砖
基　　价　（元）			3666.78	3461.77	3645.25	1985.47
其中	人　工　费　（元）		1110.00	934.50	1133.25	943.50
	材　料　费　（元）		2529.02	2490.68	2481.72	1010.42
	机　械　费　（元）		27.76	36.59	30.28	31.55
名　　　称	单位	单价（元）	数			量
人工 综合工日	工日	75.00	14.800	12.460	15.110	12.580
材料 水泥砂浆 M5	m³	137.68	1.330	1.760	1.430	1.470
空心砖 240mm×115mm×115mm	千块	825.00	2.838	2.720	2.508	－
多孔砖 240mm×240mm×115mm	千块	500.00	－	－	－	1.202
普通黏土砖（红砖）240mm×115mm×53mm	千块	300.00	－	－	0.704	0.675
水	t	4.00	1.140	1.090	1.134	1.132
机械 灰浆搅拌机 200L	台班	126.18	0.220	0.290	0.240	0.250

2. 空花墙

工作内容:调运砂浆、铺砂浆,运砖、砌砖包括窗台虎头砖、腰线、门窗套、安放木砖、铁件等。

单位:10m³

定 额 编 号				1-3-18	
项 目				空花墙	
基 价 (元)				**2803.94**	
其中	人 工 费 (元)			1407.00	
	材 料 费 (元)			1371.70	
	机 械 费 (元)			25.24	
名 称		单位	单价(元)	数 量	
人工	综合工日	工日	75.00	18.760	
材料	水泥砂浆 M5	m³	137.68	1.180	
	普通黏土砖(红砖)240mm×115mm×53mm	千块	300.00	4.020	
	水	t	4.00	0.810	
机械	灰浆搅拌机 200L	台班	126.18	0.200	

3.填充墙、贴砌砖

工作内容:调运砂浆、铺砂浆,运砖,砌砖包括窗台虎头砖、腰线、门窗套、安放木砖、铁件等。

单位:10m³

定 额 编 号			1-3-19	1-3-20	1-3-21	1-3-22
项 目			1砖半填充墙		贴砌砖	
			炉渣砖	轻混凝土砌块	1/4 砖	1/2 砖
基 价 （元）			**2514.88**	**3662.54**	**4756.51**	**3832.03**
其中	人 工 费 （元）		1032.75	888.75	2273.25	1561.50
	材 料 费 （元）		1444.28	2738.46	2417.65	2211.23
	机 械 费 （元）		37.85	35.33	65.61	59.30
名 称	单位	单价(元)	数		量	
人工 综合工日	工日	75.00	13.770	11.850	30.310	20.820
材料 混合砂浆 M10	m³	182.08	1.810	0.720	3.090	2.830
普通黏土砖（红砖）240mm×115mm×53mm	千块	300.00	0.028	–	6.159	5.631
炉渣砌块	m³	120.00	9.190	–	–	–
混凝土小型空心砌块	m³	280.00	–	9.300	–	–
水	t	4.00	0.880	0.840	1.830	1.660
机械 灰浆搅拌机 200L	台班	126.18	0.300	0.280	0.520	0.470

4.砌块墙

工作内容:调运砂浆、铺砂浆,运砌块、砌砌块包括窗台虎头砖、腰线、门窗套、安放木砖、铁件等。

单位:10m³

定 额 编 号			1-3-23	1-3-24	1-3-25	1-3-26
项 目			小型空心砌块墙		硅酸盐	加气混凝土
			90mm	190mm	砌块墙	
基 价 (元)			**3483.22**	**2290.51**	**2537.20**	**2734.57**
其中	人 工 费 (元)		762.00	801.75	785.25	750.75
	材 料 费 (元)		2706.08	1473.62	1734.28	1967.42
	机 械 费 (元)		15.14	15.14	17.67	16.40
名 称	单位	单价(元)	数			量
人工 综合工日	工日	75.00	10.160	10.690	10.470	10.010
材 料 水泥砂浆 M5	m³	137.68	0.720	0.720	–	–
加气混凝土砌块专用砂浆	m³	250.00	–	–	–	0.800
混合砂浆 M10	m³	182.08	–	–	0.810	–
混凝土空心砌块 190mm×190mm×190mm	块	1.00	–	1355.900	–	–
混凝土空心砌块 90mm×190mm×190mm	块	0.90	2862.400	–	–	–
硅酸盐砌块 880mm×430mm×240mm	块	15.00	–	–	72.400	–
硅酸盐砌块 580mm×430mm×240mm	块	8.00	–	–	22.000	–
硅酸盐砌块 430mm×430mm×240mm	块	10.00	–	–	8.500	–
硅酸盐砌块 280mm×430mm×240mm	块	6.00	–	–	25.500	–
普通黏土砖(红砖)240mm×115mm×53mm	千块	300.00	–	–	0.276	–
加气混凝土块	m³	185.00	–	–	–	9.532
水	t	4.00	0.999	0.999	1.000	1.000
其他材料费	元	–	26.790	14.590	–	–
机械 灰浆搅拌机 200L	台班	126.18	0.120	0.120	0.140	0.130

5. 砌围墙

工作内容: 调运砂浆、铺砂浆、运砖、砌砖、安放木砖、铁件等。

单位:10m³

定 额 编 号			1-3-27	1-3-28	1-3-29
项 目			围 墙		地下室墙
			1/2 砖	1 砖	墙身及墙基
			100m²		
基 价 (元)			**4702.03**	**8718.21**	**3003.38**
其中	人 工 费 (元)		2199.00	3648.75	1060.50
	材 料 费 (元)		2451.30	4948.33	1903.76
	机 械 费 (元)		51.73	121.13	39.12
名 称	单位	单价(元)	数		量
人工 综合工日	工日	75.00	29.320	48.650	14.140
材料 水泥砂浆 M5	m³	137.68	2.430	5.780	2.510
普通黏土砖（红砖）240mm×115mm×53mm	千块	300.00	7.037	13.805	5.180
水	t	4.00	1.410	2.760	1.047
机械 灰浆搅拌机 200L	台班	126.18	0.410	0.960	0.310

6. 砌砖柱

工作内容: 调运砂浆、铺砂浆、运砖、砌砖、安放木砖、铁件等。

单位:10m³

定 额 编 号				1-3-30	1-3-31	1-3-32
项 目				清水方砖柱 周长(m)		
				1.2 以内	1.8 以内	1.8 以上
基 价 (元)				**4178.16**	**4034.75**	**3680.45**
其中	人 工 费 (元)			2070.00	1932.00	1578.00
	材 料 费 (元)			2066.52	2057.33	2054.50
	机 械 费 (元)			41.64	45.42	47.95
名 称		单位	单价(元)	数		量
人工	综合工日	工日	75.00	27.600	25.760	21.040
材料	混合砂浆 M10	m³	182.08	1.960	2.180	2.280
	普通黏土砖（红砖）240mm×115mm×53mm	千块	300.00	5.680	5.520	5.450
	水	t	4.00	1.410	1.100	1.090
机械	灰浆搅拌机 200L	台班	126.18	0.330	0.360	0.380

定 额 编 号				1-3-33	1-3-34	1-3-35	1-3-36
项 目				混水方砖柱 周长(m)			圆、半圆多边形砖柱
				1.2 以内	1.8 以内	1.8 以上	
基 价 (元)				**4066.41**	**3931.25**	**3576.95**	**4544.14**
其中	人 工 费 (元)			1958.25	1828.50	1474.50	1880.25
	材 料 费 (元)			2066.52	2057.33	2054.50	2612.16
	机 械 费 (元)			41.64	45.42	47.95	51.73
名 称		单位	单价(元)	数		量	
人工	综合工日	工日	75.00	26.110	24.380	19.660	25.070
材料	混合砂浆 M10	m³	182.08	1.960	2.180	2.280	2.480
	普通黏土砖（红砖）240mm×115mm×53mm	千块	300.00	5.680	5.520	5.450	7.174
	水	t	4.00	1.410	1.100	1.090	2.100
机械	灰浆搅拌机 200L	台班	126.18	0.330	0.360	0.380	0.410

7. 砌砖烟囱、水塔

工作内容: 调运砂浆、砍砖、砌砖、原浆勾缝、支模出檐、安爬梯、烟囱帽抹灰等。

单位:10m³

定　额　编　号			1-3-37	1-3-38	1-3-39
项　　　　　目			砖烟囱筒身高度(m)		
			20 以内	40 以内	40 以上
基　　　价　　（元）			**4432.04**	**3943.77**	**4053.84**
其 中	人　工　费　（元）		2119.50	1701.00	1908.00
	材　料　费　（元）		2260.81	2188.51	2090.32
	机　械　费　（元）		51.73	54.26	55.52
名　　　　　称		单位	单价（元）	数	量
人工	综合工日	工日	75.00	28.260	22.680	25.440
材 料	水泥砂浆 M5	m³	137.68	2.460	2.590	2.620
	普通黏土砖（红砖）240mm×115mm×53mm	千块	300.00	6.390	6.090	5.750
	水	t	4.00	1.280	1.230	1.150
机械	灰浆搅拌机 200L	台班	126.18	0.410	0.430	0.440

工作内容:同前

单位:10m³

定　额　编　号				1-3-40	1-3-41	1-3-42
项　　目				砖烟囱内衬		
				普通砖	耐火砖	耐酸砖
基　　价　（元）				**3641.05**	**10185.35**	**24158.75**
其中	人　工　费（元）			1770.00	1986.75	1986.75
	材　料　费（元）			1871.05	8198.60	22172.00
	机　械　费（元）			-	-	-
名　　　　称		单位	单价（元）	数		量
人工	综合工日	工日	75.00	23.600	26.490	26.490
材料	普通黏土砖（红砖）240mm×115mm×53mm	千块	300.00	6.020	-	-
	耐火砖	千块	1130.00	-	5.750	-
	耐酸砖 230mm×113mm×65mm	千块	2800.00	-	-	5.990
	黏土质耐火泥浆 NN－42	kg	1.11	-	1530.000	-
	黏土	m³	25.00	2.250	-	-
	水玻璃耐酸砂浆 1:0.15:1.1:1:2.6	m³	2700.00	-	-	2.000
	水	t	4.00	2.200	0.700	-

工作内容:水塔:调运砂浆、砍砖、砌砖及原浆勾缝、制作安装及拆除门窗碹胎模等。

单位:10m³

定　额　编　号			1-3-43	1-3-44	1-3-45
项　　　　目			砖烟道		砖水塔
			普通砖	耐火砖	
基　　价　（元）			**3382.91**	**9573.00**	**3512.41**
其中	人　工　费　（元）		1114.50	1305.00	1380.00
	材　料　费　（元）		2211.63	8268.00	2075.63
	机　械　费　（元）		56.78	–	56.78
名　　　　　称	单位	单价(元)	数		量
人工 综合工日	工日	75.00	14.860	17.400	18.400
材料 混合砂浆 M5	m³	145.90	2.710	–	–
水泥砂浆 M5	m³	137.68	–	–	2.710
普通黏土砖（红砖）240mm×115mm×53mm	千块	300.00	6.020	–	5.660
耐火砖	千块	1130.00	–	5.910	–
黏土质耐火泥浆 NN－42	kg	1.11	–	1430.000	–
水	t	4.00	2.560	0.600	1.130
机械 灰浆搅拌机 200L	台班	126.18	0.450	–	0.450

8. 其他

工作内容：调运砂浆、运砖、砌砖、完工后清理。

单位：见表

定 额 编 号				1-3-46	1-3-47	1-3-48	1-3-49
项 目				砖砌台阶	砖砌锅台	砖砌炉灶	砖砌化粪池
单 位				10m²	10m³		
基 价 （元）				**810.10**	**5432.01**	**3879.61**	**2972.21**
其中	人 工 费 （元）			364.50	2736.00	2232.00	991.50
	材 料 费 （元）			434.24	2666.99	1621.11	1930.24
	机 械 费 （元）			11.36	29.02	26.50	50.47
名 称		单位	单价(元)	数		量	
人工	综合工日	工日	75.00	4.860	36.480	29.760	13.220
材料	水泥砂浆 M5	m³	137.68	0.550	–	–	2.390
	普通黏土砖（红砖）240mm×115mm×53mm	千块	300.00	1.192	4.590	4.386	5.323
	普通硅酸盐水泥 32.5	kg	0.33	–	289.000	289.000	–
	黏土	m³	25.00	–	2.000	1.700	–
	麻刀	kg	1.21	–	2.000	–	–
	中砂	m³	60.00	–	1.390	1.290	–
	生石灰	t	150.00	–	7.000	–	–
	铁钉	kg	4.86	–	–	6.000	–
	镀锌铁丝	kg	6.20	–	–	8.400	–
	水	t	4.00	0.230	2.200	2.200	1.070
机械	灰浆搅拌机 200L	台班	126.18	0.090	0.230	0.210	0.400

定 额 编 号			1-3-50	1-3-51	1-3-52	1-3-53
项 目			砖砌检查井		零星砌体	砖地沟
			圆形	矩形		
基 价 (元)			**3446.43**	**3417.03**	**3718.26**	**2896.04**
其中	人 工 费 (元)		1431.75	1431.75	1725.00	933.00
	材 料 费 (元)		1965.47	1937.33	1949.10	1915.09
	机 械 费 (元)		49.21	47.95	44.16	47.95
名 称	单位	单价(元)	数		量	
人工 综合工日	工日	75.00	19.090	19.090	23.000	12.440
材料 水泥砂浆 M5	m³	137.68	2.340	2.280	2.110	2.280
普通黏土砖(红砖)240mm×115mm×53mm	千块	300.00	5.463	5.397	5.514	5.323
水	t	4.00	1.100	1.080	1.100	1.070
机械 灰浆搅拌机 200L	台班	126.18	0.390	0.380	0.350	0.380

定 额 编 号			1-3-54	1-3-55	1-3-56	1-3-57
项 目			砖平碹	钢筋砖过梁	挖孔桩砖护壁	
					1/4 砖	1/2 砖
基 价 （元）			**4653.71**	**4504.60**	**4190.84**	**3981.87**
其中	人 工 费 （元）		2032.50	1651.50	1748.25	1748.25
	材 料 费 （元）		2573.26	2795.06	2411.04	2190.72
	机 械 费 （元）		47.95	58.04	31.55	42.90
名 称	单位	单价（元）	数		量	
人工 综合工日	工日	75.00	27.100	22.020	23.310	23.310
材料 普通黏土砖（红砖）240mm × 115mm ×53mm	千块	300.00	5.380	5.330	7.210	6.170
水泥砂浆 M10	m³	164.08	2.290	2.760	1.480	2.040
二等板方材 综合	m³	1800.00	0.304	0.172	-	-
光圆钢筋 φ6 ~ 9	kg	3.70	-	110.000	-	-
铁钉	kg	4.86	6.600	4.600	-	-
水	t	4.00	1.060	1.060	1.300	1.250
机械 灰浆搅拌机 200L	台班	126.18	0.380	0.460	0.250	0.340

工作内容:成品算子安装,钢筋算子制安:下料、放线、焊接制作、安装等全部操作过程。

单位:10m

定 额 编 号			1-3-58	1-3-59	1-3-60	1-3-61	1-3-62
项 目			沟算子				
			塑料 200mm 以内	塑料 300mm 以内	不锈钢 250mm 以内	算子 铸铁 500mm 以内	钢筋算子制安 500mm 以内
基 价 (元)			**123.75**	**174.75**	**1821.75**	**642.75**	**1264.64**
其中	人 工 费 (元)		21.75	21.75	21.75	36.75	390.75
	材 料 费 (元)		102.00	153.00	1800.00	606.00	735.28
	机 械 费 (元)		–	–	–	–	138.61
名 称	单位	单价(元)	数		量		
人工 综合工日	工日	75.00	0.290	0.290	0.290	0.490	5.210
材 料	塑料算子 宽度180mm	m	10.00	10.200	–	–	–	–
	塑料算子 宽度300mm	m	15.00	–	10.200	–	–	–
	不锈钢算子 宽度250mm	m	180.00	–	–	10.000	–	–
	铸铁算子 25mm 厚	m	60.00	–	–	–	10.100	–
	Ⅱ级钢筋 φ20 以内	t	4000.00	–	–	–	–	0.066
	等边角钢 边宽60mm 以下	kg	4.00	–	–	–	–	101.000
	乙炔气	m³	25.20	–	–	–	–	0.224
	氧气	m³	3.60	–	–	–	–	0.514
	电焊条 结422 φ2.5	kg	5.04	–	–	–	–	4.173
	防锈漆	kg	13.65	–	–	–	–	1.937
	汽油93 号	kg	10.05	–	–	–	–	0.501
	其他材料费	元	–	–	–	–	–	7.280
机 械	钢筋切断机 φ40mm	台班	52.99	–	–	–	–	0.020
	交流弧焊机 32kV·A	台班	221.86	–	–	–	–	0.620

二、砌石工程

1.石基础、勒脚

工作内容:运石、调运、铺砂浆、砌筑。

单位:10m³

定　额　编　号			1-3-63	1-3-64	1-3-65	1-3-66
项　　　　目			石基础		石勒脚	
			毛石	粗　料　石		细料石
基　　　价　(元)			**2137.69**	**2047.19**	**2995.23**	**2633.37**
其 中	人　工　费　(元)		825.75	917.25	1971.75	1520.25
	材　料　费　(元)		1228.66	1100.92	998.24	1097.98
	机　械　费　(元)		83.28	29.02	25.24	15.14
名　　　称	单位	单价(元)	数			量
人工 综合工日	工日	75.00	11.010	12.230	26.290	20.270
材 料 水泥砂浆 M5	m³	137.68	3.930	1.930	1.190	0.700
毛石	m³	61.00	11.220	–	–	–
粗料石	m³	80.00	–	10.400	10.400	–
细料石	m³	100.00	–	–	–	10.000
水	t	4.00	0.790	0.800	0.600	0.400
机械 灰浆搅拌机 200L	台班	126.18	0.660	0.230	0.200	0.120

2. 石墙、柱

工作内容:运石、调运、铺砂浆、砌筑、平整墙角及门窗洞口处的石料加工等,毛石墙身包括墙角、门窗洞口处的石料加工。 单位:10m³

定 额 编 号			1-3-67	1-3-68	1-3-69	1-3-70	1-3-71
项 目			墙 身				
			毛石	毛石墙镶砖	粗料石	细料石	方整石
基 价 (元)			**2738.44**	**2990.65**	**3990.13**	**3152.97**	**7683.67**
其中	人 工 费 (元)		1426.50	1510.50	2966.25	2036.25	1195.50
	材 料 费 (元)		1228.66	1405.70	998.64	1101.58	6459.15
	机 械 费 (元)		83.28	74.45	25.24	15.14	29.02
名 称	单位	单价(元)	数		量		
人工 综合工日	工日	75.00	19.020	20.140	39.550	27.150	15.940
材料 水泥砂浆 M5	m³	137.68	3.930	3.560	1.190	0.700	1.410
毛石	m³	61.00	11.220	8.600	—	—	—
粗料石	m³	80.00	—	—	10.400	—	—
细料石	m³	100.00	—	—	—	10.000	—
方整石	m³	651.00	—	—	—	—	9.620
普通黏土砖(红砖)240mm×115mm×53mm	千块	300.00	—	1.290	—	—	—
水	t	4.00	0.790	0.990	0.700	1.300	0.600
机械 灰浆搅拌机 200L	台班	126.18	0.660	0.590	0.200	0.120	0.230

定　额　编　号			1-3-72	1-3-73	1-3-74	1-3-75
项　　　　　目			挡土墙			方整石柱
			毛石	粗料石	细料石	
基　　　价　(元)			**2297.44**	**2361.16**	**2199.72**	**8758.55**
其中	人　工　费　(元)		985.50	1333.50	1083.00	2264.25
	材　料　费　(元)		1228.66	998.64	1101.58	6465.28
	机　械　费　(元)		83.28	29.02	15.14	29.02
名　　　称	单位	单价(元)	数		量	
人工 综合工日	工日	75.00	13.140	17.780	14.440	30.190
材料 水泥砂浆 M5	m³	137.68	3.930	1.190	0.700	1.360
毛石	m³	61.00	11.220	–	–	–
粗料石	m³	80.00	–	10.400	–	–
细料石	m³	100.00	–	–	10.000	–
方整石	m³	651.00	–	–	–	9.640
水	t	4.00	0.790	0.700	1.300	0.600
机械 灰浆搅拌机 200L	台班	126.18	0.660	0.230	0.120	0.230

定　额　编　号				1-3-76
项　　　　目				砌石地沟
				毛　石
基　　价　（元）				**3069.68**
其	人　工　费　（元）			1655.25
	材　料　费　（元）			1332.41
中	机　械　费　（元）			82.02
名　　　称		单位	单价（元）	数　　量
人工	综合工日	工日	75.00	22.070
材	水泥砂浆 M10	m³	164.08	3.930
	毛石	m³	61.00	11.220
料	水	t	4.00	0.790
机械	灰浆搅拌机 200L	台班	126.18	0.650

3. 石护坡

工作内容:调运砂浆、砌石、铺砂、勾缝。

单位:10m³

定 额 编 号				1-3-77	1-3-78
项 目				浆砌毛石	干砌毛石
基 价 (元)				**2464.94**	**1561.77**
其中	人 工 费 (元)			1062.00	690.00
	材 料 费 (元)			1312.09	871.77
	机 械 费 (元)			90.85	—
名 称		单位	单价(元)	数 量	
人工	综合工日	工日	75.00	14.160	9.200
材料	水泥砂浆 M5	m³	137.68	4.310	—
	毛石	m³	61.00	11.730	11.730
	河砂	m³	42.00	—	3.720
	水	t	4.00	0.790	—
机械	灰浆搅拌机 200L	台班	126.18	0.720	—

4. 方整石加工

工作内容:方整石加工,将规格石料打成需要尺寸,再錾凿或剁斧。 单位:10m²

定 额 编 号				1-3-79
项 目				方整石整凿
基 价 (元)				**2598.00**
其 中	人 工 费 (元)			2598.00
	材 料 费 (元)			-
	机 械 费 (元)			-
	名 称	单位	单价(元)	数 量
人 工	综合工日	工日	75.00	34.640

5. 其他

工作内容：翻楞子、天地座打平、运石、调运、铺砂浆、安铁梯及清理石渣、洗石料、基础夯实、扁钻缝、安砌等。

单位：10m³

定 额 编 号				1-3-80	1-3-81	1-3-82
项 目				粗料石砌窨井	细料石砌水池	安砌石踏步
基 价 （元）				**2270.38**	**2180.97**	**7209.16**
其 中	人 工 费 （元）			1246.50	1064.25	430.50
	材 料 费 （元）			998.64	1101.58	6777.40
	机 械 费 （元）			25.24	15.14	1.26
名 称		单位	单价（元）	数		量
人工	综合工日	工日	75.00	16.620	14.190	5.740
材 料	水泥砂浆 M5	m³	137.68	1.190	0.700	0.050
	粗料石	m³	80.00	10.400	－	－
	细料石	m³	100.00	－	10.000	－
	料石踏步	m³	651.00	－	－	10.400
	水	t	4.00	0.700	1.300	0.030
机械	灰浆搅拌机 200L	台班	126.18	0.200	0.120	0.010

工作内容:剔缝、洗刷、调运砂浆、勾缝等。

单位:100m²

定 额 编 号			1-3-83	1-3-84	1-3-85	1-3-86	1-3-87
项 目			毛石墙勾缝	料石墙勾缝			水池墙
				平缝	凹缝	凸缝	开槽勾缝
基 价 （元）			1252.37	441.27	726.58	832.52	2920.58
其 中	人 工 费 （元）		1068.75	372.00	651.00	711.00	2467.50
	材 料 费 （元）		165.95	64.22	64.22	110.16	403.87
	机 械 费 （元）		17.67	5.05	11.36	11.36	49.21
名 称	单位	单价(元)	数		量		
人工 综合工日	工日	75.00	14.250	4.960	8.680	9.480	32.900
材料 水泥砂浆 M10	m³	164.08	0.870	0.250	0.250	0.530	2.320
材料 水	t	4.00	5.800	5.800	5.800	5.800	5.800
机械 灰浆搅拌机 200L	台班	126.18	0.140	0.040	0.090	0.090	0.390

工作内容:钢筋制作安装等。

定 额 编 号				1-3-88	1-3-89
项　　　　目				砌体加固钢筋	砖墙加浆勾缝
				t	100m²
基　　　价　（元）				**5488.44**	**573.00**
其 中	人　工　费　（元）			1674.00	507.75
	材　料　费　（元）			3779.90	65.25
	机　械　费　（元）			34.54	－
名　　　称		单位	单价(元)	数	量
人 工	综合工日	工日	75.00	22.320	6.770
材 料	光圆钢筋 $\phi 6 \sim 9$	kg	3.70	1020.000	－
	镀锌铁丝 18～22 号	kg	5.90	1.000	－
	水泥砂浆 1：1	m³	306.36	－	0.213
机 械	钢筋切断机 $\phi 40mm$	台班	52.99	0.340	－
	钢筋调直机 $\phi 40mm$	台班	48.59	0.340	－

第四章　混凝土及钢筋混凝土工程

说　　明

一、本章包括:混凝土模板、钢筋、现场搅拌混凝土、商品混凝土4节,共646个子目。

二、模板:

1. 现浇混凝土模板按不同构件,分别以组合钢模板、钢(木)支撑,复合木模板、钢(木)支撑,竹胶模板、钢(木)支撑,木模板、钢(木)支撑配制,模板不同时,可以编制补充定额。

2. 预制钢筋混凝土模板,按不同构件分别以组合钢模板、木模板、定型钢模板,长线台钢拉模,并配制相应的砖地模、砖胎模,长线台混凝土地模编制的。

3. 现浇混凝土梁、板、柱、墙是按支模高度(地面至板底)3.6m编制的,超过3.6m时,其超过部分工程量另按相应超高项目计算。

4. 用钢滑升模板施工的烟囱、水塔,提升模板使用的钢爬杆用量是按100%摊销计算的;筒仓是按50%摊销计算的,设计要求不同时,可换算。但在计算钢筋用量时,钢爬杆顶替主筋的,应相应核减钢筋用量。

5. 用钢滑升模板施工的烟囱、水塔及筒仓是按无井架施工计算的,并综合了操作平台。不得再计算脚手架及竖井架。

6. 倒锥壳水塔塔身钢滑升模板项目,也适用于一般水塔塔身滑升模板工程。

7. 烟囱钢滑升模板项目均已包括烟囱筒身、牛腿、烟道口;水塔钢滑升模板均已包括支筒、门窗洞口等模板用量。

8. 组合钢模板的回库维修费用,已计入模板项目的预算价格之内。回库维修费的内容包括:模板的运输费,维修的人工、机械、材料费用等。

9.构筑物水塔槽底模板已包含对拉螺栓,不得另行计取。

三、钢筋:

1.钢筋工程根据钢筋的不同品种及规格,按现浇构件钢筋、预制构件钢筋、预应力钢筋分别列项。

2.钢筋工程工作内容包括:除锈、制作、绑扎(点焊)安装以及浇灌混凝土时维护钢筋及安放垫块等操作过程。

3.现浇和现场预制项目的钢筋是按部分机制、手工绑扎及部分焊接综合的。工厂预制项目的钢筋,是按机制、手工绑扎和机械焊接综合的,实际施工与定额不同时,仍按本定额执行。

4.定额中的钢筋分别以Ⅰ级钢筋、Ⅱ级钢筋及预应力钢筋列项,设计使用的钢筋品种与定额不同时,允许调整换算。

5.预应力钢筋,人工时效未列入定额,如设计要求人工时效时,每吨预应力钢筋增加人工时效费165元。

四、混凝土:

1.混凝土按现场搅拌及商品混凝土2小节分别列项,现场集中搅拌站搅拌混凝土按现场搅拌项目计算。

2.商品混凝土的价格是运送到施工现场的价格。

3.现场集中搅拌站搅拌泵送混凝土的配合比可以调整,根据运输距离可增加罐车运输混凝土费用、核减现场搅拌的运输费用。

4.毛石混凝土系按毛石占混凝土体积(块形基础20%、条形基础15%)计算的,如设计要求不同时,可按比例(毛石密度2700kg/m³、毛石容重1500kg/m³)换算毛石、混凝土量。

5.预制混凝土项目,已分别考虑了现场预制和工厂预制,实际施工与定额规定不同时,仍按本定额执行。

6.混凝土标号、碎石、卵石与设计规定不同时,可按配合比进行换算,但石子粒径按定额执行;泵送混凝土根据设计及施工规范,石子粒径可以换算。

7. 抗渗混凝土、特种混凝土可按设计要求参照本册附录:混凝土、砂浆配合比进行换算。

8. 构筑物混凝土按构件选用相应的定额项目。沉井封底执行相应定额子目。

9. 本定额预制混凝土构件均按现场自然养护考虑,如采用蒸汽养护者,按构件的体积,套用蒸汽养护定额项目。

10. 现浇钢筋混凝土柱、墙定额项目,均按规范规定综合了施工缝接茬灌注1∶2水泥砂浆的用量。

11. 定额中未包括预制钢筋混凝土构件的制作、安装、运输损耗,编制预算时,应以图纸工程量为准,分别乘以下表的系数计算。

预制钢筋混凝土构件制作、运输、安装损耗率表

名　　　称	制作废品率	运输堆放损耗率	安装(打桩)损耗率
各类预制构件	0.21%	0.8%	0.5%
预制钢筋混凝土桩	0.1%	0.4%	1.5%

12. 地下连续墙定额包括导墙、挖土成槽、钢筋笼制作吊装、锁口管吊拔、浇捣连续墙混凝土、大型支撑坑土方及大型支撑安装、拆除等。

13. 地下连续墙定额适用于在黏土、砂土及冲填土等软土地下连续墙工程,以采用大型支撑围护的基坑土方工程。

14. 地下连续墙成槽的护壁泥浆采用相对密度为1.055的普通泥浆。若需取用重晶泥浆可按不同密度泥浆单价进行调整。护壁泥浆使用后的废浆处理另行计算。

15. 钢筋笼制作包括台模摊销费,定额中预埋件用量与实际用量有差时允许调整。

16. 大型支撑基坑开挖定额适用于地下连续墙,定额中已包括湿土排水,若采用井点降水或支撑安拆需打拔中心稳定桩等,其费用另行计算。

17. 大型支撑基坑开挖由于场地狭小只能单面施工时,挖土机械按下表调整:

宽　　　度	两边停机施工	单边停机施工
基坑宽 15m 内	15t	25t
基坑宽 15m 外	25t	40t

工程量计算规则

一、模板:

1. 现浇混凝土及钢筋混凝土构件模板:

(1)现浇混凝土及钢筋混凝土模板工程量,除另有规定者外,均应按混凝土与模板接触面的面积以平方米(m^2)计算。

(2)现浇钢筋混凝土柱、梁、板、墙的支模高度(即室外地坪至板底或下层的板面至上一层的板底之间的高度)以 3.6m 以内为准,超过 3.6m 以上部分,另按超过部分计算增加支撑工程量。

(3)现浇钢筋混凝土墙:板上单孔面积在 $0.3m^2$ 以内的孔洞不予扣除,洞侧壁模板亦不增加;单孔面积在 $0.3m^2$ 以外时应予扣除,洞侧壁模板面积并入墙、板模板工程量之内计算。

(4)现浇钢筋混凝土框架分别按梁、板、柱、墙有关规定计算,附墙柱并入墙内工程量计算。

(5)柱与梁、柱与墙、梁与梁等连接的重叠部分以及伸入墙内的梁头、板头部分,均不计算模板面积。

(6)构造柱外露面均应按图示外露部分计算模板面积。构造柱与墙接触面不计算模板面积。

(7)现浇钢筋混凝土悬挑板(雨篷、阳台)按图示外挑部分尺寸的水平投影面积计算。挑出墙外的牛腿梁及板边模板不另计算。

(8)现浇钢筋混凝土楼梯,以图示露明面尺寸的水平投影面积计算,不扣除小于300mm楼梯井所占面积。楼梯的踏步、踏步板平台梁等侧面模板,不另计算。

(9)混凝土台阶不包括梯带,按图示台阶尺寸的水平投影面积计算,台阶端头两侧不另计算模板面积。

(10)现浇混凝土小型池槽按构件外围体积计算,池槽内、外侧及底部的模板不应计算。

2. 预制钢筋混凝土构件模板:

(1)预制钢筋混凝土模板工程量,除另有规定者外,均按混凝土实体体积以立方米(m^3)计算。

(2)小型池槽按外形体积以立方米(m^3)计算。

(3)预制桩尖按虚体积(不扣除桩尖虚体积部分)计算。

3. 构筑物钢筋混凝土模板:

(1)构筑物工程的水塔、贮水(油)池、贮仓(圆形仓、矩形仓、漏斗)的模板工程量按混凝土与模板接触面积以平方米(m^2)计算。

(2)大型池槽等分别按基础、墙、板、梁、柱等有关规定计算,并套相应定额项目。

(3)悬空池底模板按池底实际面积计算,并套相应定额项目。

(4)箱形设备基础、框架设备基础根据模板工程量按混凝土与模板接触面积以平方米(m^2)计算。当层高超过3.6m时可套用墙、板、梁、柱模板支撑超高相应定额子目。

(5)转运站等及其他框架结构构筑物分别按基础、墙、板、梁、柱等有关规定计算,并套相应定额项目。当层高超过3.6m时可套用模板支撑超高相应定额子目。

（6）通廊模板工程量按混凝土与模板接触面积以平方米（m²）计算，分别按基础、墙、板、梁、柱等有关规定计算，并套相应定额项目。当通廊高度超过3.6m时可套用模板支撑超高相应定额子目。

（7）液压滑升钢模板施工的烟囱、倒圆锥形水塔支筒、筒仓等均按混凝土体积以立方米（m³）计算。预制倒圆锥形水塔水箱制作的模板按混凝土体积以立方米（m³）计算。

（8）预制倒圆锥形水塔水箱提升、就位按不同容积以座计算。

（9）沉井模板按定额有关子目执行。

二、钢筋：

1. 钢筋工程应区别现浇、预制构件、不同钢种和规格，按设计长度乘以单位重量，以吨（t）计算。

2. 计算钢筋工程量时，设计已规定钢筋搭接长度的，按规定搭接长度计算；设计未规定搭接长度的，按相应规范计算。

3. 钢筋电渣压力焊接、锥螺纹连接等接头按个计算。

4. 施工用钢筋支架（俗称马凳），按业主批准施工措施方案计算。

5. 先张法预应力钢筋，按构件外形尺寸计算长度，后张法预应力钢筋按设计图规定的预应力钢筋预留孔道长度，并区别不同的锚具类型，分别按下列规定计算。

（1）碳素钢丝采用锥形锚具，孔道长度在20m以内时，预应力钢筋长度增加1m；孔道长度在20m以上时，预应力钢筋长度增加1.8m。

（2）碳素钢丝两端采用镦粗头时，预应力钢丝长度增加0.35m计算。

6. 钢筋混凝土构件预埋铁件工程量，按设计图示尺寸以吨（t）计算。

7. 植筋以根计算；胶锚固固定埋件以个计算。

8. 螺栓、螺栓套、螺栓固定架的工程量，按设计图示尺寸以吨（t）计算。

三、混凝土:

1. 现浇混凝土:

(1)混凝土工程量除另有规定者外,均按图示尺寸实体体积以立方米(m³)计算。不扣除构件内钢筋、铁件、螺栓及墙、板中0.3m²内的孔洞所占体积,超过0.3m²的孔洞所占体积应予扣除。

(2)基础:

①有肋带形混凝土基础,其肋高与肋宽之比在4:1以内的按有肋带形基础计算;超过4:1时,其基础底按板式基础计算,以上部分按墙计算;

②箱式满堂基础应分别按无梁式满堂基础、柱、墙、梁、板有关规定计算,套相应定额项目;

③块体设备基础按图示尺寸实体体积以立方米(m³)计算;其他类型设备基础也按图示尺寸实体体积以立方米(m³)计算,套用相应定额项目。

(3)柱:按图示断面尺寸乘以柱高以立方米(m³)计算。柱高按下列规定确定:

①无梁板的柱高,应自柱基上表面(或楼板上表面)至柱帽(头)下表面之间的高度计算;

②有楼隔层的框架柱高,按基础上表面(或楼板上表面)至上一层楼板下表面的高度计算;

③无楼隔层的框架柱高,应自柱基上表面至柱顶面的高度计算;

④构造柱按全高计算,与砖墙嵌接部分的体积并入柱身体积内计算;

⑤依附于柱身上的牛腿体积,并入柱身体积内计算。

(4)梁:按图示断面尺寸乘以梁长以立方米(m³)计算。梁长按下列规定确定:

①梁与柱交接时,梁长应按柱与柱之间的净距计算;

②主梁与次梁连接时,次梁长算至主梁侧面,伸入墙内梁头,梁垫体积并入梁体积内计算;

③圈梁与过梁连接者,分别套用圈梁、过梁定额;圈梁与过梁不易划分时,其过梁长度按门窗洞口外围

两端共加500mm计算,其他按圈梁计算。

(5)板:按图示面积乘以板厚以立方米(m^3)计算,其中:

①无梁板系指不带梁、直接用柱头支承的板,其体积按板与柱帽体积之和计算;

②平板系指无柱无梁、四边直接搁置在圈梁或承重墙上的板,其工程量按板实体体积计算,有多种板连接时,应以墙中线划分,伸入墙内的板头并入板内计算;

③与现浇梁、圈梁、框架梁连接的板,现浇梁、圈梁、框架梁算至板底,板按平板以实体积计算;

④现浇挑檐天沟与板(包括屋面板、楼板)连接时,以外墙为分界线,与圈梁(包括其他梁)连接时,以梁外边线为分界线,外墙边线以外或梁外边线以外为挑檐天沟;

⑤各类板伸入墙内的板头并入板体积内计算。

(6)墙:按图示中心线长度乘以墙高及厚度以立方米(m^3)计算,应扣除门窗洞口及0.3m^2以外孔洞的体积,墙垛及突出部分并入墙体体积内计算。大钢模板混凝土墙中的圈梁、过梁及外墙八字角处,均并入墙体积内计算。

(7)整体楼梯,应分层按其水平投影面积计算。楼梯井宽度超过300mm时,其面积应扣除。伸入墙内部分的体积已包括在定额内,不另计算。但楼梯基础、栏杆、扶手,应另列项目套用相应定额计算。楼梯水平投影面积包括踏步、休息平台、平台梁、斜梁及楼梯与楼板连接的梁。

(8)阳台、雨篷按伸出外墙的水平投影面积计算,伸出外墙的牛腿不另计算。阳台、雨篷如伸出外墙超过1.5m时,应按梁和板分别计算。带反挑檐的雨篷,其工程量以立方米(m^3)计算,按挑檐定额执行。

(9)栏板以立方米(m^3)计算,伸入墙内的长度工程量并入栏板,合并计算。

(10)台阶按水平投影面积计算,定额中不包括垫层及面层,应分别按相应定额执行。当台阶与平台连接时,其分界线应以最上层踏步外沿加300mm计算。平台按相应地面定额计算。

（11）预制板补浇板缝时,当板缝宽度（指下口宽度）在150mm以内时,按平板定额执行（其模板部分的工料及机械乘以系数0.7）;板缝超过150mm者,按平板定额执行。

（12）预制钢筋混凝土框架柱现浇接头（包括梁接头）按设计规定断面和长度以立方米（m³）计算。

（13）小型构件系指单件体积在0.1m³以内的未列出定额项目的构件。

2. 预制混凝土:

（1）混凝土工程量均按图示尺寸实体体积以立方米（m³）计算,不扣除构件内钢筋、铁件及小于0.3m²孔洞（空心板孔芯除外）所占体积。

（2）预制桩按桩全长（包括桩尖）乘以桩断面面积以立方米（m³）计算。

（3）混凝土与钢杆件组合的构件,混凝土部分按构件实体体积以立方米（m³）计算,钢构件部分按吨（t）计算,分别套相应的定额项目。

3. 构筑物钢筋混凝土:

（1）构筑物混凝土除另有规定者外,均按图示尺寸扣除门窗洞口及0.3m²以外孔洞所占体积以实体体积计算。

（2）水塔:

①筒身与槽底以槽底连接的圈梁底为界,以上为槽底,以下为筒身;

②筒式塔身及依附于筒身的过梁、雨篷、挑檐等并入筒身体积内计算;柱式塔身、柱梁合并计算;

③塔顶及槽底,塔顶包括顶板和圈梁,槽底包括底板挑出的斜壁板和圈梁等合并计算。

（3）贮水（油）池不分平底、锥底、坡底,均按池底计算;壁基梁、池壁不分圆形壁和矩形壁,均按池壁计算;其他项目均按现浇混凝土部分相应项目计算。

（4）沉井不分圆形、方形根据不同部位套用相应定额。

（5）地下连续墙成槽土方量按连续墙设计长度、宽度和槽深（加超深0.5m）计算。混凝土浇筑量同连续墙成槽土方量。

（6）锁口管及清底置换以段为单位（段指槽壁单元槽段），锁口管吊拔以连续墙段数加1段计算，定额中已包括锁口管的摊销费用。

附表 每100m² 模板及每10m³ 混凝土换算参考表

编 号	项 目	100m² 模板换算混凝土（m³）	10m³ 混凝土换算模板（m²）
1	带形基础毛石混凝土	33.05	30.26
2	带形基础无筋混凝土	27.84	35.92
3	带形基础钢筋混凝土有肋式	45.51	21.97
4	带形基础钢筋混凝土板式	158.97	6.29
5	独立基础毛石混凝土	4.14	20.35
6	独立基础混凝土	47.45	21.07
7	杯形基础	54.53	18.34
8	高杯基础	29.07	34.4
9	满堂基础无梁式	80.27	12.6
10	满堂基础有梁式	451.37	2.22
11	基础混凝土垫层	73.78	13.55
12	独立桩承台	44.56	22.44
13	设备基础 5m³ 以内	31.22	32.03
14	设备基础 20m³ 以内	44.88	22.28
15	设备基础 100m³ 以内	78.4	12.76
16	设备基础 100m³ 以外	224.09	4.46
17	矩形柱	10.76	92.94
18	异形柱	10.73	93.2

编 号	项 目	100m² 模板换算混凝土（m³）	10m³ 混凝土换算模板（m²）
19	构造柱	29.72	33.65
20	圆形柱	12.76	78.37
21	柱接柱	7.5	133.33
22	基础梁	12.66	78.99
23	单梁、连续梁	10.41	96.06
24	过梁	8.11	123.3
25	拱形梁	11.94	83.75
26	弧形梁	11.5	86.96
27	T、L、十、J 异形梁	11.39	87.8
28	直形圈梁	14.28	70.03
29	弧形圈梁	15.76	63.45
30	直形墙	13.43	74.46
31	电梯井壁	7.69	130.04
32	弧形墙	14.24	70.22
33	大钢模板墙	14.16	70.62
34	有梁板	10.1	99.01
35	无梁板	20.66	48.4
36	平板	13.44	74.4
37	拱形板	12.44	80.39
38	栏板	2.95	338.98

编 号	项 目	100m² 模板换算混凝土（m³）	10m³ 混凝土换算模板（m²）
39	框架柱接头	7.5	133.33
40	暖气电缆沟	9	111.11
41	挑檐天沟	6.98	143.27
42	压顶块	8.25	121.21
43	小型构件	3.35	298.51
44	水塔塔身（筒式）	6.253	159.92
45	水塔塔身（柱式）	8.67	115.34
46	水塔水箱内壁	7.04	142.05
47	水塔水箱外壁	8.35	119.76
48	水塔塔顶	13.5	74.07
49	水塔塔底	17.57	56.92
50	水塔回廊及平台	10.8	92.59
51	贮水油池池底矩形（钢木支撑）	494.29	2.02
52	贮水油池池底圆形（木模木支撑）	107.53	9.3
53	贮水油池池底坡底（木模木支撑）	421.03	2.38
54	贮水油池池壁圆形壁（木模木支撑）	8.58	116.55
55	贮水油池池壁矩形壁（钢模钢支撑）	9.873	101.29
56	贮水油池池壁矩形壁（木模木支撑）	9.873	101.29
57	贮水油池无梁楼盖（钢模木支撑）	18.95	5.28
58	贮水油池无梁池盖（木模木支撑）	18.95	5.28

编　号	项　　目	100m² 模板换算混凝土（m³）	10m³ 混凝土换算模板（m²）
59	贮水油池肋型池盖（木模木支撑）	14.06	71.2
60	贮水油池无梁盖柱（钢模钢支撑）	9.01	110.99
61	贮水油池无梁盖柱（木模木支撑）	9.01	110.99
62	贮水油池水槽（木模木支撑）	4.74	210.97
63	贮水油池池壁基梁（木模木支撑）	23.26	42.99
64	圆形贮仓顶板（木模木支撑）	13.74	72.78
65	圆形贮仓隔层板（木模木支撑）	38.76	25.8
66	圆形贮仓立壁（木模木支撑）	10.97	91.16
67	矩形贮仓立壁（钢模钢支撑）	19.29	51.84
68	矩形贮仓立壁（木模木支撑）	10	100
69	矩形贮仓漏斗（木模木支撑）	11.06	90.42

一、混凝土模板

1.现浇混凝土模板

(1)基础

工作内容:木模板制作、模板安装、拆除、整理堆放及场内运输、清理模板粘结物及模内杂物、刷隔离剂等。

单位:100m²

定 额 编 号				1-4-1	1-4-2	1-4-3	1-4-4	1-4-5	1-4-6	1-4-7
项 目				带形基础						
				毛石混凝土	无筋混凝土			钢筋混凝土		
				钢模板	复合木模板	竹胶模板	钢模板	复合木模板	竹胶模板	
								有梁式		
基 价 (元)				3757.23	3694.69	3770.71	3911.43	4141.12	4684.97	4825.69
其中	人 工 费 (元)			1842.60	1831.80	1502.55	1502.55	1912.20	1571.03	1571.03
	材 料 费 (元)			1714.47	1662.73	2065.37	2206.09	1974.25	2829.00	2969.72
	机 械 费 (元)			200.16	200.16	202.79	202.79	254.67	284.94	284.94
名 称	单位	单价(元)		数				量		
人工	综合工日	工日	75.00	24.568	24.424	20.034	20.034	25.496	20.947	20.947
材料	模板板方材	m³	1600.00	0.453	0.430	–	–	0.469	–	–
	组合钢模板	kg	5.10	54.310	54.120	–	–	62.710	–	–
	复合木模板	m²	36.00	–	–	35.180	–	–	35.180	–
	竹胶板 1220×2440×8	m²	40.00	–	–	–	35.180	–	–	35.180
	钢支撑	kg	4.98	17.600	17.150	–	–	35.660	–	–
	支撑方木	m³	1289.00	–	–	0.244	0.244	–	0.610	0.610

定 额 编 号			1-4-1	1-4-2	1-4-3	1-4-4	1-4-5	1-4-6	1-4-7
项 目			带形基础						
			毛石混凝土	无筋混凝土			钢筋混凝土		
			钢模板		复合木模板	竹胶模板	钢模板	复合木模板	竹胶模板
							有梁式		
材 料	铁件	kg	5.30	35.000	33.420	–	–	15.640	–	–
	零星卡具	kg	4.32	20.440	20.050	30.410	30.410	33.300	36.990	36.990
	支撑钢管及扣件	kg	4.90	–	–	19.100	19.100	–	48.530	48.530
	镀锌铁丝 8~12 号	kg	5.36	32.500	32.280	26.440	26.440	64.630	66.090	66.090
	镀锌铁丝 20~22 号	kg	5.90	–	–	0.180	0.180	–	0.180	0.180
	水泥砂浆 1:2	m³	243.72	–	–	0.012	0.012	–	0.012	0.012
	隔离剂	kg	6.70	10.000	10.000	10.000	10.000	10.000	–	–
	铁钉	kg	4.86	10.800	10.950	9.610	9.610	4.200	4.200	4.200
	黄板纸	m²	1.10	30.000	30.000	–	–	30.000	–	–
	回库维修费	元	–	24.550	23.330	–	–	32.870	–	–
机 械	汽车式起重机 5t	台班	546.38	0.130	0.130	0.120	0.120	0.170	0.170	0.170
	载货汽车 4t	台班	466.52	0.270	0.270	–	–	0.340	–	–
	载货汽车 6t	台班	545.58	–	–	0.250	0.250	–	0.350	0.350
	木工圆锯机 φ500mm	台班	27.63	–	–	0.030	0.030	–	0.040	0.040
	木工圆锯机 φ1000mm	台班	79.16	0.040	0.040	–	–	0.040	–	–

工作内容:同前

单位:100m²

定　额　编　号			1-4-8	1-4-9	1-4-10
项　　　　目			带形基础		
			钢筋混凝土		
			钢模板	复合木模板	竹胶模板
			板　　式		
基　　价　（元）			**3353.72**	**4341.03**	**4482.43**
其中	人　工　费　（元）		1954.80	1790.63	1790.63
	材　料　费　（元）		1254.07	2150.29	2291.69
	机　械　费　（元）		144.85	400.11	400.11
名　　称	单位	单价(元)	数		量
人工 综合工日	工日	75.00	26.064	23.875	23.875
材料 模板板方材	m³	1600.00	0.429	－	－
木模板	m³	1389.00	－	0.273	0.273
组合钢模板	kg	5.10	61.090	－	－
复合木模板	m²	36.00	－	35.350	－
竹胶板 1220×2440×8	m²	40.00	－	－	35.350
料 支撑方木	m³	1289.00	－	0.240	0.240

定　额　编　号			1-4-8	1-4-9	1-4-10
项　　　　目			带形基础		
			钢筋混凝土		
			钢模板	复合木模板	竹胶模板
			板　　式		
材 料	零星卡具	kg	4.32	10.170	–	–
	镀锌铁丝 20～22 号	kg	5.90	–	0.180	0.180
	水泥砂浆 1:2	m³	243.72	–	0.012	0.012
	隔离剂	kg	6.70	10.000	10.000	10.000
	铁钉	kg	4.86	19.140	24.310	24.310
	黄板纸	m²	1.10	30.000	–	–
	回库维修费	元	–	19.160	–	–
机 械	汽车式起重机 5t	台班	546.38	0.080	0.220	0.220
	载货汽车 4t	台班	466.52	0.210	–	–
	载货汽车 6t	台班	545.58	–	0.510	0.510
	木工圆锯机 φ500mm	台班	27.63	–	0.060	0.060
	木工圆锯机 φ1000mm	台班	79.16	0.040	–	–

工作内容:同前

定 额 编 号			1-4-11	1-4-12	1-4-13	1-4-14	1-4-15	1-4-16	1-4-17	1-4-18
项 目			独立基础				杯形基础			混凝土基础垫层
			钢模板		复合木模板	竹胶模板	钢模板	复合木模板	竹胶模板	钢模板
			毛石混凝土	混凝土						
基 价 (元)			**3920.47**	**4299.68**	**4324.78**	**4467.54**	**4508.82**	**4376.94**	**4487.60**	**2830.41**
其中	人 工 费 (元)		1938.00	1979.40	1466.70	1466.70	2260.80	1777.20	1777.20	1740.38
	材 料 费 (元)		1815.09	2143.57	2659.67	2802.43	1994.77	2333.04	2443.70	1075.80
	机 械 费 (元)		167.38	176.71	198.41	198.41	253.25	266.70	266.70	14.23
名 称	单位	单价(元)	数				量			
人工 综合工日	工日	75.00	25.840	26.392	19.556	19.556	30.144	23.696	23.696	23.205
材料 模板板方材	m³	1600.00	0.614	0.715	–	–	0.628	–	–	0.570
木模板	m³	1389.00	–	–	0.095	0.095	–	0.186	0.186	–
组合钢模板	kg	5.10	56.810	59.210	–	–	53.860	–	–	8.600
复合木模板	m²	36.00	–	–	35.690	–	–	27.666	–	–
竹胶板 1220×2440×8	m²	40.00	–	–	–	35.690	–	–	27.666	–
钢支撑	kg	4.98	–	25.310	–	–	25.310	–	–	–
料 支撑方木	m³	1289.00	–	–	0.645	0.645	–	0.306	0.306	–

续前

定 额 编 号			1-4-11	1-4-12	1-4-13	1-4-14	1-4-15	1-4-16	1-4-17	1-4-18
项 目			独立基础				杯形基础			混凝土基础垫层
			钢模板		复合木模板	竹胶模板	钢模板	复合木模板	竹胶模板	钢模板
			毛石混凝土	混凝土						
材料	零星卡具	kg	4.32	24.060	23.940	–	–	32.080	33.510	33.510	–
	支撑钢管及扣件	kg	4.90	–	–	–	–	–	29.720	29.720	–
	镀锌铁丝 8～12 号	kg	5.36	48.540	51.990	51.990	51.990	50.140	50.150	50.150	–
	镀锌铁丝 20～22 号	kg	5.90	–	–	0.180	0.180	–	0.180	0.180	–
	水泥砂浆 1:2	m³	243.72	–	–	0.012	0.012	–	0.012	0.012	–
	隔离剂	kg	6.70	10.000	10.000	10.000	10.000	10.000	10.000	10.000	10.000
	铁钉	kg	4.86	11.880	12.720	12.720	12.720	11.130	11.130	11.130	10.400
	黄板纸	m²	1.10	30.000	30.000	–	–	30.000	–	–	–
	回库维修费	元	–	21.110	27.650	–	–	27.810	–	–	2.400
机械	汽车式起重机 5t	台班	546.38	0.080	0.080	0.080	0.080	0.160	0.150	0.150	0.010
	载货汽车 4t	台班	466.52	0.260	0.280	–	–	0.330	–	–	0.012
	载货汽车 6t	台班	545.58	–	–	0.280	0.280	–	0.330	0.330	–
	木工圆锯机 φ500mm	台班	27.63	–	–	0.070	0.070	–	0.170	0.170	–
	木工圆锯机 φ1000mm	台班	79.16	0.030	0.030	–	–	0.150	–	–	0.040

定　额　编　号				1-4-19	1-4-20	1-4-21	1-4-22	1-4-23	1-4-24
项　　　　目				满堂基础					
				板　　式			梁　　式		
				钢模板	复合木模板	竹胶模板	钢模板	复合木模板	竹胶模板
基　　价　（元）				**3558.10**	**4104.30**	**4230.68**	**3487.99**	**4697.65**	**4824.03**
其中	人　工　费　（元）			2136.90	1948.73	1948.73	2096.10	2338.50	2338.50
	材　料　费　（元）			1300.48	2027.82	2154.20	1222.10	2205.85	2332.23
	机　械　费　（元）			120.72	127.75	127.75	169.79	153.30	153.30
名　　称		单位	单价(元)	数		量			
人工	综合工日	工日	75.00	28.492	25.983	25.983	27.948	31.180	31.180
材料	模板板方材	m³	1600.00	0.353	–	–	0.066	–	–
	木模板	m³	1389.00	–	0.153	0.153	–	0.184	0.184
	组合钢模板	kg	5.10	55.200	–	–	59.220	–	–
	复合木模板	m²	36.00	–	31.594	–	–	31.594	–
	竹胶板 1220×2440×8	m²	40.00	–	–	31.594	–	–	31.594
	钢支撑	kg	4.98	–	–	–	15.440	–	–
	支撑方木	m³	1289.00	–	0.207	0.207	–	0.248	0.248
	铁件	kg	5.30	–	–	–	41.930	–	–

单位:100m²

定 额 编 号			1-4-19	1-4-20	1-4-21	1-4-22	1-4-23	1-4-24
项 目			满堂基础					
			板 式			梁 式		
			钢模板	复合木模板	竹胶模板	钢模板	复合木模板	竹胶模板
材料	零星卡具	kg	4.32	9.220	9.890	9.890	30.610	11.868	11.868
	镀锌铁丝 8~12 号	kg	5.36	37.160	37.140	37.140	23.740	44.568	44.568
	镀锌铁丝 20~22 号	kg	5.90	–	0.180	0.180	–	0.216	0.216
	水泥砂浆 1:2	m³	243.72	–	0.012	0.012	–	0.014	0.014
	隔离剂	kg	6.70	10.000	10.000	10.000	10.000	12.000	12.000
	尼龙帽 M10	个	0.64	–	–	–	186.000	–	–
	铁钉	kg	4.86	20.130	20.230	20.230	2.050	24.276	24.276
	黄板纸	m²	1.10	30.000	–	–	30.000	–	–
	回库维修费	元	–	17.320	–	–	26.870	–	–
机械	汽车式起重机 5t	台班	546.38	0.070	0.070	0.070	0.130	0.084	0.084
	载货汽车 4t	台班	466.52	0.170	–	–	0.210	–	–
	载货汽车 6t	台班	545.58	–	0.160	0.160	–	0.192	0.192
	木工圆锯机 φ500mm	台班	27.63	–	0.080	0.080	–	0.096	0.096
	木工圆锯机 φ1000mm	台班	79.16	0.040	–	–	0.010	–	–

定　额　编　号			1-4-25	1-4-26	1-4-27	1-4-28
项　　　　　目			桩　承　台			二次灌浆
			独　立　式			木模板
			钢模板	复合木模板	竹胶模板	
单　　　　　位			100m²			10m³
基　　价　（元）			**3475.37**	**4340.10**	**4517.03**	**1461.90**
其中	人　工　费　（元）		2062.35	1792.50	1792.50	733.50
	材　料　费　（元）		1233.11	2360.91	2537.84	703.49
	机　械　费　（元）		179.91	186.69	186.69	24.91
名　　　称	单位	单价(元)	数		量	
人工 综合工日	工日	75.00	27.498	23.900	23.900	9.780
材 模板板方材	m³	1600.00	0.168	－	－	0.370
木模板	m³	1389.00	－	0.062	0.062	－
组合钢模板	kg	5.10	70.850	－	－	－
复合木模板	m²	36.00	－	44.232	－	－
竹胶板 1220×2440×8	m²	40.00	－	－	44.232	－
料 钢支撑	kg	4.98	4.620	－	－	－
支撑方木	m³	1289.00	－	0.122	0.122	－

续前

单位:见表

定　额　编　号			1-4-25	1-4-26	1-4-27	1-4-28
项　　　目			桩承台			二次灌浆
			独立式			木模板
			钢模板	复合木模板	竹胶模板	
材	零星卡具	kg	4.32	23.500	21.870	21.870	–
	支撑钢管及扣件	kg	4.90	–	6.040	6.040	–
	镀锌铁丝 8~12 号	kg	5.36	50.670	56.530	56.530	12.100
	镀锌铁丝 20~22 号	kg	5.90		0.180	0.180	–
	水泥砂浆 1:2	m³	243.72	–	0.012	0.012	–
	隔离剂	kg	6.70	10.000	10.000	10.000	2.530
	梁卡具	kg	3.02	18.180	–	–	–
料	铁钉	kg	4.86	5.360	5.580	5.580	4.500
	黄板纸	m²	1.10	30.000	–	–	7.100
	回库维修费	元	–	25.900	–	–	–
机	汽车式起重机 5t	台班	546.38	0.130	0.110	0.110	–
	载货汽车 4t	台班	466.52	0.230			0.050
	载货汽车 6t	台班	545.58	–	0.230	0.230	–
	木工圆锯机 φ500mm	台班	27.63	–	0.040	0.040	–
械	木工圆锯机 φ1000mm	台班	79.16	0.020	–	–	0.020

工作内容：同前

单位：100m²

定　额　编　号			1-4-29	1-4-30	1-4-31	1-4-32	1-4-33	1-4-34
项　　　　目			混凝土设备基础					
			块体积（m³）					
			5 以内			20 以内		
			钢模板	复合木模板	竹胶模板	钢模板	复合木模板	竹胶模板
基　　　价　（元）			**4028.38**	**4175.54**	**4309.43**	**3854.58**	**4360.79**	**4494.68**
其中	人　工　费　（元）		2470.35	2094.75	2094.75	2374.73	2062.73	2062.73
	材　料　费　（元）		1322.02	1850.69	1984.58	1309.28	2133.19	2267.08
	机　械　费　（元）		236.01	230.10	230.10	170.57	164.87	164.87
名　　称	单位	单价（元）	数			量		
人工 综合工日	工日	75.00	32.938	27.930	27.930	31.663	27.503	27.503
材料 模板板方材	m³	1600.00	0.249	–	–	0.272	–	–
木模板	m³	1389.00	–	0.120	0.120	–	0.089	0.089
组合钢模板	kg	5.10	59.620	–	–	57.840	–	–
复合木模板	m²	36.00	–	33.473	–	–	33.473	–
竹胶板 1220×2440×8	m²	40.00	–	–	33.473	–	–	33.473
钢支撑	kg	4.98	25.810	–	–	7.630	–	–
料 支撑方木	m³	1289.00	–	0.109	0.109	–	0.216	0.216

定 额 编 号				1-4-29	1-4-30	1-4-31	1-4-32	1-4-33	1-4-34
项 目				混凝土设备基础					
				块体积(m³)					
				5 以内			20 以内		
				钢模板	复合木模板	竹胶模板	钢模板	复合木模板	竹胶模板
材料	铁件	kg	5.30	–	–	–	23.700	–	–
	零星卡具	kg	4.32	48.600	–	–	28.140	32.630	32.630
	支撑钢管及扣件	kg	4.90	–	27.980	27.980	–	30.870	30.870
	镀锌铁丝 8~12 号	kg	5.36	20.780	19.050	19.050	23.990	23.430	23.430
	隔离剂	kg	6.70	10.000	10.000	10.000	10.000	10.000	10.000
	铁钉	kg	4.86	7.500	6.640	6.640	8.500	8.500	8.500
	黄板纸	m²	1.10	30.000	–	–	30.000	–	–
	回库维修费	元	–	33.240	–	–	24.030	–	–
机械	汽车式起重机 5t	台班	546.38	0.170	0.160	0.160	0.110	0.110	0.110
	载货汽车 4t	台班	466.52	0.300	–	–	0.230	–	–
	载货汽车 6t	台班	545.58	–	0.260	0.260	–	0.190	0.190
	木工圆锯机 φ500mm	台班	27.63	–	0.030	0.030	–	0.040	0.040
	木工圆锯机 φ1000mm	台班	79.16	0.040	–	–	0.040	–	–

定 额 编 号			1-4-35	1-4-36	1-4-37	1-4-38	1-4-39	1-4-40
项 目			混凝土设备基础					
			块体积(m³)					
			100 以内			100 以外		
			钢模板	复合木模板	竹胶模板	钢模板	复合木模板	竹胶模板
基 价 (元)			**4160.93**	**3796.46**	**3930.35**	**3881.94**	**4449.89**	**4587.20**
其中	人 工 费 (元)		2265.08	1895.03	1895.03	2477.33	2352.75	2352.75
	材 料 费 (元)		1634.12	1654.68	1788.57	1188.06	1698.08	1835.39
	机 械 费 (元)		261.73	246.75	246.75	216.55	399.06	399.06
名 称	单位	单价(元)	数			量		
人工 综合工日	工日	75.00	30.201	25.267	25.267	33.031	31.370	31.370
材料 模板板方材	m³	1600.00	0.403	–	–	0.104	–	–
木模板	m³	1389.00	–	0.084	0.084	–	0.053	0.053
组合钢模板	kg	5.10	56.420	–	–	52.630	–	–
复合木模板	m²	36.00	–	33.473	–	–	34.327	–
竹胶板 1220×2440×8	m²	40.00	–	–	33.473	–	–	34.327
钢支撑	kg	4.98	38.920	–	–	28.510	–	–
支撑方木	m³	1289.00	–	0.021	0.021	–	0.031	0.031

定　额　编　号				1-4-35	1-4-36	1-4-37	1-4-38	1-4-39	1-4-40
项　　　　　目				混凝土设备基础					
				块体积(m³)					
				100 以内			100 以外		
				钢模板	复合木模板	竹胶模板	钢模板	复合木模板	竹胶模板
材料	铁件	kg	5.30	14.200	–	–	11.500	–	–
	零星卡具	kg	4.32	39.140	–	–	34.070	–	–
	支撑钢管及扣件	kg	4.90	–	35.370	35.370	–	23.660	23.660
	镀锌铁丝 8～12 号	kg	5.36	20.670	8.720	8.720	48.410	28.920	28.920
	隔离剂	kg	6.70	10.000	10.000	10.000	10.000	10.000	10.000
	铁钉	kg	4.86	4.000	3.880	3.880	3.090	2.220	2.220
	黄板纸	m²	1.10	30.000	–	–	30.000	–	–
	回库维修费	元	–	33.180	–	–	28.640	–	–
机械	汽车式起重机 5t	台班	546.38	0.200	0.170	0.170	0.160	0.290	0.290
	载货汽车 4t	台班	466.52	0.320	–	–	0.270	–	–
	载货汽车 6t	台班	545.58	–	0.280	0.280	–	0.440	0.440
	木工圆锯机 φ500mm	台班	27.63	–	0.040	0.040	–	0.020	0.020
	木工圆锯机 φ1000mm	台班	79.16	0.040	–	–	0.040	–	–

工作内容:同前

单位:100m²

定 额 编 号			1-4-41	1-4-42	1-4-43	1-4-44	1-4-45	1-4-46
项 目			填充混凝土			包柱脚		
			钢模板	复合木模板	竹胶模板	钢模板	复合木模板	竹胶模板
基 价 (元)			**4147.60**	**4105.44**	**4239.33**	**4664.89**	**4102.20**	**4236.10**
其中	人 工 费 (元)		2667.75	2139.75	2139.75	2981.25	2139.75	2139.75
	材 料 费 (元)		1309.28	1800.82	1934.71	1447.63	1732.35	1866.25
	机 械 费 (元)		170.57	164.87	164.87	236.01	230.10	230.10
名 称	单位	单价(元)	数		量			
人工 综合工日	工日	75.00	35.570	28.530	28.530	39.750	28.530	28.530
材料 模板板方材	m³	1600.00	0.272	0.089	0.089	0.249	–	–
木模板	m³	1389.00	–	–	–	–	0.120	0.120
组合钢模板	kg	5.10	57.840	–	–	59.620	–	–
复合木模板	m²	36.00	–	33.473	–	–	33.473	–
竹胶板 1220×2440×8	m²	40.00	–	–	33.473	–	–	33.473
钢支撑	kg	4.98	7.630	–	–	25.810	–	–

定　额　编　号			1-4-41	1-4-42	1-4-43	1-4-44	1-4-45	1-4-46
项　　　　　目			填充混凝土			包柱脚		
			钢模板	复合木模板	竹胶模板	钢模板	复合木模板	竹胶模板
材料	支撑方木	m³	1289.00	–	0.216	0.216	–	0.109	0.109
	铁件	kg	5.30	23.700	–	–	23.700	–	–
	零星卡具	kg	4.32	28.140	15.430	15.430	48.600	27.980	27.980
	镀锌铁丝 8~12 号	kg	5.36	23.990	–	–	20.780	–	–
	隔离剂	kg	6.70	10.000	10.000	10.000	10.000	10.000	10.000
	铁钉	kg	4.86	8.500	8.500	8.500	7.500	6.640	6.640
	黄板纸	m²	1.10	30.000	–	–	30.000	–	–
	回库维修费	元	–		24.030			33.240	
机械	汽车式起重机 5t	台班	546.38	0.110	0.110	0.110	0.170	0.160	0.160
	载货汽车 4t	台班	466.52	0.230	–	–	0.300	–	–
	载货汽车 6t	台班	545.58	–	0.190	0.190	–	0.260	0.260
	木工圆锯机 φ500mm	台班	27.63	–	0.040	0.040	–	0.030	0.030
	木工圆锯机 φ1000mm	台班	79.16	0.040	–	–	0.040	–	–

定 额 编 号			1-4-47	1-4-48	1-4-49	1-4-50	1-4-51	1-4-52
项 目			框架设备基础			箱形设备基础		
			钢模板	复合木模板	竹胶模板	钢模板	复合木模板	竹胶模板
基 价 (元)			**5583.93**	**4784.71**	**4919.42**	**3910.27**	**3613.57**	**3752.24**
其中	人 工 费 (元)		3461.70	2547.83	2547.83	2540.10	1635.15	1635.15
	材 料 费 (元)		1750.82	2013.76	2148.47	1104.49	1740.02	1878.69
	机 械 费 (元)		371.41	223.12	223.12	265.68	238.40	238.40
名 称	单位	单价(元)	数			量		
人工 综合工日	工日	75.00	46.156	33.971	33.971	33.868	21.802	21.802
材 模板板方材	m³	1600.00	0.386	–	–	0.195	–	–
木模板	m³	1389.00	–	0.036	0.036	–	0.020	0.020
组合钢模板	kg	5.10	66.152	–	–	56.515	–	–
复合木模板	m²	36.00	–	33.678	–	–	34.668	–
竹胶板 1220×2440×8	m²	40.00	–	–	33.678	–	–	34.668
钢支撑	kg	4.98	39.472	–	–	8.424	–	–
支撑方木	m³	1289.00	–	0.090	0.090	–	0.081	0.081
料 铁件	kg	5.30	–	–	–	5.642	–	–
零星卡具	kg	4.32	67.126	24.660	24.660	42.046	30.821	30.821

单位:100m²

定　　额　　编　　号				1-4-47	1-4-48	1-4-49	1-4-50	1-4-51	1-4-52
项　　　　目				框架设备基础			箱形设备基础		
				钢模板	复合木模板	竹胶模板	钢模板	复合木模板	竹胶模板
材　料	柱箍	kg	3.60	12.884	－	－	－	－	－
	支撑钢管及扣件	kg	4.90	－	60.064	60.064	14.966	31.609	31.609
	镀锌铁丝 8～12 号	kg	5.36	14.790	15.660	15.660	－	－	－
	镀锌铁丝 20～22 号	kg	5.90	－	－	－	－	0.005	0.005
	水泥砂浆 1:2	m³	243.72	－	0.007	0.007	－	0.001	0.001
	隔离剂	kg	6.70	10.000	10.000	10.000	10.000	10.000	10.000
	铁钉	kg	4.86	7.378	16.842	16.842	3.423	0.922	0.922
	尼龙帽 M10	个	0.64	－	－	－	47.600	－	－
	黄板纸	m²	1.10	30.000	－	－	30.000	－	－
	回库维修费	元	－	－	47.772	－	30.334	－	－
机　械	汽车式起重机 5t	台班	546.38	0.262	0.192	0.192	0.217	0.165	0.165
	载货汽车 4t	台班	466.52	0.136	－	－	－	－	－
	载货汽车 6t	台班	545.58	0.300	0.198	0.198	0.265	0.270	0.270
	木工圆锯机 φ500mm	台班	27.63	0.024	0.048	0.048	－	0.034	0.034
	木工圆锯机 φ1000mm	台班	79.16	0.006	0.112	0.112	0.032	－	－

工作内容：木模板制作、模板安装、拆除、整理堆放及场内运输、清理模板粘结物及模内杂物、刷隔离剂等。　　　　　　　　单位：10 个

定　额　编　号				1-4-53	1-4-54	1-4-55
项　　　　　目				设备基础螺栓孔		
				长度 0.5m 以内	长度 1m 以内	长度 1m 以外
				木　模　板		
基　　　价　　（元）				**339.93**	**456.38**	**835.19**
其中	人　工　费　（元）			138.75	148.50	264.75
	材　料　费　（元）			194.14	300.84	563.40
	机　械　费　（元）			7.04	7.04	7.04
	名　　　　称	单位	单价（元）	数		量
人工	综合工日	工日	75.00	1.850	1.980	3.530
材料	模板板方材	m³	1600.00	0.112	0.172	0.306
	镀锌铁丝 8～12 号	kg	5.36	1.500	2.100	9.980
	隔离剂	kg	6.70	0.210	0.450	1.290
	铁钉	kg	4.86	1.130	2.340	2.400
机械	载货汽车 4t	台班	466.52	0.010	0.010	0.010
	木工圆锯机 ϕ1000mm	台班	79.16	0.030	0.030	0.030

(2)柱

工作内容:木模板制作、模板安装、拆除,整理堆放及场内运输、清理模板内杂物、刷隔离剂。　　　　　单位:100m²

定　额　编　号			1-4-56	1-4-57	1-4-58	1-4-59	1-4-60	1-4-61
项　　　　目			矩形柱			异形柱		
			钢模板	复合木模板	竹胶模板	钢模板	复合木模板	竹胶模板
基　　　价　(元)			**4653.28**	**4236.23**	**4361.92**	**5565.85**	**5230.27**	**5373.04**
其中	人　工　费　(元)		2637.98	2227.88	2227.88	3927.00	3306.00	3306.00
	材　料　费　(元)		1748.12	1755.58	1881.27	1389.63	1671.50	1814.27
	机　械　费　(元)		267.18	252.77	252.77	249.22	252.77	252.77
名　　称	单位	单价(元)	数		量			
人工 综合工日	工日	75.00	35.173	29.705	29.705	52.360	44.080	44.080
材料 模板板方材	m³	1600.00	0.380	–	–	0.206	–	–
组合钢模板	kg	5.10	66.380	–	–	65.570	–	–
钢支撑	kg	4.98	7.150	–	–	7.830	–	–
零星卡具	kg	4.32	97.270	–	–	84.690	–	–
柱箍	kg	3.60	32.210	–	–	34.970	–	–
隔离剂	kg	6.70	10.000	10.000	10.000	10.000	10.000	10.000

单位:100m²

定 额 编 号				1-4-56	1-4-57	1-4-58	1-4-59	1-4-60	1-4-61
项 目				矩形柱			异形柱		
				钢模板	复合木模板	竹胶模板	钢模板	复合木模板	竹胶模板
材 料	支撑方木	m³	1289.00	–	0.182	0.182	–	–	–
	支撑钢管及扣件	kg	4.90	–	45.940	45.940	–	27.940	27.940
	木模板	m³	1389.00	–	0.064	0.064	–	0.083	0.083
	复合木模板	m²	36.00	–	31.423	–	–	35.693	–
	竹胶板 1220×2440×8	m²	40.00	–	–	31.423	–	–	35.693
	铁钉	kg	4.86	16.600	1.800	1.800	9.880	13.860	13.860
	黄板纸	m²	1.10	30.000	–	–	30.000	–	–
	回库维修费	元	–	49.140	–	–	46.860	–	–
机 械	汽车式起重机 5t	台班	546.38	0.190	0.180	0.180	0.180	0.180	0.180
	载货汽车 4t	台班	466.52	0.340	–	–	0.320	–	–
	木工圆锯机 ϕ1000mm	台班	79.16	0.060	–	–	0.020	–	–
	木工圆锯机 ϕ500mm	台班	27.63	–	0.060	0.060	–	0.060	0.060
	载货汽车 6t	台班	545.58	–	0.280	0.280	–	0.280	0.280

定　额　编　号			1-4-62	1-4-63	1-4-64
项　　　　　目			构造柱	圆形柱	柱支撑高度超过3.6m
			钢模板	木模板	每增加1m
基　　　价　　（元）			**4854.59**	**7747.48**	**468.67**
其中	人　工　费　（元）		2835.00	3952.50	297.75
	材　料　费　（元）		1513.29	3490.12	166.25
	机　械　费　（元）		506.30	304.86	4.67
名　　　称	单位	单价（元）	数		量
人工 综合工日	工日	75.00	37.800	52.700	3.970
材料 模板板方材	m³	1600.00	0.053	1.946	0.042
组合钢模板	kg	5.10	157.070	—	—
钢支撑	kg	4.98	65.300	—	14.900
零星卡具	kg	4.32	27.310	—	—
隔离剂	kg	6.70	10.000	10.000	—
模板嵌缝料	kg	0.20	—	1.140	0.530
铁钉	kg	4.86	4.120	51.090	5.090
镀锌铁丝8~12号	kg	5.36	—	11.380	—
黄板纸	m²	1.10	30.000	—	—
回库维修费	元	—	64.240	—	—
机械 汽车式起重机5t	台班	546.38	0.400	—	—
载货汽车4t	台班	466.52	0.610	0.270	0.010
木工圆锯机 φ1000mm	台班	79.16	0.040	2.260	—

（3）梁

工作内容：木模板制作、模板安装、拆除，整理堆放及场内运输、清理模板内杂物、刷隔离剂。

单位：100m²

	定　额　编　号			1-4-65	1-4-66	1-4-67	1-4-68	1-4-69	1-4-70
	项　　　　　目			基　础　梁			单梁、连续梁、悬臂梁		
				钢模板	复合木模板	竹胶模板	钢模板	复合木模板	竹胶模板
	基　　价　（元）			**3505.53**	**4088.85**	**4228.89**	**5409.79**	**5135.56**	**5276.29**
其中	人　工　费　（元）			2182.20	1898.25	1898.25	3145.43	2761.13	2761.13
	材　料　费　（元）			1118.21	2003.91	2143.95	1821.40	2084.01	2224.74
	机　械　费　（元）			205.12	186.69	186.69	442.96	290.42	290.42
	名　　称	单位	单价（元）	数			量		
人工	综合工日	工日	75.00	29.096	25.310	25.310	41.939	36.815	36.815
材料	模板板方材	m³	1600.00	0.238	–	–	0.390	–	–
	组合钢模板	kg	5.10	65.910	–	–	66.000	–	–
	钢支撑	kg	4.98	–	–	–	61.020	–	–
	零星卡具	kg	4.32	29.420	–	–	47.030	41.100	41.100
	隔离剂	kg	6.70	0.810	10.000	10.000	10.000	10.000	10.000
	竹胶板 1220×2440×8	m²	40.00	–	–	35.010	–	–	35.181
	水泥砂浆 1:2	m³	243.72	–	0.012	0.012	–	0.012	0.012

定 额 编 号			1-4-65	1-4-66	1-4-67	1-4-68	1-4-69	1-4-70
项 目			基 础 梁			单梁、连续梁、悬臂梁		
			钢模板	复合木模板	竹胶模板	钢模板	复合木模板	竹胶模板
材料	支撑方木	m³	1289.00	–	0.281	0.281	–	0.029	0.029
	支撑钢管及扣件	kg	4.90	–	–	–	–	69.480	69.480
	铁钉	kg	4.86	10.970	21.920	21.920	1.230	0.470	0.470
	复合木模板	m²	36.00	–	35.010	–	–	35.181	–
	镀锌铁丝 8~12 号	kg	5.36	22.440	17.220	17.220	24.650	16.070	16.070
	木模板	m³	1389.00	–	0.043	0.043	–	0.017	0.017
	镀锌铁丝 20~22 号	kg	5.90	–	0.180	0.180	–	0.180	0.180
	梁卡具	kg	3.02	11.500	17.150	17.150	22.510	26.190	26.190
	黄板纸	m²	1.10	30.000	–	–	30.000	–	–
	回库维修费	元	–	–	27.420	–	47.670	–	–
机械	木工圆锯机 φ500mm	台班	27.63	–	0.040	0.040	–	0.040	0.040
	木工圆锯机 φ1000mm	台班	79.16	0.040	–	–	0.010	–	–
	汽车式起重机 5t	台班	546.38	0.110	0.110	0.110	0.310	0.200	0.200
	载货汽车 6t	台班	545.58	0.260	0.230	0.230	0.500	0.330	0.330

工作内容:同前

单位:100m²

定 额 编 号			1-4-71	1-4-72	1-4-73	1-4-74	1-4-75	1-4-76	1-4-77
项 目			过 梁			圈 梁			
			钢模板	复合木模板	竹胶模板	钢模板	复合木模板	竹胶模板	钢模板
						直形			弧形
基 价 (元)			5783.65	6364.77	6508.23	3768.28	4226.25	4377.22	6462.83
其中	人 工 费 (元)		4001.25	3272.70	3272.70	2503.50	1992.30	1992.30	3802.05
	材 料 费 (元)		1605.69	2861.82	3005.28	1132.99	2108.13	2259.10	2425.09
	机 械 费 (元)		176.71	230.25	230.25	131.79	125.82	125.82	235.69
名 称	单位	单价(元)	数					量	
人工 综合工日	工日	75.00	53.350	43.636	43.636	33.380	26.564	26.564	50.694
材料 模板方材	m³	1600.00	0.578	–	–	0.085	–	–	1.301
组合钢模板	kg	5.10	55.200	–	–	65.020	–	–	–
零星卡具	kg	4.32	10.680	12.020	12.020	9.080	–	–	–
隔离剂	kg	6.70	10.000	10.000	10.000	10.000	10.000	10.000	10.000
竹胶板 1220×2440×8	m²	40.00	–	–	35.864	–	–	37.742	–
水泥砂浆 1:2	m³	243.72	–	0.012	0.012	–	0.003	0.003	–
料 模板嵌缝料	kg	0.20	–	–	–	–	–	–	10.000

单位:100m²

定 额 编 号			1-4-71	1-4-72	1-4-73	1-4-74	1-4-75	1-4-76	1-4-77
项 目			过 梁			圈 梁			
			钢模板	复合木模板	竹胶模板	钢模板	复合木模板	竹胶模板	钢模板
						直形			弧形
材 料	支撑方木	m³	1289.00	–	0.835	0.835	–	0.109	0.109	
	铁钉	kg	4.86	41.010	63.160	63.160	32.970	–	–	56.480
	复合木模板	m²	36.00	–	35.864	–	–	37.742		
	镀锌铁丝 8～12 号	kg	5.36	6.770	12.040	12.040	64.540	64.540	64.540	–
	木模板	m³	1389.00	–	–	–	–	0.014	0.014	
	镀锌铁丝 20～22 号	kg	5.90		0.180	0.180		0.180	0.180	
	铁件	kg	5.30	–	–	–		32.970	32.970	–
	黄板纸	m²	1.10	30.000	–	–	30.000	–	–	
	回库维修费	元	–	17.640			19.990	–		
机 械	木工圆锯机 φ500mm	台班	27.63	–	0.630	0.630	–	0.010	0.010	
	木工圆锯机 φ1000mm	台班	79.16	0.440	–	–	0.010	–	–	1.530
	汽车式起重机 5t	台班	546.38	0.040	0.080	0.080	0.080	0.080	0.080	
	载货汽车 6t	台班	545.58	0.220	0.310	0.310	0.160	0.150	0.150	0.210

定 额 编 号				1-4-78	1-4-79	1-4-80
项 目				叠合梁	拱形、弧形过梁	斜梁(坡度30°以内)
				木 模 板		
基 价 (元)				**6211.95**	**7716.06**	**4539.99**
其中	人 工 费 (元)			1927.50	3441.00	3054.00
	材 料 费 (元)			4133.13	3856.85	1250.91
	机 械 费 (元)			151.32	418.21	235.08
名 称		单位	单价(元)	数		量
人工	综合工日	工日	75.00	25.700	45.880	40.720
材料	水泥砂浆 1:2	m³	243.72	–	0.012	0.012
	普通硅酸盐水泥 32.5	kg	0.33	–	0.400	0.400
	木模板	m³	1389.00	2.047	2.103	0.018
	钢筋支架	kg	5.20	88.710	–	–
	组合钢模板	kg	5.10	–	–	77.340
	零星卡具	kg	4.32	–	–	41.100
	隔离剂	kg	6.70	–	10.000	10.000

续前

	定 额 编 号			1-4-78	1-4-79	1-4-80
	项 目			叠合梁	拱形、弧形过梁	斜梁（坡度30°以内）
				木 模 板		
材	模板嵌缝料	kg	0.20	–	10.000	–
	支撑方木	m³	1289.00	–	–	0.030
	支撑钢管及扣件	kg	4.90	–	111.010	69.480
	铁钉	kg	4.86	60.910	65.580	0.490
	镀锌铁丝 20~22 号	kg	5.90	–	0.180	0.180
	梁卡具	kg	3.02	–	–	26.190
	铁件	kg	5.30	9.910	–	–
	镀锌铁丝 8~12 号	kg	5.36	81.920	–	16.070
料	尼龙帽 M10	个	0.64	–	–	37.000
	其他材料费	元	–	40.920	–	12.390
机	载货汽车 2t	台班	377.86	0.350	0.650	0.330
	木工圆锯机 φ500mm	台班	27.63	0.690	0.710	0.040
械	汽车式起重机 5t	台班	546.38	–	0.280	0.200

定　额　编　号			1-4-81	1-4-82	1-4-83	1-4-84
项　　　　目			拱形梁	弧形梁	混凝土设备基础	梁支撑高度超过3.6m
			木　模　板			每增加1m
基　　价　(元)			**8336.00**	**11522.57**	**6797.79**	**1326.33**
其中	人　工　费　(元)		4220.25	5017.13	3999.00	1020.00
	材　料　费　(元)		3643.00	5847.22	2622.08	273.33
	机　械　费　(元)		472.75	658.22	176.71	33.00
名　　称	单位	单价(元)	数		量	
人工 综合工日	工日	75.00	56.270	66.895	53.320	13.600
材料 模板板方材	m³	1600.00	2.019	2.813	1.451	–
钢支撑	kg	4.98	–	–	–	52.690
镀锌铁丝8~12号	kg	5.36	26.730	57.490	–	–
隔离剂	kg	6.70	10.000	10.000	10.000	–
模板嵌缝料	kg	0.20	10.000	10.000	10.000	–
铁钉	kg	4.86	41.220	199.440	47.630	2.250
机械 木工圆锯机 φ1000mm	台班	79.16	1.630	2.250	0.440	0.210
汽车式起重机5t	台班	546.38	–	–	0.040	0.010
载货汽车6t	台班	545.58	0.630	0.880	0.220	0.020

（4）墙

工作内容：木模板制作、模板安装、拆除，整理堆放及场内运输、清理模板内杂物、刷隔离剂。

单位：100m²

定　额　编　号				1-4-85	1-4-86	1-4-87	1-4-88	1-4-89	1-4-90
项　　　　　　　目				混凝土直形墙			电梯井壁		
				钢模板	复合木模板	竹胶模板	钢模板	复合木模板	竹胶模板
基　　　　价　（元）				**3226.66**	**3378.75**	**3517.42**	**3703.82**	**3718.24**	**3846.66**
其中	人　工　费　（元）			2031.75	1476.30	1476.30	2379.15	1951.35	1951.35
	材　料　费　（元）			969.51	1689.28	1827.95	1113.28	1575.00	1703.42
	机　械　费　（元）			225.40	213.17	213.17	211.39	191.89	191.89
名　　称		单位	单价（元）	数			量		
人工	综合工日	工日	75.00	27.090	19.684	19.684	31.722	26.018	26.018
材料	模板板方材	m³	1600.00	0.068	—	—	0.156	—	—
	支撑钢管及扣件	kg	4.90	—	24.580	24.580	—	19.830	19.830
	支撑方木	m³	1289.00	—	0.016	0.016	—	—	—
	木模板	m³	1389.00	—	0.029	0.029	—	0.149	0.149
	铁件	kg	5.30	8.060	—	—	6.770	—	—
	复合木模板	m²	36.00	—	34.668	—	—	32.107	—

续前

定 额 编 号				1-4-85	1-4-86	1-4-87	1-4-88	1-4-89	1-4-90
项 目				混凝土直形墙			电梯井壁		
				钢模板	复合木模板	竹胶模板	钢模板	复合木模板	竹胶模板
材 料	钢支撑	kg	4.98	21.390	–	–	17.000	–	–
	竹胶板 1220×2440×8	m²	40.00	–	–	34.668	–	–	32.107
	组合钢模板	kg	5.10	60.790	–	–	55.880	–	–
	零星卡具	kg	4.32	50.200	44.030	44.030	51.590	–	–
	铁钉	kg	4.86	1.680	0.550	0.550	8.440	9.880	9.880
	隔离剂	kg	6.70	10.000	10.000	10.000	10.000	10.000	10.000
	尼龙帽 M10	个	0.64	68.000	–	–	99.000	–	–
	黄板纸	m²	1.10	30.000	–	–	30.000	–	–
	回库维修费	元	–	32.890	–	–	30.900	–	–
机 械	木工圆锯机 φ500mm	台班	27.63	–	0.010	0.010	–	0.030	0.030
	汽车式起重机 5t	台班	546.38	0.160	0.150	0.150	0.140	0.130	0.130
	载货汽车 6t	台班	545.58	0.250	0.240	0.240	0.240	0.220	0.220
	木工圆锯机 φ1000mm	台班	79.16	0.020	–	–	0.050	–	–

工作内容:同前

单位:100m²

定 额 编 号			1-4-91	1-4-92	1-4-93
项 目			大钢模板墙	弧形墙	墙支撑高度
					超过3.6m 每超1m
基 价 (元)			**1901.83**	**4734.89**	**221.32**
其中	人 工 费 (元)		797.55	2556.38	154.50
	材 料 费 (元)		628.35	1999.82	61.36
	机 械 费 (元)		475.93	178.69	5.46
名 称	单位	单价(元)	数		量
人工 综合工日	工日	75.00	10.634	34.085	2.060
材料 模板板方材	m³	1600.00	0.076	1.127	0.031
大钢模板	kg	5.20	64.430	–	–
铁件	kg	5.30	7.260	–	–
钢支撑	kg	4.98	2.200	–	–
零星卡具	kg	4.32	2.680	4.340	–
铁钉	kg	4.86	1.260	22.200	2.420
隔离剂	kg	6.70	10.000	10.000	–
尼龙帽 M10	个	0.64	57.000	–	–
模板嵌缝料	kg	0.20	–	10.000	–
回库维修费	元	–	1.100	0.980	–
机械 汽车式起重机 5t	台班	546.38	0.160	–	–
载货汽车 6t	台班	545.58	0.030	0.210	0.010
木工圆锯机 φ1000mm	台班	79.16	0.010	0.810	–
载货汽车 8t	台班	619.25	0.470	–	–
塔式起重机 60kN·m	台班	535.35	0.150	–	–

（5）板

工作内容： 木模板制作、模板安装、拆除，整理堆放及场内运输、清理模板内杂物、刷隔离剂。

单位：100m²

定 额 编 号				1-4-94	1-4-95	1-4-96	1-4-97
项 目				无梁板	平 板		
				钢模板	钢模板	复合木模板	竹胶模板
基 价 （元）				**4128.12**	**3740.58**	**4161.54**	**4300.21**
其中	人 工 费 （元）			2456.33	2324.33	2005.73	2005.73
	材 料 费 （元）			1421.41	1115.94	1858.55	1997.22
	机 械 费 （元）			250.38	300.31	297.26	297.26
名 称	单位	单价（元）		数		量	
人工 综合工日	工日	75.00		32.751	30.991	26.743	26.743
材料 模板板方材	m³	1600.00		0.490	0.237	－	－
支撑钢管及扣件	kg	4.90		－	－	48.010	48.010
支撑方木	m³	1289.00		－	－	0.231	0.231
复合木模板	m²	36.00		－	－	34.668	－
钢支撑	kg	4.98		28.080	38.660	－	－

定 额 编 号			1-4-94	1-4-95	1-4-96	1-4-97
项 目			无梁板	平 板		
				钢模板	复合木模板	竹胶模板
材 料	竹胶板 1220×2440×8	m²	40.00	–	–	–	34.668
	水泥砂浆 1:2	m³	243.72	–	–	0.003	0.003
	组合钢模板	kg	5.10	46.540	58.040	–	–
	零星卡具	kg	4.32	23.020	25.580	–	–
	铁钉	kg	4.86	7.490	1.480	1.790	1.790
	隔离剂	kg	6.70	10.000	10.000	10.000	10.000
	镀锌铁丝 20~22 号	kg	5.90	–	–	0.180	0.180
	黄板纸	m²	1.10	30.000	30.000	–	–
	回库维修费	元	–	24.370	30.510	–	–
机 械	木工圆锯机 φ500mm	台班	27.63	–	–	0.090	0.090
	汽车式起重机 5t	台班	546.38	0.150	0.200	0.200	0.200
	载货汽车 6t	台班	545.58	0.300	0.340	0.340	0.340
	木工圆锯机 φ1000mm	台班	79.16	0.060	0.070	–	–

定 额 编 号			1-4-98	1-4-99	1-4-100	1-4-101
项 目			拱形板	半球壳体	斜板	板支撑高度
			木模板		（坡度30°以内）	超高3.6m 每增加1m
基 价 （元）			**8045.97**	**12020.57**	**3604.54**	**843.88**
其中	人 工 费 （元）		4341.38	10128.75	2205.00	492.00
	材 料 费 （元）		3546.91	1729.57	1173.01	287.03
	机 械 费 （元）		157.68	162.25	226.53	64.85
名 称	单位	单价(元)	数			量
人工 综合工日	工日	75.00	57.885	135.050	29.400	6.560
材料 模板板方材	m³	1600.00	1.971	–	–	0.140
木模板	m³	1389.00	–	1.198	0.407	–
支撑钢管及扣件	kg	4.90	–	5.720	32.140	–
铁件	kg	5.30	7.971	–	–	–
水泥砂浆 1:2	m³	243.72	–	–	0.012	–
普通硅酸盐水泥 32.5	kg	0.33	–	–	0.400	–
组合钢模板	kg	5.10	–	–	64.260	–

定　额　编　号			1-4-98	1-4-99	1-4-100	1-4-101
项　　　目			拱形板	半球壳体	斜板	板支撑高度
			木　模　板		（坡度30°以内）	超高3.6m 每增加1m
材	零星卡具	kg	4.32	2.530	–	11.670	–
	铁钉	kg	4.86	27.510	2.160	–	12.970
	隔离剂	kg	6.70	10.000	–	10.000	–
	尼龙帽 M10	个	0.64	93.000	–	–	–
	镀锌铁丝 8～12 号	kg	5.36	14.430	0.850	–	–
	胶合板 6mm	m²	21.40	–	1.050	–	–
料	模板嵌缝料	kg	0.20	10.000	–	10.000	–
	回库维修费	元	–	0.570	–	–	–
机	载货汽车 2t	台班	377.86	–	0.140	0.280	–
	木工圆锯机 φ500mm	台班	27.63	–	3.760	0.810	–
	汽车式起重机 5t	台班	546.38	–	0.010	0.180	–
	载货汽车 6t	台班	545.58	0.260	–	–	0.100
械	木工圆锯机 φ1000mm	台班	79.16	0.200	–	–	0.130

(6)其他

工作内容:木模板制作、模板安装、拆除,整理堆放及场内运输、清理模板内杂物、刷隔离剂。

单位:10m²

定 额 编 号				1-4-102	1-4-103	1-4-104	1-4-105
项 目				整体楼梯	雨棚	阳台	台阶
基 价 (元)				**814.50**	**644.42**	**685.67**	**287.44**
其中	人 工 费 (元)			435.00	216.00	216.00	164.48
	材 料 费 (元)			316.03	375.18	418.48	109.45
	机 械 费 (元)			63.47	53.24	51.19	13.51
名 称		单位	单价(元)	数			量
人工	综合工日	工日	75.00	5.800	2.880	2.880	2.193
材料	模板板方材	m³	1600.00	0.170	0.151	0.204	0.063
	组合钢模板	kg	5.10	–	12.150	5.990	–
	零星卡具	kg	4.32	2.090	4.020	1.760	–
	铁钉	kg	4.86	4.910	7.900	8.950	1.760
	隔离剂	kg	6.70	0.830	1.000	0.790	–
	黄板纸	m²	1.10	2.490	3.000	2.370	–
	模板嵌缝料	kg	0.20	1.300	4.390	0.740	0.500
	回库维修费	元	–	2.580	4.980	2.380	–
机械	汽车式起重机 5t	台班	546.38	0.012	0.023	0.011	–
	木工圆锯机 φ1000mm	台班	79.16	0.330	0.060	0.170	0.100
	载货汽车 4t	台班	466.52	0.066	0.077	0.068	0.012

定　额　编　号			1-4-106	1-4-107	1-4-108	1-4-109	1-4-110
项　　　　目			栏板	扶手	小立柱	暖气、电缆沟	门框
单　　　　位			10m		m³	10m³	
基　　价　（元）			**764.58**	**2115.05**	**6128.80**	**3397.28**	**7497.41**
其中	人　工　费　（元）		284.25	1942.50	3487.50	2102.25	2866.50
	材　料　费　（元）		445.43	135.57	2368.50	1204.44	4342.48
	机　械　费　（元）		34.90	36.98	272.80	90.59	288.43
名　　称	单位	单价(元)	数			量	
人工 综合工日	工日	75.00	3.790	25.900	46.500	28.030	38.220
材料 模板板方材	m³	1600.00	0.261	0.079	1.274	0.703	2.409
镀锌铁丝 8～12 号	kg	5.36	－	－	－	－	9.910
模板嵌缝料	kg	0.20	1.600	0.400	4.880	8.690	12.100
铁钉	kg	4.86	5.660	1.870	67.720	16.030	89.000
机械 载货汽车 4t	台班	466.52	0.029	0.008	0.130	0.128	0.435
木工圆锯机 φ1000mm	台班	79.16	0.270	0.420	2.680	0.390	1.080

定　额　编　号			1-4-111	1-4-112	1-4-113	1-4-114
项　　　　　　目			挑檐天沟	压顶	池槽	零星构件
单　　　　　　位			10m²		10m³	
基　　　价　（元）			**715.85**	**4871.48**	**8958.70**	**10502.41**
其中	人　工　费　（元）		419.25	2969.25	5793.23	4494.38
	材　料　费　（元）		247.57	1781.96	2878.11	5708.22
	机　械　费　（元）		49.03	120.27	287.36	299.81
名　　　　称	单位	单价(元)	数			量
人工 综合工日	工日	75.00	5.590	39.590	77.243	59.925
材料 模板板方材	m³	1600.00	0.150	0.944	1.660	3.400
模板嵌缝料	kg	0.20	26.200	11.110	14.600	26.450
铁钉	kg	4.86	0.480	55.420	45.100	54.100
机械 载货汽车 4t	台班	466.52	0.100	0.156	0.487	0.400
木工圆锯机 φ1000mm	台班	79.16	0.030	0.600	0.760	1.430

工作内容: 1. 组合式钢模板包括开箱、解捆、选配、安装、拆除、清理、堆放、刷隔离剂;木模板包括制作、安装、拆除。

2. 模板包括场内外水平运输。

单位:10m³

定 额 编 号			1-4-115	1-4-116	1-4-117
项 目			后 浇 带		
			板	墙	满堂基础
基 价 (元)			**4394.93**	**5803.19**	**249.57**
其中	人 工 费 (元)		2745.00	3657.00	147.75
	材 料 费 (元)		1428.27	1781.87	86.84
	机 械 费 (元)		221.66	364.32	14.98
名 称		单位	单价(元)	数	量
人工	综合工日	工日	75.00	36.600	48.760	1.970
材料	水泥砂浆 1:2	m³	243.72	0.002	—	0.002
	木模板	m³	1389.00	0.062	0.060	0.011
	支撑方木	m³	1289.00	0.276	0.033	0.015
	隔离剂	kg	6.70	11.970	20.720	0.690
	镀锌铁丝 8~12 号	kg	5.36	—	—	2.565

单位:10m³

定 额 编 号				1-4-115	1-4-116	1-4-117
项 目				后 浇 带		
				板	墙	满堂基础
材 料	镀锌铁丝 20~22 号	kg	5.90	0.210	–	0.015
	组合钢模板	kg	5.10	81.680	148.800	4.445
	支撑钢管及扣件	kg	4.90	57.440	50.930	–
	零星卡具	kg	4.32	33.090	91.220	0.675
	铁钉	kg	4.86	2.150	1.140	1.395
	铁件	kg	5.30	7.340	–	–
	尼龙帽 M10	个	0.64	–	142.940	–
	水	t	4.00	–	–	0.014
	其他材料费	元	–	14.140	17.640	0.860
机 械	载货汽车 2t	台班	377.86	0.410	0.500	0.010
	木工圆锯机 φ500mm	台班	27.63	0.240	0.020	0.010
	汽车式起重机 5t	台班	546.38	0.110	0.320	0.020

(7)建筑物滑升模板

工作内容:制作、安装、清理、刷隔离剂、拆除、整理及场内外运输。

单位:100m²

定　额　编　号				1-4-118
项　　　　　目				建筑物滑升模板(模板接触面)
基　　价　（元）				**5306.18**
其中	人　工　费　（元）			1233.60
	材　料　费　（元）			3079.37
	机　械　费　（元）			993.21
名　　　　　称	单位	单价(元)	数　　量	
人工 综合工日	工日	75.00	16.448	
材料 钢支架、平台及连接件	kg	5.80	137.970	
提升钢爬杆 φ25	t	4650.00	0.215	
模板板方材	m³	1600.00	0.093	
组合钢模板	kg	5.10	93.680	
纤维板隔板3.5	m²	77.00	0.803	
滑模油路法兰及套管	kg	8.76	4.840	
电焊条综合	kg	6.60	7.720	
液压设备摊销费	元	－	406.880	
胶合板(大芯板)各种规格	m²	23.75	1.073	
电气通讯摊销费	元	－	34.790	
其他材料费	元	－	30.490	
机械 汽车式起重机5t	台班	546.38	0.110	
塔式起重机60kN·m	台班	535.35	0.390	
载货汽车6t	台班	545.58	0.200	
机动翻斗车1t	台班	193.00	0.120	
直流弧焊机30kW	台班	228.59	2.590	

2.预制混凝土模板
(1)桩模板

工作内容：木模板制作、模板安装、清理、刷隔离剂、拆除、整理堆放装箱运输。

单位：10m³

定 额 编 号				1-4-119	1-4-120
项 目				实心方桩	虚体积桩尖
				钢模板	
基 价 （元）				**1162.43**	**1570.86**
其中	人 工 费 （元）			756.08	633.68
	材 料 费 （元）			317.42	898.90
	机 械 费 （元）			88.93	38.28
名 称		单位	单价（元）	数 量	量
人工	综合工日	工日	75.00	10.081	8.449
材料	模板板方材	m³	1600.00	0.050	0.530
	支撑方木	m³	1289.00	0.010	–
	组合钢模板	kg	5.10	12.880	–
	零星卡具	kg	4.32	5.010	–

续前

定　额　编　号				1-4-119	1-4-120
项　　　　目				实心方桩	虚体积桩尖
				钢模板	
材料	梁卡具	kg	3.02	15.150	－
	砖地模	m²	32.00	0.550	－
	水泥砂浆 1：2	m³	243.72	0.010	0.010
	镀锌铁丝 18～22 号	kg	5.90	0.160	0.100
	隔离剂	kg	6.70	7.900	4.940
	铁钉	kg	4.86	1.120	3.040
	黄板纸	m²	1.10	5.970	
	回库维修费	元	－	5.520	
机械	汽车式起重机 5t	台班	546.38	0.070	－
	载货汽车 6t	台班	545.58	0.090	－
	木工圆锯机 φ1000mm	台班	79.16	0.020	0.300
	木工压刨床 单面 600mm	台班	48.43	－	0.300

（2）柱模板

工作内容: 木模板制作、模板安装、清理、刷隔离剂、拆除、整理堆放装箱运输。

单位:10m³

定 额 编 号				1-4-121	1-4-122
项 目				矩形柱	工形柱
				钢 模 板	
基 价 （元）				**3895.33**	**4163.26**
其中	人 工 费 （元）			953.10	1065.90
	材 料 费 （元）			2842.38	3024.80
	机 械 费 （元）			99.85	72.56
名 称		单位	单价(元)	数	量
人工	综合工日	工日	75.00	12.708	14.212
材料	模板板方材	m³	1600.00	0.090	0.150
	支撑方木	m³	1289.00	0.090	0.210
	组合钢模板	kg	5.10	11.320	10.590
	零星卡具	kg	4.32	5.900	5.550
	梁卡具	kg	3.02	11.740	4.440
	砖胎模	m²	38.00	59.320	58.590
	水泥砂浆 1:2	m³	243.72	0.010	0.010
	镀锌铁丝 8~12 号	kg	5.36	20.490	13.990
	镀锌铁丝 18~22 号	kg	5.90	0.170	0.190
	隔离剂	kg	6.70	7.990	9.210
	铁钉	kg	4.86	4.270	7.260
	黄板纸	m²	1.10	15.140	14.330
	回库维修费	元	—	5.330	5.000
机械	汽车式起重机 5t	台班	546.38	0.080	0.060
	载货汽车 6t	台班	545.58	0.100	0.070
	木工圆锯机 φ1000mm	台班	79.16	0.020	0.020

工作内容:同前

定　额　编　号			1-4-123	1-4-124	1-4-125
项　　　　　目			双肢柱	空格柱	围墙柱
			钢　模　板		
基　　价　（元）			**2910.70**	**3621.18**	**1794.27**
其 中	人　工　费　（元）		813.75	791.18	976.05
	材　料　费　（元）		2028.98	2751.99	813.12
	机　械　费　（元）		67.97	78.01	5.10
名　　　　称		单位	单价（元）	数	量
人工	综合工日	工日	75.00	10.850	10.549	13.014
材 料	模板板方材	m³	1600.00	0.230	0.190	0.340
	支撑方木	m³	1289.00	0.140	0.170	—
	组合钢模板	kg	5.10	8.440	13.020	—
	零星卡具	kg	4.32	1.860	6.140	—
	梁卡具	kg	3.02	9.160	1.170	—
	混凝土地模	m²	96.00	0.090	—	1.240

单位:10m³

定　额　编　号			1-4-123	1-4-124	1-4-125
项　　　　目			双肢柱	空格柱	围墙柱
			钢　模　板		
材料	砖胎模	m²	38.00	33.500	50.430	–
	水泥砂浆 1:2	m³	243.72	0.005	0.010	0.020
	镀锌铁丝 8~12 号	kg	5.36	7.690	21.000	–
	镀锌铁丝 18~22 号	kg	5.90	0.080	0.130	0.350
	隔离剂	kg	6.70	4.070	6.570	17.310
	铁钉	kg	4.86	8.020	7.980	5.590
	黄板纸	m²	1.10	7.110	10.520	–
	回库维修费	元	–	3.160	5.920	–
机械	汽车式起重机 5t	台班	546.38	0.050	0.060	–
	载货汽车 6t	台班	545.58	0.060	0.080	–
	木工圆锯机 φ1000mm	台班	79.16	0.100	0.020	0.040
	木工压刨床 单面 600mm	台班	48.43	–	–	0.040

(3)梁模板

工作内容:木模板制作、模板安装、清理、刷隔离剂、拆除、整理堆放装箱运输。

单位:10m³

定 额 编 号				1-4-126	1-4-127	1-4-128	1-4-129
项 目				矩形梁	异形梁 T 形 吊车梁	过梁	托架梁
				钢模板			
基 价 (元)				**3673.51**	**4338.95**	**2191.61**	**5857.38**
其 中	人 工 费 (元)			2334.53	1260.98	1169.85	2684.55
	材 料 费 (元)			1125.82	2855.82	1015.38	2919.49
	机 械 费 (元)			213.16	222.15	6.38	253.34
名 称		单位	单价(元)	数		量	
人 工	综合工日	工日	75.00	31.127	16.813	15.598	35.794
材 料	模板板方材	m³	1600.00	0.070	1.711	0.440	1.759
	支撑方木	m³	1289.00	0.310	–	–	–
	组合钢模板	kg	5.10	31.570	–	–	–
	零星卡具	kg	4.32	20.920	–	–	–
	梁卡具	kg	3.02	11.180	–	–	–

续前

定 额 编 号			1-4-126	1-4-127	1-4-128	1-4-129
项 目			矩形梁	异形梁T形吊车梁	过梁	托架梁
			钢模板			
材料	混凝土地模	m²	96.00	–	–	1.600	–
	水泥砂浆 1:2	m³	243.72	0.020	0.010	0.010	0.010
	镀锌铁丝 8~12 号	kg	5.36	23.420	–	–	–
	镀锌铁丝 18~22 号	kg	5.90	0.250	0.200	0.350	0.230
	隔离剂	kg	6.70	14.290	9.960	17.640	11.600
	铁钉	kg	4.86	9.200	9.850	7.220	4.850
	黄板纸	m²	1.10	36.780	–	–	–
	回库维修费	元	–	16.290	–	–	–
机械	汽车式起重机 5t	台班	546.38	0.160	–	–	–
	载货汽车 6t	台班	545.58	0.200	0.330	–	0.310
	木工圆锯机 φ1000mm	台班	79.16	0.210	0.330	0.050	0.660
	木工压刨床 单面 600mm	台班	48.43	–	0.330	0.050	0.660

工作内容:同前   单位:10m³

定 额 编 号				1-4-130	1-4-131	1-4-132
项　　　　目				鱼腹式吊车梁	风道梁 钢模板	拱形梁
基　　价　（元）				**9560.53**	**3387.52**	**2861.16**
其中	人　工　费　（元）			2463.30	445.65	605.63
	材　料　费　（元）			6659.62	2912.11	2251.70
	机　械　费　（元）			437.61	29.76	3.83
名　　　　称		单位	单价(元)	数		量
人工	综合工日	工日	75.00	32.844	5.942	8.075
材料	模板板方材	m³	1600.00	4.054	0.080	1.253
	支撑方木	m³	1289.00	–	0.170	–
	组合钢模板	kg	5.10	–	3.520	–
	零星卡具	kg	4.32	–	1.310	–
	混凝土地模	m²	96.00	–	–	0.680
	砖胎模	m²	38.00	–	61.480	–
	水泥砂浆 1:2	m³	243.72	0.020	0.010	0.010
	镀锌铁丝 8~12 号	kg	5.36	–	20.970	–
	镀锌铁丝 18~22 号	kg	5.90	0.270	0.140	0.200
	隔离剂	kg	6.70	13.630	6.530	9.580
	铁钉	kg	4.86	15.520	7.750	23.420
	黄板纸	m²	1.10	–	5.960	–
	回库维修费	元	–	–	1.490	–
机械	汽车式起重机 5t	台班	546.38	–	0.020	–
	载货汽车 6t	台班	545.58	0.760	0.020	–
	木工圆锯机 φ1000mm	台班	79.16	0.180	0.100	0.030
	木工压刨床 单面 600mm	台班	48.43	0.180	–	0.030

（4）屋架模板

工作内容: 木模板制作,模板安装,清理、刷隔离剂,拆除、整理堆放及厂内外运输。

单位:10m³

定　额　编　号			1-4-133	1-4-134	1-4-135	1-4-136
项　　　目			屋　架			
			折线型	三角形	组合型	薄腹型
基　　　价　（元）			**7394.14**	**8593.85**	**7173.14**	**5729.82**
其中	人　工　费　（元）		3176.70	3467.40	3135.23	2170.05
	材　料　费　（元）		3895.02	4728.27	3686.50	3269.74
	机　械　费　（元）		322.42	398.18	351.41	290.03
名　　　称	单位	单价（元）	数		量	
人工 综合工日	工日	75.00	42.356	46.232	41.803	28.934
材料 模板板方材	m³	1600.00	2.293	2.845	2.213	1.947
混凝土地模	m²	96.00	0.820	－	－	－
水泥砂浆 1:2	m³	243.72	0.020	0.020	0.020	0.020
镀锌铁丝 18~22 号	kg	5.90	0.300	0.320	0.270	0.310
隔离剂	kg	6.70	14.690	16.240	13.650	15.740
铁钉	kg	4.86	8.730	12.490	9.830	8.720
机械 载货汽车 6t	台班	545.58	0.460	0.510	0.450	0.410
木工圆锯机 φ1000mm	台班	79.16	0.560	0.940	0.830	0.520
木工压刨床 单面 600mm	台班	48.43	0.560	0.940	0.830	0.520

定 额 编 号			1-4-137	1-4-138	1-4-139
项 目			门形刚架	天窗架	天窗端壁
基 价 (元)			**4738.88**	**2587.67**	**4439.69**
其中	人 工 费 (元)		2250.38	1333.65	3962.70
	材 料 费 (元)		2261.87	1234.88	336.00
	机 械 费 (元)		226.63	19.14	140.99
名 称		单位	单价(元)	数	量
人工	综合工日	工日	75.00	30.005	17.782	52.836
材料	模板板方材	m³	1600.00	1.360	0.612	–
	混凝土地模	m²	96.00	–	1.460	–
	水泥砂浆 1:2	m³	243.72	0.010	0.020	0.030
	镀锌铁丝 18~22 号	kg	5.90	0.170	0.260	0.570
	隔离剂	kg	6.70	8.400	13.580	27.660
	定型钢模	kg	4.89	–	–	28.630
	铁钉	kg	4.86	5.380	3.730	
机械	载货汽车 6t	台班	545.58	0.240	–	–
	木工圆锯机 φ1000mm	台班	79.16	0.750	0.150	–
	木工压刨床 单面 600mm	台班	48.43	0.750	0.150	–
	龙门式起重机 10t	台班	414.69	–	–	0.340

(5)板模板

工作内容:模板安装、清理、刷隔离剂、拆除、整理堆放及厂内运输。

单位:10m³

定 额 编 号				1-4-140	1-4-141	1-4-142
项 目				定型钢模板空心板	定型钢模空心板	钢模空心板
				厚120cm以内	厚180cm以内	厚240cm以内
基 价 (元)				**2946.51**	**2467.58**	**2115.71**
其中	人 工 费 (元)			2225.25	1858.50	1608.00
	材 料 费 (元)			489.29	426.82	342.02
	机 械 费 (元)			231.97	182.26	165.69
名 称		单位	单价(元)	数		量
人工	综合工日	工日	75.00	29.670	24.780	21.440
材料	水泥砂浆 1:2	m³	243.72	0.030	0.020	0.020
	镀锌铁丝 18~22 号	kg	5.90	0.420	0.350	0.300
	隔离剂	kg	6.70	47.080	39.350	34.000
	定型钢模	kg	4.89	33.550	31.950	22.000
机械	电动卷扬机(单筒慢速) 30kN	台班	137.62	0.420	0.330	0.300
	龙门式起重机 10t	台班	414.69	0.420	0.330	0.300

定 额 编 号			1-4-143	1-4-144	1-4-145	1-4-146	1-4-147
项 目			长线台非预应力		长线台预应力		
			钢拉模空心板 厚(mm)				
			120 以内	180 以内	120 以内	180 以内	240 以内
基 价 (元)			**1929.82**	**1393.75**	**2070.87**	**1772.71**	**894.71**
其中	人 工 费 (元)		1449.75	951.00	1299.75	1261.50	480.00
	材 料 费 (元)		423.65	386.33	714.70	468.55	374.80
	机 械 费 (元)		56.42	56.42	56.42	42.66	39.91
名 称	单位	单价(元)	数		量		
人工 综合工日	工日	75.00	19.330	12.680	17.330	16.820	6.400
材料 混凝土地模	m²	96.00	0.933	0.748	1.900	1.230	1.040
水泥砂浆 1:2	m³	243.72	0.020	0.020	0.030	0.020	0.020
镀锌铁丝 18~22 号	kg	5.90	0.320	0.280	0.420	0.330	0.300
钢拉模	kg	5.20	14.680	14.070	37.090	25.950	24.400
隔离剂	kg	6.70	37.460	35.050	49.200	31.150	21.110
机械 电动卷扬机(单筒慢速)30kN	台班	137.62	0.410	0.410	0.410	0.310	0.290

定 额 编 号			1-4-148	1-4-149	1-4-150	1-4-151	1-4-152
项 目			槽形板	F形板	大型屋面板	双T形板	单肋板
基 价 (元)			**1621.46**	**1323.80**	**1579.72**	**1298.71**	**1736.23**
其中	人 工 费 (元)		1184.25	900.15	1106.70	901.43	1208.70
	材 料 费 (元)		341.83	319.98	381.79	297.75	436.30
	机 械 费 (元)		95.38	103.67	91.23	99.53	91.23
名 称	单位	单价(元)	数		量		
人工 综合工日	工日	75.00	15.790	12.002	14.756	12.019	16.116
材料 水泥砂浆1:2	m³	243.72	0.030	0.050	0.040	0.030	0.070
镀锌铁丝18~22号	kg	5.90	0.510	0.800	0.660	0.530	1.180
隔离剂	kg	6.70	25.000	25.960	32.140	26.030	35.150
定型钢模	kg	4.89	33.540	26.410	31.250	23.090	36.150
机械 龙门式起重机10t	台班	414.69	0.230	0.250	0.220	0.240	0.220

工作内容:同前

单位:10m³

定 额 编 号			1-4-153	1-4-154	1-4-155	1-4-156	1-4-157
项 目			天沟板	网架板	平板	折线板	挑檐板
基 价 (元)			**2232.71**	**5768.22**	**958.54**	**989.17**	**969.80**
其中	人 工 费 (元)		1738.50	5261.25	467.25	405.00	485.18
	材 料 费 (元)		332.48	365.98	487.46	581.62	482.07
	机 械 费 (元)		161.73	140.99	3.83	2.55	2.55
名 称	单位	单价(元)	数		量		
人工 综合工日	工日	75.00	23.180	70.150	6.230	5.400	6.469
材料 模板板方材	m³	1600.00	—	—	0.144	0.130	0.142
混凝土地模	m²	96.00	—	—	1.280	1.650	1.040
水泥砂浆 1:2	m³	243.72	0.030	0.040	0.020	0.040	0.020
镀锌铁丝 18～22 号	kg	5.90	0.460	0.640	0.360	0.060	0.410
隔离剂	kg	6.70	30.940	31.870	17.190	30.100	20.360
定型钢模	kg	4.89	23.550	28.410	—	—	—
铁钉	kg	4.86	—	—	2.470	0.710	2.330
机械 木工圆锯机 φ1000mm	台班	79.16	—	—	0.030	0.020	0.020
木工压刨床 单面 600mm	台班	48.43	—	—	0.030	0.020	0.020
龙门式起重机 10t	台班	414.69	0.390	0.340	—	—	—

定 额 编 号			1-4-158	1-4-159	1-4-160	1-4-161	1-4-162
项 目			地沟盖板	窗台板	隔板	架空隔热板	栏板
基 价 (元)			**1317.15**	**2529.47**	**1909.61**	**1872.98**	**1623.72**
其中	人 工 费 (元)		849.83	969.00	725.48	761.85	737.63
	材 料 费 (元)		462.22	1548.99	1177.75	1106.03	878.43
	机 械 费 (元)		5.10	11.48	6.38	5.10	7.66
名 称	单位	单价(元)	数		量		
人工 综合工日	工日	75.00	11.331	12.920	9.673	10.158	9.835
材料 模板板方材	m³	1600.00	0.142	0.474	0.345	0.240	0.320
混凝土地模	m²	96.00	1.170	4.490	2.980	4.380	1.630
水泥砂浆 1:2	m³	243.72	0.020	0.050	0.050	0.050	0.030
镀锌铁丝 18~22 号	kg	5.90	0.320	0.850	0.890	0.820	0.540
隔离剂	kg	6.70	15.860	44.380	44.120	40.000	25.750
铁钉	kg	4.86	1.990	9.260	5.480	3.400	5.540
机械 木工圆锯机 φ1000mm	台班	79.16	0.040	0.090	0.050	0.040	0.060
木工压刨床 单面 600mm	台班	48.43	0.040	0.090	0.050	0.040	0.060

工作内容:同前

定 额 编 号			1-4-163	1-4-164	1-4-165	1-4-166
项 目			遮阳板	大型多孔墙板	墙 板	
					厚20cm以内	厚20cm以外
基 价 (元)			**2336.07**	**3596.15**	**602.44**	**555.86**
其中	人 工 费 (元)		1339.43	3069.75	324.75	307.50
	材 料 费 (元)		966.02	327.57	84.96	66.34
	机 械 费 (元)		30.62	198.83	192.73	182.02
名 称	单位	单价(元)	数		量	
人工 综合工日	工日	75.00	17.859	40.930	4.330	4.100
材料 模板板方材	m³	1600.00	0.330	—	—	—
混凝土地模	m²	96.00	3.090	—	—	—
水泥砂浆 1:2	m³	243.72	0.020	0.040	0.010	0.010
镀锌铁丝 18~22 号	kg	5.90	0.360	0.650	0.170	0.130
隔离剂	kg	6.70	17.990	31.800	8.540	6.540
定型钢模	kg	4.89	—	20.640	4.970	3.950
铁钉	kg	4.86	2.850	—	—	—
机械 木工圆锯机 φ1000mm	台班	79.16	0.240	—	—	—
木工压刨床 单面 600mm	台班	48.43	0.240	—	—	—
龙门式起重机 10t	台班	414.69	—	0.360	—	—
电动卷扬机(单筒慢速) 30kN	台班	137.62	—	0.360	—	—
塔式起重机 60kN·m	台班	535.35	—	—	0.360	0.340

定 额 编 号			1-4-167	1-4-168	1-4-169	1-4-170
项 目			天窗侧板	拱形屋面板		梅花空心柱
				跨度 10m 以内	跨度 10m 以外	
基 价 (元)			**3548.81**	**18556.43**	**20633.88**	**1584.80**
其中	人 工 费 (元)		2099.25	8691.00	10014.75	678.00
	材 料 费 (元)		1439.35	8748.95	9381.53	334.53
	机 械 费 (元)		10.21	1116.48	1237.60	572.27
名 称	单位	单价(元)	数			量
人工 综合工日	工日	75.00	27.990	115.880	133.530	9.040
材料 模板板方材	m³	1600.00	0.650	5.260	5.655	–
混凝土地模	m²	96.00	1.540	0.060	0.060	–
水泥砂浆 1:2	m³	243.72	0.040	0.004	0.004	0.020
镀锌铁丝 18~22 号	kg	5.90	0.610	0.060	0.070	0.280
隔离剂	kg	6.70	30.280	29.820	33.430	15.500
定型钢模	kg	4.89	–	–	–	45.840
铁钉	kg	4.86	7.260	25.940	21.070	–
机械 载货汽车 6t	台班	545.58	–	0.980	1.050	–
木工圆锯机 φ1000mm	台班	79.16	0.080	4.560	5.210	–
木工压刨床 单面 600mm	台班	48.43	0.080	4.560	5.210	–
龙门式起重机 10t	台班	414.69	–	–	–	1.380

（6）框架轻板模板

工作内容： 模板安装、清理、刷隔离剂、拆除、整理堆放及场内外运输。

单位：10m³

定　额　编　号				1-4-171	1-4-172	1-4-173	1-4-174
项　　　　　目				叠合梁	楼梯段	阳台槽板	组合阳台
基　　价　（元）				**1199.25**	**1338.02**	**1752.43**	**1980.08**
其中	人　工　费　（元）			400.50	599.25	771.00	819.00
	材　料　费　（元）			462.85	164.37	246.86	376.80
	机　械　费　（元）			335.90	574.40	734.57	784.28
名　　　　称		单位	单价(元)	数		量	
人工	综合工日	工日	75.00	5.340	7.990	10.280	10.920
材料	水泥砂浆 1:2	m³	243.72	0.020	0.003	0.004	0.005
	镀锌铁丝 18~22 号	kg	5.90	0.270	0.160	0.220	0.270
	塑料软管 φ2	kg	9.90	19.680	－	－	－
	隔离剂	kg	6.70	15.010	9.080	12.450	15.130
	定型钢模	kg	4.89	32.920	20.830	32.960	55.750
机械	龙门式起重机 10t	台班	414.69	0.810	1.040	1.330	1.420
	电动卷扬机(单筒慢速) 30kN	台班	137.62	－	1.040	1.330	1.420

定 额 编 号			1-4-175	1-4-176	1-4-177	1-4-178
项 目			整间楼板			
			板宽(m)			
			2.7	3.0	3.3	3.6
基 价 (元)			**1317.22**	**1181.04**	**1082.57**	**1025.52**
其中	人 工 费 (元)		208.50	184.50	166.50	153.00
	材 料 费 (元)		876.75	792.19	728.28	701.30
	机 械 费 (元)		231.97	204.35	187.79	171.22
名 称	单位	单价(元)	数		量	
人工 综合工日	工日	75.00	2.780	2.460	2.220	2.040
材料 水泥砂浆 1:2	m³	243.72	0.003	0.003	0.003	0.003
镀锌铁丝 18~22 号	kg	5.90	0.210	0.200	0.200	0.200
塑料软管 φ2	kg	9.90	8.400	8.430	7.430	8.640
接线盒 100×100	个	12.10	42.000	37.000	34.000	32.000
隔离剂	kg	6.70	11.400	11.240	11.180	11.130
定型钢模	kg	4.89	42.340	37.590	34.050	31.100
机械 龙门式起重机 10t	台班	414.69	0.420	0.370	0.340	0.310
电动卷扬机(单筒慢速) 30kN	台班	137.62	0.420	0.370	0.340	0.310

(7)其他模板

工作内容:木模板制作、模板安装、刷隔离剂、拆除、整理堆放及场内外运输。

单位:10m³

定 额 编 号			1-4-179	1-4-180	1-4-181	1-4-182
项 目			檩条	天窗上下挡封檐板	阳台	雨棚
基 价 (元)			**14822.21**	**5150.63**	**1030.94**	**2327.15**
其中	人 工 费 (元)		8701.88	2994.98	573.75	979.88
	材 料 费 (元)		4620.60	2078.33	429.57	562.99
	机 械 费 (元)		1499.73	77.32	27.62	784.28
名 称	单位	单价(元)	数		量	
人工 综合工日	工日	75.00	116.025	39.933	7.650	13.065
材料 模板板方材	m³	1600.00	2.670	0.919	0.180	0.251
混凝土地模	m²	96.00	–	2.200	0.430	0.350
水泥砂浆 1:2	m³	243.72	0.050	0.050	0.020	0.010
镀锌铁丝 18~22 号	kg	5.90	0.880	0.910	0.350	0.320
隔离剂	kg	6.70	44.040	44.450	12.620	16.890
铁钉	kg	4.86	7.440	16.740	1.810	2.120
机械 龙门式起重机 10t	台班	414.69	2.830	0.140	0.050	1.420
电动卷扬机(单筒慢速) 30kN	台班	137.62	2.370	0.140	0.050	1.420

定　额　编　号			1-4-183	1-4-184	1-4-185	1-4-186
项　　　　　目			烟道、垃圾道、通风道	漏花空格（外形体积）	门窗框	小型构件
基　　价　（元）			**2896.26**	**7137.75**	**3833.23**	**7839.67**
其中	人　工　费　（元）		1112.48	3582.75	2298.75	3735.75
	材　料　费　（元）		1698.16	3311.98	1462.68	3800.15
	机　械　费　（元）		85.62	243.02	71.80	303.77
名　　　　称	单位	单价（元）	数		量	
人工 综合工日	工日	75.00	14.833	47.770	30.650	49.810
材料 模板板方材	m³	1600.00	0.990	1.873	0.688	1.799
混凝土地模	m²	96.00	0.100	－	1.440	4.880
水泥砂浆 1:2	m³	243.72	0.010	0.030	0.030	0.060
镀锌铁丝 18~22 号	kg	5.90	0.240	0.410	0.450	1.010
隔离剂	kg	6.70	12.100	20.680	21.620	49.550
铁钉	kg	4.86	4.040	34.340	14.160	20.720
机械 龙门式起重机 10t	台班	414.69	0.160	0.440	0.130	0.550
电动卷扬机（单筒慢速）30kN	台班	137.62	0.140	0.440	0.130	0.550

工作内容:同前

単位:10m³

定 额 编 号				1-4-187	1-4-188	1-4-189	1-4-190
项 目				楼梯段		楼 梯	
				空心板	实心板	斜梁	踏步
基 价 (元)				**3220.09**	**2120.90**	**3335.62**	**4158.41**
其中	人 工 费 (元)			2897.48	1778.03	1612.28	3246.83
	材 料 费 (元)			198.20	230.90	1714.41	891.17
	机 械 费 (元)			124.41	111.97	8.93	20.41
名 称		单位	单价(元)	数			量
人工	综合工日	工日	75.00	38.633	23.707	21.497	43.291
材料	模板板方材	m³	1600.00	–	–	0.820	0.400
	混凝土地模	m²	96.00	–	–	2.560	0.220
	水泥砂浆 1:2	m³	243.72	0.040	0.020	0.020	0.040
	镀锌铁丝 18~22 号	kg	5.90	0.620	0.350	0.330	0.600
	定型钢模	kg	4.89	25.020	21.890	–	–
	隔离剂	kg	6.70	9.320	17.450	15.740	28.900
	铁钉	kg	4.86	–	–	9.130	4.760
机械	木工圆锯机 φ1000mm	台班	79.16	–	–	0.070	0.160
	木工压刨床 单面600mm	台班	48.43	–	–	0.070	0.160
	龙门式起重机 10t	台班	414.69	0.300	0.270	–	–

定　额　编　号			1-4-191	1-4-192	1-4-193	1-4-194	1-4-195
项　　　　目			池槽	栏杆	扶手	井盖	井圈
			（外形体积）				
基　　价　（元）			3354.53	4550.27	2334.29	2878.00	5168.71
其中	人　工　费　（元）		1255.88	2709.75	1174.50	1170.75	2291.25
	材　料　费　（元）		2076.96	1823.93	1147.03	1698.32	2848.11
	机　械　费　（元）		21.69	16.59	12.76	8.93	29.35
名　　称	单位	单价(元)	数		量		
人工	综合工日	工日	75.00	16.745	36.130	15.660	15.610	30.550
材料	模板板方材	m³	1600.00	1.180	0.799	0.386	0.787	1.520
	混凝土地模	m²	96.00	0.600	2.670	2.950	1.240	2.260
	水泥砂浆 1:2	m³	243.72	0.020	0.040	0.040	0.050	0.020
	镀锌铁丝 18~22 号	kg	5.90	0.260	0.600	0.600	0.880	0.380
	隔离剂	kg	6.70	12.600	29.120	30.270	43.460	18.680
	铁钉	kg	4.86	8.340	16.630	6.200	2.370	13.760
机械	木工圆锯机 φ1000mm	台班	79.16	0.170	0.130	0.100	0.070	0.230
	木工压刨床 单面 600mm	台班	48.43	0.170	0.130	0.100	0.070	0.230

3.构筑物混凝土模板
(1)烟囱

工作内容:安装拆除平台、模板、液压、供电通讯设备、中间改模、激光对中、设置安全网,滑模拆除后清理、刷隔离剂、
整理及场内外运输。

单位:10m³

定　额　编　号				1-4-196	1-4-197	1-4-198	1-4-199
项　　　　　目				液压滑升钢模			
				筒身高度(m)			
				60 以内	80 以内	100 以内	120 以内
基　　价　(元)				**11232.36**	**11308.32**	**10113.25**	**8696.88**
其中	人　工　费　(元)			6804.68	6584.78	5360.78	4874.33
	材　料　费　(元)			3555.81	3993.78	3744.68	3290.76
	机　械　费　(元)			871.87	729.76	1007.79	531.79
名　　　　　称		单位	单价(元)	数			量
人工	综合工日	工日	75.00	90.729	87.797	71.477	64.991
材　　　　　料	模板板方材	m³	1600.00	0.320	0.260	0.210	0.187
	隔离剂	kg	6.70	7.910	7.640	7.360	7.080
	铁钉	kg	4.86	2.330	1.970	1.880	1.680
	钢滑模	kg	5.10	209.000	170.000	160.000	145.000
	提升钢爬杆 φ25	t	4650.00	0.197	0.345	0.333	0.308
	二等板方材 综合	m³	1800.00	0.110	0.120	0.120	0.083
	马钉	kg	4.50	0.510	0.410	0.380	0.280
	电焊条综合	kg	6.60	6.100	6.000	6.000	6.000
	氧气	m³	3.60	1.100	1.000	0.800	0.700

单位:10m³

定　额　编　号			1-4-196	1-4-197	1-4-198	1-4-199
项　　　目			液压滑升钢模			
			筒身高度(m)			
			60 以内	80 以内	100 以内	120 以内
材	乙炔气	m³	25.20	0.300	0.270	0.220	0.190
	醇酸防锈漆 C53-1 红丹	kg	16.72	2.100	1.800	1.520	1.280
	醇酸漆稀释剂 X6	kg	9.63	0.240	0.200	0.170	0.140
	安全网	m²	9.00	1.620	1.640	1.590	1.350
	麻绳	kg	8.50	0.780	0.630	0.610	0.430
	钢丝绳 股丝 6~7×19 $\phi=15.5$	m	4.06	10.290	8.360	8.070	6.310
	钢丝网	m²	6.50	0.070	0.050	0.050	0.040
	模板嵌缝料	kg	0.20	4.270	4.130	3.980	3.820
料	液压设备摊销费	元	–	421.730	456.560	426.680	360.440
	电气通讯摊销费	元	–	222.010	234.130	212.940	141.050
机	平台组装费	元	–	33.550	31.370	24.620	18.980
	激光仪具费	元	–	103.040	–	426.680	72.330
	起重机具费	元	–	–	108.080	97.760	68.950
	乙炔发生器 5m³	台班	34.00	1.330	1.060	0.770	1.150
	木工压刨床 单面 600mm	台班	48.43	0.040	0.030	0.020	0.030
	木工圆锯机 ϕ1000mm	台班	79.16	0.170	0.150	0.150	0.130
械	电焊机(综合)	台班	183.97	2.570	2.110	1.540	1.150
	载货汽车 6t	台班	545.58	0.370	0.280	0.250	0.200

工作内容：同前

定 额 编 号				1-4-200	1-4-201	1-4-202
项 目				液压滑升钢模		
				筒身高度（m）		
				150 以内	180 以内	210 以内
基 价 （元）				**7124.24**	**6303.74**	**4915.34**
其中	人 工 费 （元）			4071.08	3637.58	2718.30
	材 料 费 （元）			2625.11	2317.47	1903.38
	机 械 费 （元）			428.05	348.69	293.66
名 称		单位	单价（元）	数		量
人工	综合工日	工日	75.00	54.281	48.501	36.244
材料	模板板方材	m³	1600.00	0.168	0.130	0.114
	隔离剂	kg	6.70	6.670	6.330	5.850
	铁钉	kg	4.86	1.270	1.160	0.980
	钢滑模	kg	5.10	124.000	118.000	97.000
	提升钢爬杆 φ25	t	4650.00	0.223	0.179	0.148
	二等板方材 综合	m³	1800.00	0.080	0.070	0.050
	马钉	kg	4.50	0.270	0.360	0.350
	电焊条综合	kg	6.60	6.100	6.100	7.500
	氧气	m³	3.60	0.500	0.400	0.300
	乙炔气	m³	25.20	0.140	0.110	0.070

单位:10m³

定 额 编 号			1-4-200	1-4-201	1-4-202
项 目			液压滑升钢模		
			筒身高度(m)		
			150 以内	180 以内	210 以内
材	醇酸防锈漆 C53－1 红丹	kg	16.72	1.010	0.700	0.500
	醇酸漆稀释剂 X6	kg	9.63	0.110	0.080	0.050
	安全网	m²	9.00	1.490	1.450	1.320
	麻绳	kg	8.50	0.410	0.350	0.270
	钢丝绳 股丝6~7×19 φ=15.5	m	4.06	5.400	3.020	3.580
	钢丝网	m²	6.50	0.030	0.030	0.023
	模板嵌缝料	kg	0.20	3.600	3.420	3.160
料	液压设备摊销费	元	－	310.960	325.740	252.870
	电气通讯摊销费	元	－	76.660	87.800	59.000
机	平台组装费	元	－	12.830	13.830	10.320
	激光仪具费	元	－	33.620	18.830	12.690
	起重机具费	元	－	40.810	40.320	32.500
	乙炔发生器 5m³	台班	34.00	0.890	0.650	0.510
	木工压刨床 单面 600mm	台班	48.43	0.020	0.010	0.010
	木工圆锯机 φ1000mm	台班	79.16	0.100	0.080	0.070
械	直流弧焊机 30kW	台班	228.59	0.890	0.650	0.510
	载货汽车 6t	台班	545.58	0.180	0.180	0.180

(2)水塔

工作内容:模板制作、清理、刷隔离剂、拆除、整理及场内外运输。

单位:100m²

定 额 编 号			1-4-203	1-4-204	1-4-205	1-4-206
项 目			塔 身		水 箱	
			筒式	柱式	内壁	外壁
基 价 (元)			**7707.72**	**7389.55**	**9257.22**	**8624.13**
其中	人 工 费 (元)		4882.50	4462.50	5752.50	5205.00
	材 料 费 (元)		2592.57	2637.08	3234.29	3191.87
	机 械 费 (元)		232.65	289.97	270.43	227.26
名 称	单位	单价(元)	数		量	
人工 综合工日	工日	75.00	65.100	59.500	76.700	69.400
材料 模板板方材	m³	1600.00	0.889	1.204	0.928	0.822
支撑方木	m³	1289.00	0.267	0.437	0.379	0.438
镀锌铁丝 8~12 号	kg	5.36	–	–	7.160	–
光圆钢筋 φ10~14	kg	3.90	20.680	–	12.300	15.860
螺栓	kg	8.90	61.240	–	75.800	81.080
铁件	kg	5.30	–	–	46.730	57.680
隔离剂	kg	6.70	10.000	10.000	10.000	10.000
模板嵌缝料	kg	0.20	10.000	10.000	10.000	10.000
铁钉	kg	4.86	27.020	16.130	37.720	31.670
机械 载货汽车 6t	台班	545.58	0.300	0.440	0.350	0.360
木工圆锯机 φ500mm	台班	27.63	1.550	0.860	1.930	0.170
木工压刨床 单面 600mm	台班	48.43	0.540	0.540	0.540	0.540

定 额 编 号				1-4-207	1-4-208	1-4-209
项 目				塔顶	槽底	回廊及平台
基 价 (元)				12405.98	15732.42	9237.55
其中	人 工 费 (元)			8640.00	9975.00	5160.00
	材 料 费 (元)			3401.55	5039.63	3530.40
	机 械 费 (元)			364.43	717.79	547.15
名 称		单位	单价(元)	数		量
人工	综合工日	工日	75.00	115.200	133.000	68.800
材料	模板板方材	m³	1600.00	1.988	1.369	0.987
	支撑方木	m³	1289.00	0.081	1.529	1.166
	镀锌铁丝 8~12 号	kg	5.36	–	47.900	–
	对拉螺栓	kg	5.50	–	33.970	–
	铁件	kg	5.30	–	9.520	–
	隔离剂	kg	6.70	10.000	10.000	10.000
	模板嵌缝料	kg	0.20	10.000	10.000	10.000
	铁钉	kg	4.86	9.740	64.880	78.030
机械	载货汽车 6t	台班	545.58	0.340	0.860	0.820
	木工圆锯机 φ1000mm	台班	79.16	1.930	2.810	0.930
	木工压刨床 单面 600mm	台班	48.43	0.540	0.540	0.540

（3）倒锥形水塔

工作内容:安装、拆除钢平台、模板及液压、供电、供水设备。

单位:10m³

定　　额　　编　　号				1-4-210	1-4-211	1-4-212
项　　　　　　目				筒身液压滑升钢模		
				支筒滑升高度(m)		
				20 以内	25 以内	30 以内
基　　　价　　（元）				**21417.01**	**18435.51**	**16364.23**
其中	人　　工　　费　（元）			13054.43	11181.98	9894.53
	材　　料　　费　（元）			5809.98	5041.62	4480.08
	机　　械　　费　（元）			2552.60	2211.91	1989.62
名　　　　　称		单位	单价(元)	数		量
人工	综合工日	工日	75.00	174.059	149.093	131.927
材料	隔离剂	kg	6.70	1.960	1.610	1.310
	铁钉	kg	4.86	3.740	3.500	2.960
	钢滑模	kg	5.10	306.000	248.000	209.000
	二等板方材 综合	m³	1800.00	0.570	0.459	0.390
	氧气	m³	3.60	1.000	0.770	0.650
	乙炔气	m³	25.20	0.270	0.210	0.180
	安全网	m²	9.00	1.350	1.100	0.920

单位:10m³

定　额　编　号				1-4-210	1-4-211	1-4-212
项　　　　目				筒身液压滑升钢模		
				支筒滑升高度(m)		
				20 以内	25 以内	30 以内
材料	麻绳	kg	8.50	2.600	2.100	1.770
	液压设备摊销费	元	–	1229.600	981.840	821.140
	支撑杆 φ25	t	5800.00	0.255	0.254	0.254
	钢吊笼支架	kg	5.40	13.810	11.200	9.430
	电焊条 结422 φ2.5	kg	5.04	34.030	43.020	36.100
	环氧防锈漆 红丹	kg	26.68	1.800	1.430	1.270
	现浇混凝土 C20－40(碎石)	m³	187.93	0.770	0.620	0.520
机械	平台组装费	元	–	7.590	7.630	7.650
	直流电焊机(综合)	台班	57.00	4.890	4.270	3.850
	电动卷扬机(单筒慢速) 50kN	台班	145.07	7.150	6.110	5.390
	木工压刨床 单面 600mm	台班	48.43	0.030	0.030	0.020
	木工圆锯机 φ1000mm	台班	79.16	0.110	0.090	0.070
	氧割设备	台班	263.00	4.510	3.970	3.600
	载货汽车 6t	台班	545.58	0.060	0.040	0.050

工作内容:制作、安装、清理、刷隔离剂、拆除、整理、堆放及场内外运输。 单位:座

定　额　编　号			1-4-213	1-4-214	1-4-215	1-4-216
项　　　　　目			水箱制作			
			容积(m³)			
			200 以内	300 以内	400 以内	500 以内
基　　价　　(元)			**12190.68**	**11960.47**	**11113.00**	**12526.80**
其中	人　工　费　(元)		6503.03	6298.50	5796.90	6947.63
	材　料　费　(元)		5118.00	5100.08	4735.91	4967.73
	机　械　费　(元)		569.65	561.89	580.19	611.44
名　　称	单位	单价(元)	数		量	
人工 综合工日	工日	75.00	86.707	83.980	77.292	92.635
材 模板板方材	m³	1600.00	2.920	2.930	2.680	2.780
零星卡具	kg	4.32	23.620	23.960	27.130	29.320
隔离剂	kg	6.70	11.730	11.380	10.370	12.520
铁钉	kg	4.86	18.030	15.960	13.090	14.300
模板嵌缝料	kg	0.20	6.330	6.150	5.600	6.760
螺栓	kg	8.90	0.430	0.340	0.590	1.030
料 钢支撑	kg	4.98	33.570	29.270	36.570	44.170
钢丝绳 股丝 6~7×19 φ=8.1~9	kg	7.30	0.750	0.650	1.250	1.260
机 木工压刨床 单面600mm	台班	48.43	0.440	0.620	0.390	0.680
木工圆锯机 φ1000mm	台班	79.16	2.170	2.100	1.920	1.310
汽车式起重机 5t	台班	546.38	0.140	0.110	0.160	0.190
械 载货汽车 6t	台班	545.58	0.550	0.560	0.590	0.680

工作内容:水箱提升。

单位:座

定　额　编　号				1-4-217	1-4-218	1-4-219
项　　　　目				水箱提升		
				300t 以内		
				提升高度(m)		
				20 以内	25 以内	30 以内
基　　　　价　(元)				**76057.87**	**82257.29**	**89318.42**
其中	人　工　费　(元)			21588.75	25008.75	28428.75
	材　料　费　(元)			8874.72	8160.12	8160.12
	机　械　费　(元)			45594.40	49088.42	52729.55
	名　　　称	单位	单价(元)	数		量
人工	综合工日	工日	75.00	287.850	333.450	379.050
材料	铁钉	kg	4.86	1.420	1.420	1.420
	二等板方材 综合	m³	1800.00	0.570	0.173	0.173
	安全网	m²	9.00	8.250	8.250	8.250
	麻绳	kg	8.50	2.640	2.640	2.640
	液压设备摊销费	元	—	3714.000	3714.000	3714.000
	支撑杆 ϕ25	t	5800.00	0.453	0.453	0.453

定 额 编 号			1-4-217	1-4-218	1-4-219
项　　　目			水箱提升		
			300t 以内		
			提升高度(m)		
			20 以内	25 以内	30 以内
材料	电焊条 结 422 φ2.5	kg	5.04	21.030	21.030	21.030
	钢支架、平台及连接件	kg	5.80	221.000	221.000	221.000
	镀锌铁丝	kg	6.20	2.570	2.570	2.570
机械	木工圆锯机 φ1000mm	台班	79.16	0.110	0.110	0.110
	电动葫芦(单速) 2t	台班	51.76	108.000	116.000	124.000
	电动葫芦(单速) 5t	台班	68.03	27.000	29.000	31.000
	对讲机 C15	台班	3.51	0.400	0.430	0.400
	电动卷扬机(单筒慢速) 30kN	台班	137.62	27.000	29.000	31.000
	电动卷扬机(单筒慢速) 50kN	台班	145.07	27.000	29.000	31.000
	电动卷扬机(双筒快速) 10kN	台班	173.84	135.000	145.000	155.000
	直流电焊机(综合)	台班	57.00	22.000	24.000	26.000
	氧割设备	台班	263.00	22.000	24.000	26.000
	载货汽车 6t	台班	545.58	0.030	0.030	0.300

定 额 编 号				1-4-220	1-4-221	1-4-222
项 目				水箱提升		
				500t 以内		
				提升高度(m)		
				20 以内	25 以内	30 以内
基 价 (元)				**84797.65**	**92352.62**	**100055.30**
其中	人 工 费 (元)			27930.00	31991.25	36052.50
	材 料 费 (元)			11270.88	11270.68	11270.88
	机 械 费 (元)			45596.77	49090.69	52731.92
名 称		单位	单价(元)	数		量
人工	综合工日	工日	75.00	372.400	426.550	480.700
材料	铁钉	kg	4.86	1.890	1.890	1.890
	二等板方材 综合	m³	1800.00	0.243	0.243	0.243
	安全网	m²	9.00	0.243	0.243	0.243
	麻绳	kg	8.50	3.520	3.520	3.520
	液压设备摊销费	元	—	5050.000	5050.000	5050.000
	支撑杆 φ25	t	5800.00	0.594	0.594	0.594

定　额　编　号			1-4-220	1-4-221	1-4-222
项　　　　目			水箱提升		
			500t 以内		
			提升高度(m)		
			20 以内	25 以内	30 以内
材料	电焊条 结 422 φ2.5	kg	5.04	28.040	28.000	28.040
	钢支架、平台及连接件	kg	5.80	368.000	368.000	368.000
	镀锌铁丝	kg	6.20	3.430	3.430	3.430
机械	木工圆锯机 φ1000mm	台班	79.16	0.140	0.140	0.140
	电动葫芦(单速) 2t	台班	51.76	108.000	116.000	124.000
	电动葫芦(单速) 5t	台班	68.03	27.000	29.000	31.000
	电动卷扬机(单筒慢速) 30kN	台班	137.62	27.000	29.000	31.000
	电动卷扬机(单筒慢速) 50kN	台班	145.07	27.000	29.000	31.000
	对讲机 C15	台班	3.51	0.400	0.400	0.400
	电动卷扬机(双筒快速) 10kN	台班	173.84	135.000	145.000	155.000
	氧割设备	台班	263.00	22.000	24.000	26.000
	直流电焊机(综合)	台班	57.00	22.000	24.000	26.000
	载货汽车 6t	台班	545.58	0.030	0.030	0.300

(4)贮水(油)池

工作内容:木模板制作、模板安装、拆除、整理及场内外运输、清理模板粘结物及模内杂物、刷隔离剂等。

单位:100m²

定　额　编　号				1-4-223
项　　　　目				贮水(油)池
				池底平底
				钢模板
基　　　价　　(元)				**5063.19**
其中	人　工　费　(元)			3337.50
	材　料　费　(元)			1526.84
	机　械　费　(元)			198.85
名　　　称		单位	单价(元)	数　　　量
人工	综合工日	工日	75.00	44.500
材料	模板板方材	m³	1600.00	0.013
	组合钢模板	kg	5.10	76.340
	支撑方木	m³	1289.00	0.331
	零星卡具	kg	4.32	20.570
	现浇混凝土 C20-40(碎石)	m³	187.93	0.137
	镀锌铁丝	kg	6.20	67.340
	隔离剂	kg	6.70	10.000
	铁钉	kg	4.86	11.920
	黄板纸	m²	1.10	30.000
机械	汽车式起重机 5t	台班	546.38	0.080
	载货汽车 6t	台班	545.58	0.280
	木工圆锯机 ϕ1000mm	台班	79.16	0.030

工作内容: 木模板制作、模板安装、清理、刷隔离剂、拆除、整理堆放装箱运输。 单位:100m²

定　额　编　号				1-4-224	1-4-225
项　　　　目				贮水(油)池	
				池底平底	
				复合木模板	竹胶模板
基　　　价　（元）				**4399.05**	**4482.25**
其 中	人　工　费　（元）			2439.98	2439.98
	材　料　费　（元）			1761.77	1844.97
	机　械　费　（元）			197.30	197.30
名　　　　称		单位	单价(元)	数	量
人工	综合工日	工日	75.00	32.533	32.533
材 料	木模板	m³	1389.00	0.013	0.013
	复合木模板	m²	36.00	20.800	—
	支撑方木	m³	1289.00	0.331	0.331
	竹胶板 1220×2440×8	m²	40.00	—	20.800
	零星卡具	kg	4.32	19.070	19.070
	镀锌铁丝 8～12 号	kg	5.36	67.340	67.340
	隔离剂	kg	6.70	10.000	10.000
	铁钉	kg	4.86	11.920	11.920
机 械	汽车式起重机 5t	台班	546.38	0.080	0.080
	木工圆锯机 φ500mm	台班	27.63	0.030	0.030
	载货汽车 6t	台班	545.58	0.280	0.280

工作内容:同前

定　额　编　号				1-4-226
项　　　　　目				贮水(油)池
				矩形壁
				钢模板
基　　价　（元）				**3941.21**
其中	人　工　费　（元）			2745.00
	材　料　费　（元）			966.14
	机　械　费　（元）			230.07
	名　　　　　称	单位	单价(元)	数　　　　　量
人工	综合工日	工日	75.00	36.600
材料	模板板方材	m³	1600.00	0.004
	组合钢模板	kg	5.10	77.530
	零星卡具	kg	4.32	54.690
	隔离剂	kg	6.70	10.000
	铁钉	kg	4.86	0.290
	黄板纸	m²	1.10	25.780
	铁件	kg	5.30	6.780
	镀锌铁丝	kg	6.20	0.690
	支撑钢管及扣件	kg	4.90	28.680
	尼龙帽 M10	个	0.64	79.000
机械	汽车式起重机 5t	台班	546.38	0.170
	载货汽车 6t	台班	545.58	0.250
	木工圆锯机 φ1000mm	台班	79.16	0.010

定　额　编　号				1-4-227	1-4-228
项　　　　　　目				贮水(油)池	
				矩形壁	
				复合木模板	竹胶模板
基　　价　（元）				**3403.32**	**3486.52**
其中	人　工　费　（元）			1977.45	1977.45
	材　料　费　（元）			1196.31	1279.51
	机　械　费　（元）			229.56	229.56
名　　　　称		单位	单价(元)	数	量
人工	综合工日	工日	75.00	26.366	26.366
材料	木模板	m³	1389.00	0.004	0.004
	复合木模板	m²	36.00	20.800	－
	竹胶板 1220×2440×8	m²	40.00	－	20.800
	组合钢模板	kg	5.10	0.180	0.180
	零星卡具	kg	4.32	52.870	52.870
	镀锌铁丝 8～12 号	kg	5.36	0.690	0.690
	隔离剂	kg	6.70	10.000	10.000
	铁钉	kg	4.86	0.290	0.290
	支撑钢管及扣件	kg	4.90	28.680	28.680
机械	汽车式起重机 5t	台班	546.38	0.170	0.170
	木工圆锯机 φ500mm	台班	27.63	0.010	0.010
	载货汽车 6t	台班	545.58	0.250	0.250

定　额　编　号				1-4-229
项　　　目				贮水(油)池
				无梁池盖
				钢模板
基　　价　(元)				**4558.27**
其中	人　工　费　(元)			2910.00
	材　料　费　(元)			1316.01
	机　械　费　(元)			332.26
名　　　　称	单位	单价(元)	数　　　量	
人工 综合工日	工日	75.00	38.800	
材料 模板板方材	m³	1600.00	0.060	
支撑方木	m³	1289.00	0.275	
组合钢模板	kg	5.10	70.620	
零星卡具	kg	4.32	19.180	
水泥砂浆 1:2	m³	243.72	0.003	
镀锌铁丝 20~22 号	kg	5.90	0.180	
镀锌铁丝	kg	6.20	5.530	
支撑钢管及扣件	kg	4.90	54.320	
隔离剂	kg	6.70	10.000	
铁钉	kg	4.86	4.170	
黄板纸	m²	1.10	30.000	
机械 汽车式起重机 5t	台班	546.38	0.200	
载货汽车 6t	台班	545.58	0.400	
木工圆锯机 ϕ1000mm	台班	79.16	0.060	

单位:100m²

定　额　编　号				1-4-230	1-4-231
项　　　目				贮水(油)池	
				无梁池盖	
				复合木模板	竹胶模板
基　　　价　(元)				**4066.19**	**4146.19**
其中	人　工　费　(元)			2117.48	2117.48
	材　料　费　(元)			1619.54	1699.54
	机　械　费　(元)			329.17	329.17
名　　　　称		单位	单价(元)	数	量
人工	综合工日	工日	75.00	28.233	28.233
材料	木模板	m³	1389.00	0.060	0.060
	复合木模板	m²	36.00	20.000	–
	支撑方木	m³	1289.00	0.275	0.275
	竹胶模板 1220×2440×8	m²	40.00	–	20.000
	零星卡具	kg	4.32	17.790	17.790
	水泥砂浆 1:2	m³	243.72	0.003	0.003
	镀锌铁丝 20~22 号	kg	5.90	0.180	0.180
	镀锌铁丝 8~12 号	kg	5.36	5.530	5.530
	支撑钢管及扣件	kg	4.90	54.320	54.320
	隔离剂	kg	6.70	10.000	10.000
	铁钉	kg	4.86	4.170	4.170
机械	汽车式起重机 5t	台班	546.38	0.200	0.200
	木工圆锯机 φ500mm	台班	27.63	0.060	0.060
	载货汽车 6t	台班	545.58	0.400	0.400

工作内容：同前 单位：100m²

定　额　编　号				1-4-232
项　　　　　目				贮水(油)池
				无梁盖柱
				钢模板
基　　　价　（元）				**7135.60**
其中	人　工　费　（元）			4590.00
	材　料　费　（元）			2089.67
	机　械　费　（元）			455.93
名　　　　　　　称	单位	单价(元)	数　　　　　量	
人工	综合工日	工日	75.00	61.200
材料	模板板方材	m³	1600.00	0.328
	支撑方木	m³	1289.00	0.303
	组合钢模板	kg	5.10	73.690
	零星卡具	kg	4.32	56.940
	隔离剂	kg	6.70	10.000
	支撑钢管及扣件	kg	4.90	62.960
	铁钉	kg	4.86	29.630
	黄板纸	m²	1.10	30.000
机械	汽车式起重机 5t	台班	546.38	0.180
	载货汽车 6t	台班	545.58	0.490
	木工圆锯机 φ1000mm	台班	79.16	1.140

工作内容:同前

单位:100m²

定 额 编 号				1-4-233	1-4-234
项 目				贮水(油)池	
				无梁盖柱	
				复合木模板	竹胶模板
基 价 (元)				**5716.77**	**5777.97**
其中	人 工 费 (元)			3403.13	3403.13
	材 料 费 (元)			1916.46	1977.66
	机 械 费 (元)			397.18	397.18
名 称		单位	单价(元)	数	量
人工	综合工日	工日	75.00	45.375	45.375
材料	木模板	m³	1389.00	0.328	0.328
	复合木模板	m²	36.00	15.300	–
	支撑方木	m³	1289.00	0.303	0.303
	竹胶模板 1220×2440×8	m²	40.00	–	15.300
	支撑钢管及扣件	kg	4.90	62.960	62.960
	隔离剂	kg	6.70	10.000	10.000
	铁钉	kg	4.86	29.630	29.630
机械	汽车式起重机 5t	台班	546.38	0.180	0.180
	木工圆锯机 φ500mm	台班	27.63	1.140	1.140
	载货汽车 6t	台班	545.58	0.490	0.490

定 额 编 号			1-4-235	1-4-236	1-4-237	1-4-238	1-4-239
项 目			贮水(油)池				
			池底坡底	圆形壁	肋型池盖	沉淀池水槽	沉淀壁基梁
基 价 (元)			**12299.93**	**6435.95**	**5394.01**	**7842.18**	**8418.32**
其中	人 工 费 (元)		3127.50	3450.00	2865.00	3915.00	5310.00
	材 料 费 (元)		8737.20	2629.33	2263.28	3679.76	2609.70
	机 械 费 (元)		435.23	356.62	265.73	247.42	498.62
名 称	单位	单价(元)	数		量		
人工 综合工日	工日	75.00	41.700	46.000	38.200	52.200	70.800
材料 模板板方材	m³	1600.00	2.370	0.812	1.194	1.099	0.725
支撑方木	m³	1289.00	3.730	0.582	0.138	1.388	0.996
零星卡具	kg	4.32	–	85.150	–	–	–
镀锌铁丝	kg	6.20	–	10.740	–	–	–
隔离剂	kg	6.70	10.000	10.000	10.000	10.000	10.000
模板嵌缝料	kg	0.20	10.000	10.000	10.000	10.000	10.000
铁钉	kg	4.86	14.040	15.740	21.810	13.010	19.930
机械 载货汽车 6t	台班	545.58	0.670	0.420	0.310	0.230	0.570
木工圆锯机 φ1000mm	台班	79.16	0.550	1.280	0.890	1.210	2.040
木工压刨床 单面600mm	台班	48.43	0.540	0.540	0.540	0.540	0.540

定　额　编　号			1-4-240	1-4-241	1-4-242	1-4-243	1-4-244	1-4-245
项　　　　　目			悬空圆形坡池底			悬空方形坡池底		
			钢模板	复合木模板	竹胶模板	钢模板	复合木模板	竹胶模板
基　　　价　（元）			**5988.66**	**5552.66**	**5753.86**	**5644.45**	**4866.11**	**5013.31**
其 中	人　工　费　（元）		3189.75	2808.00	2808.00	2949.75	2607.45	2607.45
	材　料　费　（元）		2548.53	2444.91	2646.11	2444.32	1958.91	2106.11
	机　械　费　（元）		250.38	299.75	299.75	250.38	299.75	299.75
名　　　称	单位	单价(元)	数		量			
人工 综合工日	工日	75.00	42.530	37.440	37.440	39.330	34.766	34.766
材 料 支撑方木	m³	1289.00	－	0.231	0.231	－	0.231	0.231
模板板方材	m³	1600.00	0.490	－	－	0.490	－	－
木模板	m³	1389.00	0.680	0.017	0.017	0.570	0.017	0.017
组合钢模板	kg	5.10	38.540			45.370		
复合木模板	m²	36.00	－	50.300	－	－	36.800	－
竹胶模板 1220×2440×8	m²	40.00	－	－	50.300	－	－	36.800
钢支撑	kg	4.98	28.080	－	－	28.080	－	－

续前

定 额 编 号			1-4-240	1-4-241	1-4-242	1-4-243	1-4-244	1-4-245
项 目			悬空圆形坡池底			悬空方形坡池底		
			钢模板	复合木模板	竹胶模板	钢模板	复合木模板	竹胶模板
材 料	支撑钢管及扣件	kg	4.90	–	48.010	48.010	–	48.010	48.010
	零星卡具	kg	4.32	23.020	–	–	26.200	–	–
	梁卡具	kg	3.02	22.510			22.510		
	镀锌铁丝 8～12 号	kg	5.36	24.650	–	–	24.650	–	–
	镀锌铁丝 20～22 号	kg	5.90	–	0.180	0.180	–	0.180	0.180
	水泥砂浆 1:2	m³	243.72	–	0.003	0.003	–	0.003	0.003
	隔离剂	kg	6.70	10.000	10.000	10.000	10.000	10.000	10.000
	铁钉	kg	4.86	7.490	1.790	1.790	7.490	1.790	1.790
	黄板纸	m²	1.10	30.000	–	–	30.000	–	–
	回库维修费	元	–	47.670			47.670		
机 械	载货汽车 6t	台班	545.58	0.300	0.340	0.340	0.300	0.340	0.340
	汽车式起重机 5t	台班	546.38	0.150	0.200	0.200	0.150	0.200	0.200
	木工圆锯机 φ500mm	台班	27.63	–	0.180	0.180	–	0.180	0.180
	木工圆锯机 φ1000mm	台班	79.16	0.060	–	–	0.060	–	–

(5)贮仓

工作内容：制作、安装、拆除、清理、刷隔离剂、整理及场内外运输。

单位：100m²

定　额　编　号				1-4-246	1-4-247	1-4-248
项　　　　目				圆　形　仓		
				顶板	隔　层　板	立壁
基　　价　（元）				**8655.69**	**9821.79**	**8083.81**
其中	人　工　费　（元）			3975.00	3997.50	5205.00
	材　料　费　（元）			4192.68	4958.80	2467.35
	机　械　费　（元）			488.01	865.49	411.46
名　　　　称		单位	单价（元）	数		量
人工	综合工日	工日	75.00	53.000	53.300	69.400
材料	模板板方材	m³	1600.00	0.870	0.927	0.886
	支撑方木	m³	1289.00	1.874	2.306	0.450
	铁件	kg	5.30	0.350	5.070	38.660
	预埋螺栓	kg	7.15	0.430	1.030	10.620
	零星卡具	kg	4.32	0.310	0.260	9.460
	隔离剂	kg	6.70	10.000	10.000	10.000
	模板嵌缝料	kg	0.20	10.000	10.000	10.000
	铁钉	kg	4.86	63.750	82.060	15.560
	现浇混凝土 C20－40（碎石）	m³	187.93	－	－	0.018
机械	载货汽车 6t	台班	545.58	0.390	1.150	0.390
	木工圆锯机 φ1000mm	台班	79.16	0.530	0.620	0.320
	木工压刨床 单面 600mm	台班	48.43	0.540	0.540	0.540
	电动卷扬机（单筒慢速）10kN	台班	130.27	1.590	1.250	1.130

定 额 编 号				1-4-249	1-4-250
项 目				矩形仓立壁	
				复合木模板	竹胶模板
基 价 （元）				**5378.78**	**5378.78**
其中	人 工 费 （元）			3705.30	3705.30
	材 料 费 （元）			905.12	905.12
	机 械 费 （元）			768.36	768.36
名 称		单位	单价(元)	数	量
人工	综合工日	工日	75.00	49.404	49.404
材料	支撑方木	m³	1289.00	0.006	0.006
	竹胶模板 1220×2440×8	m²	40.00	15.200	15.200
	支撑钢管及扣件	kg	4.90	38.940	38.940
	组合钢模板	kg	5.10	1.320	1.320
	木模板	m³	1389.00	0.016	0.016
	隔离剂	kg	6.70	10.000	10.000
	铁钉	kg	4.86	0.540	0.540
机械	电动卷扬机(单筒快速)10kN	台班	129.21	0.930	0.930
	载货汽车 5t	台班	507.79	0.490	0.490
	木工圆锯机 ϕ500mm	台班	27.63	0.040	0.040
	载货汽车 6t	台班	545.58	0.730	0.730

定　额　编　号				1-4-251	
项　　　目				矩形仓漏斗	
基　　价（元）				**7054.34**	
其中	人　工　费（元）			4296.75	
	材　料　费（元）			2488.62	
	机　械　费（元）			268.97	
	名　　　　称	单位	单价(元)	数　　　　量	
人工	综合工日	工日	75.00	57.290	
材料	模板板方材	m³	1600.00	1.428	
	镀锌铁丝	kg	6.20	2.068	
	隔离剂	kg	6.70	10.000	
	模板嵌缝料	kg	0.20	10.000	
	铁钉	kg	4.86	18.370	
	黄板纸	m²	1.10	29.745	
机械	载货汽车 6t	台班	545.58	0.292	
	木工圆锯机 φ1000mm	台班	79.16	1.058	
	木工压刨床 单面600mm	台班	48.43	0.535	

（6）筒仓

工作内容:安装、拆除平台、模板、液压、供电通讯设备、中间改模、激光对中、设置安全网、滑模拆除后清理刷隔离剂、整理及场内外运输。

单位:10m³

定　额　编　号				1-4-252	1-4-253	1-4-254	1-4-255
项　　　　　目				液压滑升钢模筒仓(高度30m以内)			
				内径(m)			
				8 以内	10 以内	12 以内	16 以内
基　　　　价　（元）				**8862.94**	**8053.39**	**6781.63**	**6502.64**
其中	人　工　费　（元）			4389.83	4180.73	3649.73	3455.93
	材　料　费　（元）			2915.36	2602.07	2083.41	2175.50
	机　械　费　（元）			1557.75	1270.59	1048.49	871.21
名　　　　称		单位	单价(元)	数　　　　量			
人工	综合工日	工日	75.00	58.531	55.743	48.663	46.079
材料	钢滑模	kg	5.10	230.000	210.000	160.000	180.000
	提升钢爬杆 $\phi25$	t	4650.00	0.180	0.160	0.130	0.130
	二等板方材 综合	m³	1800.00	0.150	0.140	0.120	0.144
	针型阀	个	13.00	0.700	0.600	0.500	0.490
	分离器	个	110.00	0.350	0.300	0.250	0.250
	接头三通	个	0.63	0.100	0.070	0.070	0.070
	接头四通	个	1.53	0.190	0.200	0.120	0.160
	胶管 16×4m	根	25.08	0.190	0.200	0.120	0.160
	胶管 8×2m	根	9.60	0.700	0.600	0.500	0.490
	防锈漆	kg	13.65	1.880	1.600	1.130	0.980
	隔离剂	kg	6.70	12.510	11.110	10.000	10.000

单位：10m³

定 额 编 号			1-4-252	1-4-253	1-4-254	1-4-255
项 目			液压滑升钢模筒仓（高度30m以内）			
			内径（m）			
			8 以内	10 以内	12 以内	16 以内
材	汽轮机油（各种规格）	kg	8.80	12.210	10.010	7.830	6.530
	油漆溶剂油	kg	4.87	0.400	0.380	0.350	0.300
	模板嵌缝料	kg	0.20	6.250	5.550	5.000	5.000
	氧气	m³	3.60	1.500	1.300	1.200	1.100
	乙炔气	m³	25.20	0.340	0.310	0.290	0.270
	钉子 2″	kg	6.80	2.350	2.000	1.520	1.310
	电焊条 结507 ϕ3.2	kg	8.10	2.000	1.700	1.500	1.500
	安全网	m²	9.00	2.700	2.700	2.550	2.470
	麻绳	kg	8.50	2.000	2.000	1.750	1.580
料	交联聚乙烯绝缘聚氯乙烯护套电力电缆 0.6/1kV YJV 3×10+1×6	km	29730.24	0.006	0.005	0.004	0.003
	交联聚乙烯绝缘聚氯乙烯护套电力电缆 0.6/1kV YJV 3×6+1×4	km	17930.40	0.003	0.002	0.002	0.002
	铜芯耐火聚氯乙烯绝缘电线 NH－BV 6	km	6028.50	0.006	0.005	0.004	0.003
机	液压台 YKT－36	台班	500.00	0.014	0.010	0.007	0.005
	立式液压千斤顶 200t	台班	9.21	0.700	0.600	0.500	0.490
	载货汽车 6t	台班	545.58	0.560	0.470	0.440	0.390
	木工圆锯机 ϕ1000mm	台班	79.16	0.380	0.270	0.220	0.100
	木工压刨床 单面 600mm	台班	48.43	0.190	0.140	0.110	0.200
	直流弧焊机 30kW	台班	228.59	2.160	1.800	1.520	1.240
械	乙炔发生器 5m³	台班	34.00	1.130	0.930	0.960	0.790
	电动卷扬机（单筒慢速）50kN	台班	145.07	4.600	3.670	2.740	2.230

（7）检查井及化粪池

工作内容:安装、拆除模板、拆除后清理刷隔离剂,整理及场内外运输、清理模板粘结物计模内杂物、刷隔离剂等。　　　　　　　　单位:10m³

定　额　编　号				1-4-256	1-4-257	1-4-258
项　　　目				混　凝　土		
				井(池)底	井(池)壁	井(池)顶
				8	10	
基　　　价　（元）				**1168.26**	**9182.39**	**2578.85**
其中	人　工　费　（元）			623.25	5207.25	1119.75
	材　料　费　（元）			516.67	3613.78	1396.75
	机　械　费　（元）			28.34	361.36	62.35
名　　　称		单位	单价（元）	数		量
人工	综合工日	工日	75.00	8.310	69.430	14.930
材料	模板板方材	m³	1600.00	0.310	2.153	0.854
	镀锌铁丝 8~12 号	kg	5.36	–	5.900	–
	铁钉	kg	4.86	3.200	20.900	3.400
	其他材料费	元	–	5.120	35.780	13.830
机械	载货汽车 4t	台班	466.52	0.030	0.240	0.090
	木工圆锯机 φ1000mm	台班	79.16	0.120	2.710	0.190
	木工压刨床 单面600mm	台班	48.43	0.100	0.720	0.110

二、钢筋

1. 现浇构件圆钢筋、螺纹钢筋

工作内容:钢筋制作、绑扎、安装。

单位:t

定 额 编 号				1-4-259	1-4-260	1-4-261
项 目				现浇构件圆钢筋 直径(mm)		
				φ10 以内	φ20 以内	φ20 以外
基 价 (元)				**4913.29**	**4841.34**	**4642.35**
其中	人 工 费 (元)			979.88	590.40	400.95
	材 料 费 (元)			3850.29	4065.76	4070.03
	机 械 费 (元)			83.12	185.18	171.37
名 称		单位	单价(元)	数		量
人工	综合工日	工日	75.00	13.065	7.872	5.346
材料	光圆钢筋 φ10 以内	t	3700.00	1.020	—	—
	光圆钢筋 φ10 以外	t	3900.00	—	1.030	1.030
	镀锌铁丝 18~22 号	kg	5.90	12.930	3.770	1.110
	电焊条 结 422 φ2.5	kg	5.04	—	5.000	9.000
	水	t	4.00	—	0.330	0.280
机械	电动卷扬机(单筒慢速) 50kN	台班	145.07	0.420	—	—
	钢筋切断机 φ40mm	台班	52.99	0.240	0.110	0.090
	钢筋弯曲机 φ40mm	台班	31.57	0.300	0.410	0.250
	直流弧焊机 30kW	台班	228.59	—	0.470	0.470
	对焊机 75kV·A	台班	256.38	—	0.230	0.200

工作内容：同前

单位：t

定　额　编　号				1-4-262	1-4-263
项　　　　　目				现浇构件螺纹钢筋 直径(mm)	
				$\phi20$ 以内	$\phi20$ 以外
基　　价　（元）				**5049.61**	**4785.41**
其中	人　工　费　（元）			599.40	404.25
	材　料　费　（元）			4229.00	4173.19
	机　械　费　（元）			221.21	207.97
名　　　　称		单位	单价(元)	数　　　量	
人工	综合工日	工日	75.00	7.992	5.390
材料	Ⅱ级钢筋 $\phi20$ 以内	t	4000.00	1.045	—
	Ⅱ级钢筋 $\phi20$ 以外	t	4000.00	—	1.030
	镀锌铁丝 18~22 号	kg	5.90	3.770	1.110
	电焊条 结 422 $\phi2.5$	kg	5.04	5.000	9.000
	水	t	4.00	0.390	0.320
机械	钢筋切断机 $\phi40mm$	台班	52.99	0.130	0.100
	钢筋弯曲机 $\phi40mm$	台班	31.57	0.460	0.280
	直流弧焊机 30kW	台班	228.59	0.560	0.590
	对焊机 75kV·A	台班	256.38	0.280	0.230

工作内容:划线、定位、钻孔、吹渣、打胶、植筋。

定 额 编 号			1-4-264	1-4-265	1-4-266	1-4-267	1-4-268	1-4-269	1-4-270
项 目			植 筋						
			φ6.5	φ8	φ10	φ12	φ14	φ16	φ18
基 价 (元)			**60.96**	**78.16**	**32.35**	**117.98**	**166.01**	**234.91**	**333.21**
其中	人 工 费 (元)		11.93	17.85	4.50	29.70	47.55	65.33	106.88
	材 料 费 (元)		46.33	57.26	19.15	81.52	114.35	164.77	221.52
	机 械 费 (元)		2.70	3.05	8.70	6.76	4.11	4.81	4.81
名 称	单位	单价(元)	数				量		
人工	综合工日	工日	75.00	0.159	0.238	0.060	0.396	0.634	0.871	1.425
材料	AB 结构胶	kg	40.00	0.160	0.320	0.100	0.640	0.880	1.520	2.000
	丙酮 95%	kg	10.80	2.000	2.300	0.350	3.100	5.100	7.200	8.100
	电动钢刷片	片	7.50	1.000	1.000	0.100	1.000	1.000	1.000	1.000
	合金钢钻头 φ10	个	12.46	0.120	–	–	–	–	–	–
	合金钢钻头 φ12	个	20.60	–	0.130	–	–	–	–	–
	合金钢钻头 φ14	个	32.90	–	–	0.290	–	–	–	–
	合金钢钻头 φ16	个	40.40	–	–	–	0.130	–	–	–
	合金钢钻头 φ18	个	50.50	–	–	–	–	0.130	–	–
	合金钢钻头 φ20	个	63.10	–	–	–	–	–	0.130	–
	合金钢钻头 φ22	个	73.90	–	–	–	–	–	–	0.480
	棉纱头	kg	6.34	1.400	1.400	0.140	1.400	1.400	1.400	1.400
	其他材料费	元	–	0.460	0.570	0.190	0.810	1.130	1.630	2.190
机械	电锤 520kW	台班	3.51	0.200	0.300	0.400	0.500	0.600	0.800	0.800
	其他机械费	元	–	2.000	2.000	7.300	5.000	2.000	2.000	2.000

工作内容:同前

单位:10 根

定　额　编　号			1-4-271	1-4-272	1-4-273	1-4-274	1-4-275	1-4-276
项　　　　目			植　筋					AB 结构胶锚固固定埋件
			$\phi20$	$\phi22$	$\phi25$	$\phi28$	$\phi32$	
基　　价　　（元）			**404.70**	**445.03**	**503.00**	**800.32**	**924.92**	**790.10**
其中	人　工　费　（元）		148.50	166.35	190.13	225.75	243.53	308.93
	材　料　费　（元）		250.34	271.41	303.85	364.57	423.39	466.15
	机　械　费　（元）		5.86	7.27	9.02	210.00	258.00	15.02
名　　称	单位	单价（元）	数				量	
人工 综合工日	工日	75.00	1.980	2.218	2.535	3.010	3.247	4.119
材料 AB 结构胶	kg	40.00	2.480	2.800	3.280	3.840	4.720	5.840
丙酮 95%	kg	10.80	9.000	9.900	11.300	12.600	14.400	12.400
电动钢刷片	片	7.50	1.000	1.000	1.000	1.000	1.000	5.000
合金钢钻头 $\phi16$	个	40.40	–	–	–	–	–	0.520
合金钢钻头 $\phi25$	个	81.60	0.430	–	–	–	–	–
合金钢钻头 $\phi28$	个	85.70	–	0.390	–	–	–	–
合金钢钻头 $\phi30$	个	89.20	–	–	0.350	–	–	–
合金钢钻头 $\phi38$	个	90.00	–	–	–	0.610	0.650	–
棉纱头	kg	6.34	1.400	1.400	1.400	1.400	1.400	5.600
其他材料费	元	–	2.480	2.690	3.010	3.610	4.190	4.620
机械 人力钻孔机 $\phi600/1300$	台班	80.00	–	–	–	2.600	3.200	–
电锤 520kW	台班	3.51	1.100	1.500	2.000	–	–	2.000
其他机械费	元	–	2.000	2.000	2.000	2.000	2.000	8.000

2. 预制构件圆钢筋、螺纹钢筋

工作内容：钢筋制作、绑扎、安装。

单位：t

	定　额　编　号			1-4-277	1-4-278	1-4-279
	项　　　　目			预制构件圆钢筋 直径（mm）		
				φ10 以内	φ20 以内	φ20 以外
	基　　　价　（元）			**4882.45**	**4832.63**	**4628.80**
其 中	人　工　费　（元）			957.38	583.80	384.30
	材　料　费　（元）			3850.29	4065.76	4070.03
	机　械　费　（元）			74.78	183.07	174.47
	名　　　　　　　称	单位	单价(元)	数		量
人工	综合工日	工日	75.00	12.765	7.784	5.124
材 料	光圆钢筋 φ10 以内	t	3700.00	1.020	－	－
	光圆钢筋 φ10 以外	t	3900.00	－	1.030	1.030
	镀锌铁丝 18~22 号	kg	5.90	12.930	3.770	1.110
	电焊条 结 422 φ2.5	kg	5.04	－	5.000	9.000
	水	t	4.00	－	0.330	0.280
机 械	电动卷扬机（单筒慢速）50kN	台班	145.07	0.380	－	－
	钢筋切断机 φ40mm	台班	52.99	0.210	0.100	0.080
	钢筋弯曲机 φ40mm	台班	31.57	0.270	0.360	0.220
	直流弧焊机 30kW	台班	228.59	－	0.470	0.490
	对焊机 75kV·A	台班	256.38	－	0.230	0.200

工作内容:同前

单位:t

定 额 编 号			1-4-280	1-4-281	1-4-282
项 目			冷拔钢丝	螺纹钢筋 直径(mm)	
			φ5	φ20 以内	φ20 以外
基 价 (元)			**7388.02**	**4937.92**	**4767.07**
其中	人 工 费 (元)		1606.50	550.35	387.38
	材 料 费 (元)		5744.29	4169.00	4173.19
	机 械 费 (元)		37.23	218.57	206.50
名 称	单位	单价(元)	数		量
人工 综合工日	工日	75.00	21.420	7.338	5.165
材料 冷拔低碳钢丝 φ5 以内	t	5200.00	1.090	–	–
Ⅱ级钢筋 φ20 以内	t	4000.00	–	1.030	–
Ⅱ级钢筋 φ20 以外	t	4000.00	–	–	1.030
镀锌铁丝 18~22 号	kg	5.90	12.930	3.770	1.110
电焊条 结 422 φ2.5	kg	5.04	–	5.000	9.000
水	t	4.00	–	0.390	0.320
机械 钢筋切断机 φ40mm	台班	52.99	0.290	0.110	0.090
钢筋弯曲机 φ40mm	台班	31.57	–	0.410	0.250
直流弧焊机 30kW	台班	228.59	–	0.560	0.590
钢筋调直机 φ40mm	台班	48.59	0.450	–	–
对焊机 75kV·A	台班	256.38	–	0.280	0.230

3. 预应力钢筋

工作内容: 平直、切断、焊接处除锈、对焊、冷拉、安放、绑扎、张拉锚固、割断、清理等全部操作过程。　　　　　　　　　　　　单位:t

定　额　编　号			1-4-283	1-4-284	1-4-285
项　　　目			先张法预应力钢筋　直径(mm)		
			φ5 以内	φ20 以内	φ20 以外
基　价　(元)			**7037.06**	**5374.15**	**4868.75**
其中	人　工　费　(元)		1141.80	475.80	306.08
	材　料　费　(元)		5829.23	4696.40	4422.40
	机　械　费　(元)		66.03	201.95	140.27
名　　　称	单位	单价(元)	数		量
人工 综合工日	工日	75.00	15.224	6.344	4.081
材料 冷拔低碳钢丝 φ5 以内	t	5200.00	1.090	-	-
Ⅱ级钢筋 φ20 以内	t	4000.00	-	1.060	-
Ⅱ级钢筋 φ20 以外	t	4000.00	-	-	1.060
张拉机具	kg	2.96	54.470	47.990	19.080
冷拉机具及其他材料	kg	5.20	-	59.990	23.900
水	t	4.00	-	0.600	0.410
机械 钢筋切断机 φ40mm	台班	52.99	0.070	0.070	0.070
预应力钢筋拉伸机 650kN	台班	42.98	1.450	0.640	0.470
对焊机 75kV・A	台班	256.38	-	0.430	0.300
氧割设备	台班	263.00	-	0.230	0.150

定 额 编 号			1-4-286	1-4-287	1-4-288
项 目			后张法预应力钢筋 直径(mm)		
			φ20 以内	φ30 以内	φ30 以外
基 价 (元)			**8420.79**	**6407.45**	**5809.91**
其中	人 工 费 (元)		1292.78	698.70	576.45
	材 料 费 (元)		6448.61	5407.49	5013.66
	机 械 费 (元)		679.40	301.26	219.80
名 称	单位	单价(元)	数		量
人工 综合工日	工日	75.00	17.237	9.316	7.686
材料 Ⅱ级钢筋 φ20 以内	t	4000.00	1.130	—	—
Ⅱ级钢筋 φ20 以外	t	4000.00	—	1.130	1.130
孔道成型镀锌钢管	kg	5.50	65.640	30.230	16.730
素水泥浆	m³	497.74	1.330	0.610	0.340
冷拉机具及其他材料	kg	5.20	112.950	52.020	28.810
张拉锚具及其他材料费	kg	4.20	75.300	34.680	19.200
水	t	4.00	0.500	0.360	0.490
机械 钢筋切断机 φ40mm	台班	52.99	0.070	0.070	0.070
对焊机 75kV·A	台班	256.38	0.370	0.260	0.350
预应力钢筋拉伸机 650kN	台班	42.98	2.060	0.720	0.370
砂轮切割机 φ350	台班	9.52	1.220	0.500	0.280
挤压式灰浆输送泵 3m³/h	台班	165.14	1.650	0.670	0.370
灰浆搅拌机 200L	台班	126.18	1.650	0.670	0.370

4.后张预应力钢丝束(钢绞线)

工作内容:制作、编束、穿筋、张拉、孔道灌浆清理等全部操作过程。   单位:t

定 额 编 号			1-4-289	1-4-290	1-4-291	1-4-292
项 目			12ϕs5	14ϕs5	16ϕs5	18ϕs5
基 价 (元)			**30987.38**	**27541.67**	**23710.17**	**23195.98**
其 中	人 工 费 (元)		3882.00	3271.80	3036.00	2767.80
	材 料 费 (元)		25693.45	22900.31	19338.52	19117.13
	机 械 费 (元)		1411.93	1369.56	1335.65	1311.05
名 称	单位	单价(元)	数			量
人工 综合工日	工日	75.00	51.760	43.624	40.480	36.904
材 料	普通硅酸盐水泥 32.5	kg	0.33	1948.000	1758.000	1503.000	1333.000
	有粘结钢丝束	kg	5.46	1080.000	1080.000	1080.000	1080.000
	钢丝网片	kg	6.20	307.500	263.570	—	205.000
	角钢支架 L125×80×8	kg	5.70	131.100	112.370	98.330	87.400
	铁件	kg	5.30	669.450	573.810	502.090	446.300
	JM15-4 锚具	套	54.00	25.330	21.710	19.000	16.890
	波纹管 ϕ50	m	18.00	600.000	514.290	450.000	400.000
	镀锌铁丝18~22号	kg	5.90	1.870	1.600	1.400	1.240

单位:t

	定 额 编 号			1-4-289	1-4-290	1-4-291	1-4-292
	项 目			12ϕs5	14ϕs5	16ϕs5	18ϕs5
材 料	弧形管	套	2.80	73.800	63.260	55.350	49.200
	后张预应力灌浆管	kg	5.20	2.950	2.530	2.210	1.970
	砂轮片	片	19.00	2.000	2.000	2.000	2.000
	自粘性橡胶带 20mm×5m	卷	3.56	10.000	8.570	7.500	6.070
	电焊条 结 422 ϕ2.5	kg	5.04	93.000	79.710	69.750	62.000
	水	t	4.00	2.200	2.000	1.800	1.600
机 械	预应力钢筋拉伸机 650kN	台班	42.98	2.480	2.140	1.850	1.630
	钢筋调直机 ϕ40mm	台班	48.59	0.620	0.620	0.620	0.620
	直流弧焊机 30kW	台班	228.59	3.200	3.200	3.200	3.200
	镦头机	台班	41.96	0.620	0.620	0.620	0.620
	高压油泵 50MPa	台班	253.57	0.310	0.310	0.310	0.310
	灰浆搅拌机 200L	台班	126.18	1.530	1.310	1.140	1.020
	砂轮切割机 ϕ350	台班	9.52	2.100	2.100	2.100	2.100
	柱塞压浆泵	台班	127.00	1.780	1.780	1.780	1.780

工作内容:同前

定 额 编 号				1-4-293	1-4-294	1-4-295
项 目				20φs5	22φs5	24φs5
基 价 (元)				**21834.50**	**20492.17**	**19414.81**
其中	人 工 费 (元)			2631.00	2494.20	2333.40
	材 料 费 (元)			17911.95	16722.50	15820.76
	机 械 费 (元)			1291.55	1275.47	1260.65
名 称		单位	单价(元)	数		量
人工	综合工日	工日	75.00	35.080	33.256	31.112
材料	普通硅酸盐水泥 32.5	kg	0.33	1205.000	1092.000	992.000
	有粘结钢丝束	kg	5.46	1100.000	1080.000	1080.000
	钢丝网片	kg	6.20	184.500	167.730	153.750
	角钢支架 L125×80×8	kg	5.70	78.660	71.510	65.550
	铁件	kg	5.30	401.670	365.150	334.730
	JM15－4 锚具	套	54.00	15.200	13.820	12.670
	波纹管 φ50	m	18.00	360.000	327.270	300.000
	镀锌铁丝 18~22 号	kg	5.90	1.120	1.020	0.930

单位:t

定 额 编 号			1-4-293	1-4-294	1-4-295
项 目			20φs5	22φs5	24φs5
材料	弧形管	套	2.80	44.280	40.250	36.900
	砂轮片	片	19.00	2.000	2.000	2.000
	后张预应力灌浆管	kg	5.20	1.770	1.610	1.480
	自粘性橡胶带 20mm×5m	卷	3.56	6.000	5.450	5.000
	电焊条 结 422 φ2.5	kg	5.04	55.800	50.730	46.500
	水	t	4.00	1.500	1.300	1.200
机械	预应力钢筋拉伸机 650kN	台班	42.98	1.470	1.360	1.250
	钢筋调直机 φ40mm	台班	48.59	0.620	0.620	0.620
	直流弧焊机 30kW	台班	228.59	3.200	3.200	3.200
	镦头机	台班	41.96	0.620	0.620	0.620
	高压油泵 50MPa	台班	253.57	0.310	0.310	0.310
	灰浆搅拌机 200L	台班	126.18	0.920	0.830	0.750
	砂轮切割机 φ350	台班	9.52	2.100	2.100	2.100
	柱塞压浆泵	台班	127.00	1.780	1.780	1.780

工作内容:同前

定　额　编　号				1-4-296	1-4-297
项　　　　目				无粘接预应力钢丝束	有粘接预应力钢绞线
基　　价　（元）				**13490.24**	**16141.10**
其中	人　工　费　（元）			2192.40	1035.15
	材　料　费　（元）			10820.36	13232.66
	机　械　费　（元）			477.48	1873.29
	名　　　　　　称	单位	单价（元）	数	量
人工	综合工日	工日	75.00	29.232	13.802
材料	无粘结钢丝束	t	6540.00	1.060	－
	结构用碳素钢绞线 7×5.5mm	kg	6.50	－	1060.000
	JM15－4 锚具	套	54.00	52.560	11.810
	铁垫板	t	4000.00		0.113
	波纹管 ϕ50	m	18.00		249.260
	普通硅酸盐水泥 32.5	kg	0.33		647.120
	镀锌铁丝 18～22 号	kg	5.90	4.500	3.540
	砂轮片	片	19.00	9.000	－

定　额　编　号				1-4-296	1-4-297
项　　　　　目				无粘接预应力钢丝束	有粘接预应力钢绞线
材	光圆钢筋 $\phi6\sim9$	kg	3.70	11.000	49.000
	硬塑料管 $\phi15$	m	1.76	3.380	15.470
	承压板 100mm×100mm×14mm	kg	4.98	49.200	–
	七孔板 $\phi75\times20$	kg	5.20	45.150	–
	穴模	套	8.70	37.440	–
料	黑胶布条 18m	盘	2.28	–	8.540
	盖板	m	7.39	–	41.110
机	立式液压千斤顶 100t	台班	7.70	1.800	5.030
	高压油泵 50MPa	台班	253.57	1.800	5.030
	钢筋调直机 $\phi40mm$	台班	48.59	–	0.500
	直流弧焊机 30kW	台班	228.59	–	1.010
	角向磨光机 $\phi180$	台班	13.33	0.540	–
械	挤压式灰浆输送泵 $3m^3/h$	台班	165.14	–	1.680
	钢筋切断机 $\phi40mm$	台班	52.99	–	0.500

5. 铁件及接头

工作内容:1.铁件安装埋设、电渣压力焊接、固定搭拆脚手架。2.锥螺纹:钢筋切断、磨光、套丝、安装、搭拆脚手架。　　单位:见表

定　额　编　号			1-4-298	1-4-299	1-4-300	1-4-301	1-4-302
项　　　　　目			铁　　件		电渣压力接头	锥螺纹连接钢筋接头	
			设备安装铁件	建筑铁件	焊接	ϕ32 以内	ϕ45 以内
单　　　　　位			t			10 个	
基　　　价　（元）			10325.97	8195.25	43.94	137.77	168.82
其中	人　工　费（元）		1828.50	1455.30	12.00	42.30	50.85
	材　料　费（元）		6306.55	5736.44	7.67	83.60	99.92
	机　械　费（元）		2190.92	1003.51	24.27	11.87	18.05
名　　　称	单位	单价(元)	数			量	
人工 综合工日	工日	75.00	24.380	19.404	0.160	0.564	0.678
材料 螺纹管接头 ϕ25~32	个	4.30	－	－	－	10.100	－
螺纹管接头 ϕ40~50	个	5.90	－	－	－	－	10.100
预埋铁件	kg	5.50	1010.000	1010.000	－	－	－
焊剂	kg	4.75	－	－	0.200	－	－
光圆钢筋 ϕ6~9	kg	3.70	－	－	1.240	－	－
橡胶石棉板 δ=4	kg	15.00	－	－	0.100	2.130	2.130
酚醛调和漆（各种颜色）	kg	18.00	－	－	－	0.100	0.100

定　　额　　编　　号				1-4-298	1-4-299	1-4-300	1-4-301	1-4-302
项　　　　　　　目				铁　　件		电渣压力接头	锥螺纹连接钢筋接头	
				设备安装铁件	建筑铁件	焊接	ϕ32 以内	ϕ45 以内
材	润滑油	kg	9.87	–	–	–	0.100	0.100
	塑料保护帽	个	0.18	–	–	–	2.130	2.130
	塑料密封盖	个	0.29	–	–	–	3.000	3.000
	电焊条 结 422 ϕ2.5	kg	5.04	120.000	36.000	0.110	0.010	0.010
	氧气	m³	3.60	4.560	–	–	–	–
	乙炔气	m³	25.20	1.980	–	–	–	–
	焦炭	kg	1.50	12.000	–	–	–	–
料	锥螺纹力矩扳手摊销费	元	–	–	–	–	3.300	3.300
	其他材料费	元	–	62.440	–	0.080	0.830	0.990
机	直流弧焊机 30kW	台班	228.59	7.740	4.390	0.005	0.005	0.005
	电渣焊机 1000A	台班	330.34	–	–	0.070	–	–
	普通车床 400mm×1000mm	台班	145.61	2.140	–	–	–	–
	摇臂钻床 ϕ25mm	台班	127.69	0.430	–	–	–	–
	钢筋切断机 ϕ40mm	台班	52.99	–	–	–	0.075	0.125
械	螺栓套丝机 ϕ39mm	台班	32.14	–	–	–	0.210	0.320
	其他机械费	元	–	55.120	–	–	–	–

6. 成型钢筋运输

单位:t

定 额 编 号			1-4-303	1-4-304	1-4-305	1-4-306
项 目			载重汽车运输人装人卸(运距)		人力运输成型钢筋(运距)	
			1km 以内	每增加 1km	500m 以内	每增加 500m
基 价 (元)			**207.12**	**23.05**	**100.05**	**33.34**
其中	人 工 费 (元)		90.00	10.50	29.25	16.50
	材 料 费 (元)		8.00	–	9.07	–
	机 械 费 (元)		109.12	12.55	61.73	16.84
名 称	单位	单价(元)	数		量	
人工 综合工日	工日	75.00	1.200	0.140	0.390	0.220
材料 模板板方材	m³	1600.00	0.005	–	0.005	–
镀锌铁丝 8~12 号	kg	5.36	–	–	0.200	–
机械 载货汽车 6t	台班	545.58	0.200	0.023	–	–
其他机具费	元	–	–	–	61.730	16.840

7. 螺栓、螺栓套筒、螺栓固定架

工作内容:1.螺栓制作及安装。2.螺栓套筒制作及安装。3.螺栓固定架制作及安装。 单位:t

定　额　编　号			1-4-307	1-4-308	1-4-309	1-4-310	1-4-311
项　　　目			螺栓	螺栓	螺栓	螺栓套筒	
			柱基础		设备基础	套筒	波纹管
基　　　价　（元）			**12490.55**	**9241.72**	**11744.58**	**9840.69**	**10600.65**
其中	人　工　费　（元）		3624.00	1837.50	2743.50	2388.00	2139.00
	材　料　费　（元）		6352.10	7387.30	6052.31	4526.47	5004.90
	机　械　费　（元）		2514.45	16.92	2948.77	2926.22	3456.75
名　　　称	单位	单价（元）	数		量		
人工	综合工日	工日	75.00	48.320	24.500	36.580	31.840	28.520
材料	热轧中厚钢板 δ=10~16	kg	3.70	–	–	–	848.690	168.000
	预埋螺栓	kg	7.15	–	1010.000	–	–	–
	槽钢18号以上	kg	4.00	–	–	–	261.620	–
	光圆钢筋 φ15~24	kg	3.90	–	–	854.000	–	–
	圆钢 φ>32	kg	4.10	1080.000	–	–	–	–
	波纹管 φ50	kg	4.50	–	–	–	–	936.360
	电焊条 结422 φ2.5	kg	5.04	10.000	10.000	6.000	32.000	14.000
	氧气	m³	3.60	2.600	–	2.200	6.400	1.800
	乙炔气	m³	25.20	0.870	–	0.730	2.400	0.510

单位:t

定 额 编 号			1-4-307	1-4-308	1-4-309	1-4-310	1-4-311
项 目			螺栓	螺栓	螺栓	螺栓套筒	
			柱基础		设备基础	套筒	波纹管
材料	精制六角螺母	kg	11.75	146.980	–	217.000	–	–
	醇酸防锈漆 C53－1 铁红	kg	16.72	6.800	6.800	6.800	5.600	4.700
	溶剂汽油 120 号	kg	5.01	0.340	0.340	0.340	0.280	0.240
机械	电动双梁桥式起重机 15t/3t	台班	500.21	0.200	–	0.200	0.200	0.200
	龙门式起重机 20t	台班	672.97	0.010	–	0.010	0.010	0.010
	汽车式起重机 5t	台班	546.38	0.460	–	0.594	0.583	0.234
	平板拖车组 20t	台班	1264.92	0.200	–	0.200	0.200	0.200
	电动空气压缩机 6m³/min	台班	338.45	0.050	0.050	0.050	0.050	0.050
	型钢剪断机 500mm	台班	238.96	0.600	–	0.500	0.600	0.600
	型钢矫正机	台班	131.92	0.360	–	0.286	–	–
	剪板机 40mm×3100mm	台班	775.86	–	–	–	0.221	0.085
	多辊板料校平机 16mm×2500mm	台班	1855.90	–	–	–	0.048	0.028
	刨边机 9000mm	台班	711.64	–	–	–	0.120	0.080
	普通车床 630mm×2000mm	台班	187.70	8.790	–	10.940	–	–
	立式铣床 320mm×1250mm	台班	192.36	–	–	–	5.320	8.600
	摇臂钻床 φ63mm	台班	175.00	–	–	–	3.850	5.200
	其他机械费	元	–	45.690	–	36.890	44.580	69.700

三、现场搅拌混凝土

1．现浇混凝土

（1）基础

工作内容: 混凝土水平运输、混凝土搅拌、浇捣、养护等。

单位:10m³

定　额　编　号			1-4-312	1-4-313	1-4-314	1-4-315	1-4-316
项　　　　　目			带形基础		独立基础		杯形基础
			毛石混凝土	混凝土	毛石混凝土	混凝土	
基　　　价　（元）			**2581.41**	**2779.29**	**2610.34**	**2835.31**	**2870.81**
其中	人　工　费　（元）		647.70	690.45	720.38	744.00	777.75
	材　料　费　（元）		1733.83	1854.29	1702.38	1856.76	1858.51
	机　械　费　（元）		199.88	234.55	187.58	234.55	234.55
名　　　称	单位	单价(元)	数			量	
人工 综合工日	工日	75.00	8.636	9.206	9.605	9.920	10.370
材料 现浇混凝土 C15－40(碎石)	m³	176.48	8.630	10.150	8.120	10.150	10.150
塑料薄膜	m²	0.76	9.560	10.080	12.680	13.040	14.680
毛石	m³	61.00	2.740	－	3.650	－	－
水	t	4.00	9.100	9.250	9.270	9.300	9.420
其他材料费	元	－	－	18.360	－	18.380	18.400
机械 混凝土搅拌机(机动) 400L 以内	台班	301.75	0.281	0.332	0.262	0.332	0.332
机动翻斗车 1t	台班	193.00	0.561	0.655	0.527	0.655	0.655
混凝土振捣器 插入式	台班	12.14	0.561	0.655	0.561	0.655	0.655

工作内容:同前

定 额 编 号			1-4-317	1-4-318	1-4-319
项 目			满堂基础		桩承台
			无梁式	有梁式	基础
基 价 (元)			**2761.79**	**2864.55**	**3061.40**
其中	人 工 费 (元)		663.68	766.28	971.55
	材 料 费 (元)		1863.56	1863.72	1855.30
	机 械 费 (元)		234.55	234.55	234.55
名 称	单位	单价(元)	数		量
人工 综合工日	工日	75.00	8.849	10.217	12.954
材料 现浇混凝土 C15-40(碎石)	m³	176.48	10.150	10.150	10.150
塑料薄膜	m²	0.76	19.840	19.840	11.760
水	t	4.00	9.690	9.730	9.180
其他材料费	元	–	18.450	18.450	18.370
机械 混凝土搅拌机(机动) 400L 以内	台班	301.75	0.332	0.332	0.332
机动翻斗车 1t	台班	193.00	0.655	0.655	0.655
混凝土振捣器 插入式	台班	12.14	0.655	0.655	0.655

定 额 编 号			1-4-320	1-4-321	1-4-322	1-4-323	1-4-324	1-4-325
项 目			设备基础				二次灌浆	
			毛石混凝土	混凝土	框架设备基础	箱形设备基础	细石混凝土	CGM 灌浆料
基 价 (元)			**2564.45**	**2755.40**	**3928.27**	**3475.71**	**4059.23**	**66398.28**
其中	人 工 费 (元)		691.73	672.60	1385.40	942.75	2035.58	2034.30
	材 料 费 (元)		1684.95	1848.25	2282.92	2273.01	1923.47	63790.87
	机 械 费 (元)		187.77	234.55	259.95	259.95	100.18	573.11
名 称	单位	单价(元)	数			量		
人工 综合工日	工日	75.00	9.223	8.968	18.472	12.570	27.141	27.124
材料 现浇混凝土 C15-40(碎石)	m³	176.48	8.120	10.150	-	-	-	-
现浇混凝土 C20-40(碎石)	m³	187.93	-	-	-	-	10.150	-
现浇混凝土 C30-40(碎石)	m³	218.94	-	-	9.860	9.880	-	-
水泥砂浆 1:2	m³	243.72	-	-	0.310	0.280	-	-
塑料薄膜	m²	0.76	2.640	13.040	23.800	16.300	-	-
灌浆料	kg	3.25	-	-	-	-	-	19219.000
毛石	m³	61.00	3.650	-	-	-	-	-

单位:10m³

定 额 编 号				1-4-320	1-4-321	1-4-322	1-4-323	1-4-324	1-4-325
项 目				设备基础				二次灌浆	
				毛石混凝土	混凝土	框架设备基础	箱形设备基础	细石混凝土	CGM 灌浆料
材 料	模板板方材	m³	1600.00	–	–	–	–	–	0.400
	隔离剂	kg	6.70	–	–	–	–	–	2.300
	铁钉	kg	4.86	–	–	–	–	–	4.400
	水	t	4.00	6.820	7.191	7.633	7.314	3.995	5.185
	其他材料费	元	–	–	18.300	–	–	–	631.590
机 械	混凝土搅拌机(机动) 400L 以内	台班	301.75	0.264	0.332	0.536	0.536	0.332	–
	机动翻斗车 1t	台班	193.00	0.527	0.655	0.442	0.442	–	–
	混凝土振捣器 插入式	台班	12.14	0.527	0.655	1.063	1.063	–	–
	木工圆锯机 φ500mm	台班	27.63	–	–	–	–	–	0.170
	载货汽车 4t	台班	466.52	–	–	–	–	–	0.085
	电动空气压缩机 0.6m³/min	台班	130.54	–	–	–	–	–	0.850
	灰浆搅拌机 200L	台班	126.18	–	–	–	–	–	1.420
	挤压式灰浆输送泵 3m³/h	台班	165.14	–	–	–	–	–	1.445

定　额　编　号			1-4-326	1-4-327
项　　　　　　目			填充混凝土	混凝土包柱脚
基　　　价　（元）			**3170.80**	**3002.28**
其中	人　工　费　（元）		868.50	775.50
	材　料　费　（元）		1835.71	1947.28
	机　械　费　（元）		466.59	279.50
名　　　　　称	单位	单价(元)	数	量
人工　综合工日	工日	75.00	11.580	10.340
材	现浇混凝土 C15－40（碎石）	m³	176.48	10.100	－
	现浇混凝土 C20－40（碎石）	m³	187.93	－	10.100
	塑料薄膜	m²	0.76	19.840	13.040
	水	t	4.00	5.000	5.000
料	其他材料费	元	－	18.180	19.280
机	混凝土搅拌机（机动）400L以内	台班	301.75	1.010	0.390
	机动翻斗车 1t	台班	193.00	0.790	0.790
械	混凝土振捣器 插入式	台班	12.14	0.770	0.770

(2)柱

工作内容:混凝土水平运输、混凝土搅拌、浇捣、养护等。

单位:10m³

定 额 编 号				1-4-328	1-4-329	1-4-330
项 目				矩形柱	圆形柱及多边形柱	构造柱
基 价 (元)				**3582.07**	**3587.15**	**4260.92**
其中	人 工 费 (元)			1354.73	1360.43	2035.58
	材 料 费 (元)			1967.50	1966.88	1965.50
	机 械 费 (元)			259.84	259.84	259.84
名 称		单位	单价(元)	数		量
人工	综合工日	工日	75.00	18.063	18.139	27.141
材料	现浇混凝土 C20-40(碎石)	m³	187.93	9.860	9.860	9.860
	水泥砂浆 1:2	m³	243.72	0.310	0.310	0.310
	塑料薄膜	m²	0.76	4.000	3.440	3.360
	水	t	4.00	8.980	8.930	8.600
机械	混凝土振捣器 插入式	台班	12.14	1.054	1.054	1.054
	混凝土搅拌机(机动) 400L 以内	台班	301.75	0.536	0.536	0.536
	机动翻斗车 1t	台班	193.00	0.442	0.442	0.442

（3）梁

工作内容:混凝土水平运输、混凝土搅拌、浇捣、养护等。

单位:10m³

定　额　编　号				1-4-331	1-4-332	1-4-333
项　　目				基础梁	单梁连续梁	异形梁
基　　价　（元）				**3059.91**	**2918.30**	**3225.35**
其中	人　工　费　（元）			814.13	672.60	972.23
	材　料　费　（元）			1986.04	1985.96	1991.14
	机　械　费　（元）			259.74	259.74	261.98
名　　称		单位	单价（元）	数		量
人工	综合工日	工日	75.00	10.855	8.968	12.963
材料	现浇混凝土 C20–40（碎石）	m³	187.93	10.150	10.150	10.150
	塑料薄膜	m²	0.76	24.120	23.800	28.920
	水	t	4.00	10.140	10.180	10.490
	其他材料费	元	–	19.660	19.660	19.710
机械	混凝土振捣器 插入式	台班	12.14	1.046	1.046	1.230
	混凝土搅拌机（机动）400L 以内	台班	301.75	0.536	0.536	0.536
	机动翻斗车 1t	台班	193.00	0.442	0.442	0.442

定　额　编　号			1-4-334	1-4-335	1-4-336	1-4-337	1-4-338	1-4-339
项　　　　　目			圈梁	过梁	弧形梁拱形梁	叠合梁	拱形过梁弧形过梁	斜梁(坡度30°以内)
基　　　价　　(元)			**3683.74**	**3953.73**	**3692.21**	**3316.54**	**3784.26**	**3163.91**
其中	人　工　费　(元)		1431.23	1656.23	1431.23	1136.03	1610.33	1052.55
	材　料　费　(元)		1996.24	2037.76	2001.24	2006.66	2000.08	1937.51
	机　械　费　(元)		256.27	259.74	259.74	173.85	173.85	173.85
名　　　称	单位	单价(元)	数			量		
人工 综合工日	工日	75.00	19.083	22.083	19.083	15.147	21.471	14.034
材料 现浇混凝土 C20-40(碎石)	m³	187.93	10.150	10.150	10.150	10.000	10.000	10.000
塑料薄膜	m²	0.76	33.040	74.280	39.920	88.840	79.760	23.800
水	t	4.00	10.970	13.410	10.900	14.960	15.040	10.030
其他材料费	元	－	19.760	20.180	19.810	－	－	－
机械 滚筒式混凝土搅拌机(内燃) 500L	台班	305.79	－	－	－	0.527	0.527	0.527
混凝土振捣器 插入式	台班	12.14	0.760	1.046	1.046	1.046	1.046	1.046
混凝土搅拌机(机动) 400L 以内	台班	301.75	0.536	0.536	0.536	－	－	－
机动翻斗车 1t	台班	193.00	0.442	0.442	0.442	－	－	－

（4）墙

工作内容：混凝土水平运输、混凝土搅拌、浇捣、养护等。

单位：10m³

定 额 编 号			1-4-340	1-4-341	1-4-342
项 目			墙		弧形
			毛石混凝土	混凝土	混凝土墙
基 价 （元）			**2850.97**	**3268.81**	**3316.73**
其中	人 工 费 （元）		864.45	1158.98	1206.15
	材 料 费 （元）		1741.66	1849.88	1850.63
	机 械 费 （元）		244.86	259.95	259.95
名 称	单位	单价（元）	数		量
人工 综合工日	工日	75.00	11.526	15.453	16.082
材料 现浇混凝土 C15－40（碎石）	m³	176.48	8.350	9.880	9.880
水泥砂浆 1：2	m³	243.72	0.280	0.280	0.280
毛石	m³	61.00	2.740	－	－
塑料薄膜	m²	0.76	3.880	3.080	3.800
水	t	4.00	7.430	8.920	8.970
机械 混凝土振捣器 插入式	台班	12.14	0.901	1.063	1.063
混凝土搅拌机（机动）400L 以内	台班	301.75	0.536	0.536	0.536
机动翻斗车 1t	台班	193.00	0.374	0.442	0.442

工作内容:同前

单位:10m³

定　额　编　号			1-4-343	1-4-344	1-4-345
项　　　　　目			电梯井壁	大钢模板墙	建筑物滑模工程
基　　　价　　（元）			**3243.25**	**3101.49**	**3337.09**
其中	人　工　费　（元）		1130.93	990.68	981.75
	材　料　费　（元）		1852.78	1851.27	1859.64
	机　械　费　（元）		259.54	259.54	495.70
名　　　　　　　　称	单位	单价(元)	数		量
人工 综合工日	工日	75.00	15.079	13.209	13.090
材料 现浇混凝土 C15－40(碎石)	m³	176.48	9.880	9.880	10.150
水泥砂浆 1：2	m³	243.72	0.280	0.280	－
无缝钢管 φ38×2.25	m	12.12	－	－	1.430
高压水管	m	13.10	－	－	1.190
塑料薄膜	m²	0.76	4.680	4.800	1.480
水	t	4.00	9.340	8.940	8.580
机械 混凝土振捣器 插入式	台班	12.14	1.029	1.029	1.063
混凝土搅拌机(机动) 400L 以内	台班	301.75	0.536	0.536	0.536
机动翻斗车 1t	台班	193.00	0.442	0.442	－
电动多级离心清水泵 φ150mm 180m 以下	台班	755.43	－	－	0.425

(5)板

工作内容:混凝土水平运输、混凝土搅拌、浇捣、养护等。

单位:10m³

定 额 编 号			1-4-346	1-4-347	1-4-348	1-4-349	1-4-350
项 目			无梁板	平板	拱板	半球壳板	斜板 (坡度30°以内)
基 价 (元)			**2914.80**	**3028.35**	**3471.62**	**3471.30**	**3095.11**
其中	人 工 费 (元)		766.28	859.35	1229.78	1339.43	912.90
	材 料 费 (元)		1887.83	1908.31	1981.15	1958.02	2007.41
	机 械 费 (元)		260.69	260.69	260.69	173.85	174.80
名 称	单位	单价(元)	数		量		
人工 综合工日	工日	75.00	10.217	11.458	16.397	17.859	12.172
材料 现浇混凝土 C15-40(碎石)	m³	176.48	10.150	10.150	-	-	-
现浇混凝土 C20-40(碎石)	m³	187.93	-	-	10.150	10.000	10.000
塑料薄膜	m²	0.76	42.040	56.880	18.000	41.320	88.040
水	t	4.00	11.480	13.730	10.090	11.830	15.300
其他材料费	元	-	18.690	18.890	19.620	-	-
机械 滚筒式混凝土搅拌机(内燃) 500L	台班	305.79	-	-	-	0.527	0.527
混凝土振捣器 插入式	台班	12.14	0.527	0.527	0.527	1.046	0.527
混凝土振捣器 平板式 BL11	台班	13.76	0.527	0.527	0.527	-	0.527
混凝土搅拌机(机动) 400L 以内	台班	301.75	0.536	0.536	0.536	-	-
机动翻斗车 1t	台班	193.00	0.442	0.442	0.442	-	-

（6）其他

工作内容：混凝土水平运输、混凝土搅拌、浇捣、养护等。

单位：10m² 投影面积

定 额 编 号				1-4-351	1-4-352
项 目				楼 梯	
				直形	弧形
基 价 （元）				**935.16**	**702.14**
其中	人 工 费 （元）			387.00	307.28
	材 料 费 （元）			457.30	330.21
	机 械 费 （元）			90.86	64.65
名 称		单位	单价（元）	数	量
人工	综合工日	工日	75.00	5.160	4.097
材料	现浇混凝土 C15－40（碎石）	m³	176.48	2.490	1.780
	塑料薄膜	m²	0.76	8.720	9.420
	水	t	4.00	2.810	2.230
机械	混凝土振捣器 插入式	台班	12.14	0.425	0.298
	混凝土搅拌机（机动）400L 以内	台班	301.75	0.213	0.153
	机动翻斗车 1t	台班	193.00	0.111	0.077

工作内容:混凝土水平运输、混凝土搅拌、浇捣、养护等。

单位:10m³

定 额 编 号				1-4-353	1-4-354
项 目				阳台	雨篷
基 价 （元）				**3708.63**	**3735.31**
其 中	人 工 费 （元）			1467.53	1449.68
	材 料 费 （元）			1995.13	2025.89
	机 械 费 （元）			245.97	259.74
名 称		单位	单价(元)	数 量	
人 工	综合工日	工日	75.00	19.567	19.329
材 料	现浇混凝土 C20-40(碎石)	m³	187.93	10.000	10.000
	塑料薄膜	m²	0.76	68.200	105.720
	水	t	4.00	16.000	16.560
机 械	混凝土振捣器 插入式	台班	12.14	1.420	1.471
	滚筒式混凝土搅拌机(内燃) 500L	台班	305.79	0.748	0.791

工作内容:同前

定　　额　　编　　号				1-4-355	1-4-356	1-4-357	1-4-358
项　　　　　　　　目				地沟电缆沟	栏板	扶手	柱接柱及框架柱接头
基　　　价　（元）				**3150.32**	**4092.87**	**5677.23**	**4030.60**
其中	人　工　费（元）			939.68	1974.38	3476.93	1913.18
	材　料　费（元）			1848.21	1844.56	1943.81	1843.49
	机　械　费（元）			362.43	273.93	256.49	273.93
名　　　　称		单位	单价(元)	数			量
人工	综合工日	工日	75.00	12.529	26.325	46.359	25.509
材料	现浇混凝土 C15－40(碎石)	m³	176.48	10.150	10.150	10.150	10.150
	塑料薄膜	m²	0.76	20.440	10.960	73.600	20.760
	水	t	4.00	10.350	11.240	24.150	9.110
机械	混凝土振捣器 插入式	台班	12.14	1.700	1.437	－	1.437
	混凝土搅拌机(机动)400L 以内	台班	301.75	0.850	0.850	0.850	0.850
	机动翻斗车 1t	台班	193.00	0.442	－	－	－

定 额 编 号			1-4-359	1-4-360	1-4-361	1-4-362	1-4-363
项 目			台阶 10m²	小型构件	挑檐天沟	压顶	小型池槽
			投影面积				
基 价 （元）			**583.64**	**4247.33**	**3658.21**	**3964.81**	**4173.78**
其中	人 工 费 （元）		218.70	2002.43	1344.90	1744.88	1949.48
	材 料 费 （元）		319.60	1970.97	1954.28	1946.00	1950.37
	机 械 费 （元）		45.34	273.93	359.03	273.93	273.93
名 称	单位	单价(元)	数		量		
人工	综合工日	工日	75.00	2.916	26.699	17.932	23.265	25.993
材料	现浇混凝土 C15-40(碎石)	m³	176.48	1.730	10.150	10.150	10.150	10.150
	塑料薄膜	m²	0.76	7.488	88.760	132.320	96.800	128.240
	水	t	4.00	2.150	28.060	15.610	20.290	15.410
机械	混凝土振捣器 插入式	台班	12.14	0.131	1.437	1.420	1.437	1.437
	混凝土搅拌机(机动)400L 以内	台班	301.75	0.145	0.850	0.850	0.850	0.850
	机动翻斗车 1t	台班	193.00	-	-	0.442	-	-

工作内容: 1.混凝土接触面旧口凿毛、冲刷及扫水泥砂浆。2.混凝土搅拌、场内水平运输、浇捣、养护等。 单位:10m³

定 额 编 号			1-4-364	1-4-365	1-4-366
项 目			混凝土后浇带		
			板	墙	满堂基础
基 价 (元)			**3536.47**	**3615.77**	**3217.42**
其中	人 工 费 (元)		916.73	1332.38	680.25
	材 料 费 (元)		2414.09	2081.44	2264.94
	机 械 费 (元)		205.65	201.95	272.23
名 称	单位	单价(元)	数		量
人工 综合工日	工日	75.00	12.223	17.765	9.070
材料 水	t	4.00	12.740	8.605	9.632
塑料薄膜	m²	0.76	56.880	3.080	19.840
现浇混凝土 C30-40(碎石)	m³	218.94	—	—	10.100
现浇混凝土 C30-20(碎石)	m³	231.99	10.000	—	—
现浇混凝土 C20-20(碎石)	m³	195.25	—	9.800	—
水泥砂浆 1:2	m³	243.72	—	0.280	—
普通硅酸盐水泥 42.5	t	360.00	—	0.117	—
砂	t	42.00	—	—	0.001
碎石	t	41.00	—	0.509	—
机械 滚筒式混凝土搅拌机(内燃) 500L	台班	305.79	0.620	0.600	0.380
混凝土振捣器 插入式	台班	12.14	0.620	1.210	0.770
混凝土振捣器 平板式 BL11	台班	13.76	0.620	—	—
灰浆搅拌机 200L	台班	126.18	—	0.030	—
机动翻斗车 1t	台班	193.00	—	—	0.760

工作内容:1.挖土、抛于槽边1m外,修理槽壁与槽底、拍底。2.铺设垫层、找平、夯实灰土垫层(包括焖灰、筛灰、筛土)。3.散水模板制安拆,混凝土搅拌、浇灌、养护。4.刷素水泥浆。5.调运砂浆、一次抹光。6.灌缝、基础回填等。　　单位:100m²

定　额　编　号			1-4-367	1-4-368	1-4-369
项　　　目			散水	防滑坡道	
			混凝土一次抹光	抹水泥浆搓面层	抹水泥豆石浆
				(斜面积)	
基　　价（元）			**6455.37**	**8782.77**	**8830.03**
其中	人　工　费（元）		3719.18	5622.75	5725.43
	材　料　费（元）		2603.02	2984.22	2933.55
	机　械　费（元）		133.17	175.80	171.05
名　　称	单位	单价（元）	数		量
人工 综合工日	工日	75.00	49.589	74.970	76.339
材料 现浇混凝土 C15-40(碎石)	m³	176.48	7.110	6.060	6.400
水泥砂浆 1:1	m³	306.36	0.510	–	–
水泥砂浆 1:2	m³	243.72	–	2.760	2.040
沥青砂浆 1:2:7	m³	1178.60	0.490	0.260	0.200
素水泥浆	m³	497.74	–	0.110	0.100

单位:100m²

定　额　编　号			1-4-367	1-4-368	1-4-369
项　　　　　目			散水	防滑坡道	
				抹水泥浆搓面层	抹水泥豆石浆
			混凝土一次抹光	（斜面积）	
材料	灰土 3:7	m³	28.00	16.160	30.300	31.980
	石油沥青 30 号	kg	3.80	0.400	–	–
	烟煤	t	650.00	0.094	0.050	–
	木模板	m³	1389.00	0.053	–	–
	普通硅酸盐水泥 32.5	t	330.00	–	–	0.001
	沥青胶泥灌缝	kg	11.00	–	–	32.850
	其他材料费	元	–	25.770	–	–
机械	滚筒式混凝土搅拌机(电动) 500L	台班	200.88	0.440	0.380	0.400
	混凝土振捣器 平板式 BL11	台班	13.76	0.370	0.760	0.760
	灰浆搅拌机 200L	台班	126.18	0.125	0.350	0.260
	夯实机(电动) 20~62N·m	台班	33.64	0.711	1.333	1.410

工作内容：1. 挖土、抛于槽边1m外，修理槽壁与槽底、拍底。2. 铺设垫层、找平、夯实灰土垫层（包括焖灰、筛灰、筛土）。
　　　　　3. 明沟模板制安拆，混凝土搅拌、浇注、养护。4. 基础回填等。

单位：10m

定　额　编　号				1-4-370
项　　　　目				明沟
				混凝土抹水泥砂浆
基　　价　（元）				**1699.77**
其中	人　工　费　（元）			657.30
	材　料　费　（元）			1008.05
	机　械　费　（元）			34.42
名　　　　　称	单位	单价（元）	数　　　　量	
人工 综合工日	工日	75.00	8.764	
材料 现浇混凝土 C15－40（碎石）	m³	176.48	2.610	
水泥砂浆 1：1	m³	306.36	0.122	
水	t	4.00	1.664	
木模板	m³	1389.00	0.185	
砂	t	42.00	2.090	
碎石	t	41.00	3.516	
铁钉	kg	4.86	0.930	
其他材料费	元	－	9.980	
机械 滚筒式混凝土搅拌机（电动）500L	台班	200.88	0.140	
混凝土振捣器 插入式	台班	12.14	0.150	
混凝土振捣器 平板式 BL11	台班	13.76	0.050	
灰浆搅拌机 200L	台班	126.18	0.030	

工作内容:混凝土表面錾凿,清除石渣。 单位:m²

定　额　编　号	1-4-371
项　　　　　目	混凝土凿毛
基　　　价　（元）	**42.98**

其 中	人　工　费（元）	42.98
	材　料　费（元）	-
	机　械　费（元）	-

	名　　　　称	单位	单价(元)	数　　　量
人 工	综合工日	工日	75.00	0.573

2. 预制混凝土
(1) 桩

工作内容: 混凝土水平运输、混凝土搅拌、浇捣、养护等。

单位: 10m³

定 额 编 号				1-4-372	1-4-373
项 目				方 桩	桩 尖
基 价 (元)				**3113.15**	**3116.70**
其中	人 工 费 (元)			613.95	627.98
	材 料 费 (元)			2163.57	2153.09
	机 械 费 (元)			335.63	335.63
名 称		单位	单价(元)	数	量
人工	综合工日	工日	75.00	8.186	8.373
材料	现浇混凝土 C25-40(碎石)	m³	205.99	10.150	10.150
	模板板方材	m³	1600.00	0.001	—
	塑料薄膜	m²	0.76	11.040	1.440
	水	t	4.00	10.340	9.970
	其他材料费	元	—	21.420	21.320
机械	混凝土振捣器 插入式	台班	12.14	0.400	0.400
	混凝土搅拌机(机动) 400L 以内	台班	301.75	0.213	0.213
	机动翻斗车 1t	台班	193.00	0.536	0.536
	皮带运输机 15m×0.5m	台班	230.18	0.213	0.213
	塔式起重机 60kN·m	台班	535.35	0.213	0.213

（2）柱

工作内容：混凝土水平运输、混凝土搅拌、浇捣、养护、成品堆放等。

单位：10m³

定　额　编　号				1-4-374	1-4-375
项　　　目				矩形柱	异形柱
基　　价　（元）				**2950.79**	**2964.04**
其中	人　工　费　（元）			803.93	822.38
	材　料　费　（元）			1979.67	1974.47
	机　械　费　（元）			167.19	167.19
名　　　　称		单位	单价（元）	数　　量	
人工	综合工日	工日	75.00	10.719	10.965
材料	现浇混凝土 C20-40（碎石）	m³	187.93	10.150	10.150
	塑料薄膜	m²	0.76	15.400	10.940
	水	t	4.00	10.220	9.780
	其他材料费	元	—	19.600	19.550
机械	混凝土振捣器 插入式	台班	12.14	0.655	0.655
	混凝土搅拌机（机动）400L 以内	台班	301.75	0.332	0.332
	机动翻斗车 1t	台班	193.00	0.306	0.306

（3）梁

工作内容: 混凝土水平运输、混凝土搅拌、浇捣、养护、成品堆放等。

单位:10m³

定 额 编 号			1-4-376	1-4-377	1-4-378	1-4-379
项 目			矩形梁、基础梁	异形梁	过梁	拱形梁
基 价 （元）			**2777.76**	**3031.28**	**3406.36**	**3313.04**
其中	人 工 费 （元）		460.28	710.18	1276.28	1146.90
	材 料 费 （元）		1981.42	1985.04	2021.95	1998.95
	机 械 费 （元）		336.06	336.06	108.13	167.19
名 称	单位	单价(元)	数		量	
人工 综合工日	工日	75.00	6.137	9.469	17.017	15.292
材料 现浇混凝土 C20-40(碎石)	m³	187.93	10.150	10.150	10.150	10.150
模板板方材	m³	1600.00	0.003	0.004	0.015	0.009
塑料薄膜	m²	0.76	11.200	12.080	28.840	18.200
水	t	4.00	10.250	10.580	12.130	10.860
其他材料费	元	-	19.620	19.650	20.020	19.790
机械 混凝土振捣器 插入式	台班	12.14	0.435	0.435	0.655	0.655
混凝土搅拌机(机动) 400L 以内	台班	301.75	0.213	0.213	0.332	0.332
机动翻斗车 1t	台班	193.00	0.536	0.536	-	0.306
皮带运输机 15m×0.5m	台班	230.18	0.213	0.213	-	-
塔式起重机 60kN·m	台班	535.35	0.213	0.213	-	-

工作内容:同前

定 额 编 号			1-4-380	1-4-381	1-4-382	1-4-383
项　　　　　目			T形吊车梁	鱼腹式吊车梁	托架梁	风道梁
基　　价　（元）			**3465.04**	**3402.04**	**3438.78**	**3430.70**
其 中	人　工　费（元）		1001.55	933.98	976.65	949.28
	材　料　费（元）		2296.30	2300.87	2294.94	2314.23
	机　械　费（元）		167.19	167.19	167.19	167.19
名　　　称	单位	单价(元)	数		量	
人工 综合工日	工日	75.00	13.354	12.453	13.022	12.657
材 料	现浇混凝土 C30-40(碎石)	m³	218.94	10.150	10.150	10.150	10.150
	塑料薄膜	m²	0.76	12.000	15.960	12.080	29.320
	水	t	4.00	10.550	10.930	10.200	11.700
	其他材料费	元	-	22.740	22.780	22.720	22.910
机 械	混凝土振捣器 插入式	台班	12.14	0.655	0.655	0.655	0.655
	混凝土搅拌机(机动) 400L 以内	台班	301.75	0.332	0.332	0.332	0.332
	机动翻斗车 1t	台班	193.00	0.306	0.306	0.306	0.306

（4）屋架

工作内容:混凝土水平运输、混凝土搅拌、浇捣、养护、成品堆放。

单位:10m³

定 额 编 号			1-4-384	1-4-385	1-4-386	1-4-387
项 目			屋 架			
			折线拱梯形	组合	三角形	薄腹
基 价 （元）			**3127.66**	**3184.17**	**3194.59**	**3228.21**
其中	人 工 费 （元）		972.23	1019.40	1022.55	1082.48
	材 料 费 （元）		1988.24	1997.58	2004.85	1978.54
	机 械 费 （元）		167.19	167.19	167.19	167.19
名 称	单位	单价（元）	数		量	
人工 综合工日	工日	75.00	12.963	13.592	13.634	14.433
材料 现浇混凝土 C20－40（碎石）	m³	187.93	10.150	10.150	10.150	10.150
塑料薄膜	m²	0.76	20.760	27.720	33.040	11.600
水	t	4.00	11.320	12.310	13.100	10.660
其他材料费	元	－	19.690	19.780	19.850	19.590
机械 混凝土振捣器 插入式	台班	12.14	0.655	0.655	0.655	0.655
混凝土搅拌机（机动）400L 以内	台班	301.75	0.332	0.332	0.332	0.332
机动翻斗车 1t	台班	193.00	0.306	0.306	0.306	0.306

工作内容:同前

定 额 编 号			1-4-388	1-4-389	1-4-390
项 目			门式刚架	天窗架	天窗端壁
基 价 (元)			**3168.86**	**3410.62**	**3259.91**
其中	人 工 费 (元)		988.80	990.68	783.53
	材 料 费 (元)		1995.37	2071.07	2127.51
	机 械 费 (元)		184.69	348.87	348.87
名 称	单位	单价(元)	数		量
人工 综合工日	工日	75.00	13.184	13.209	10.447
材料 现浇混凝土 C20-40(碎石)	m³	187.93	10.150	10.150	10.150
模板方材	m³	1600.00	–	0.043	0.035
塑料薄膜	m²	0.76	27.160	28.560	88.160
水	t	4.00	11.870	13.140	18.990
其他材料费	元	–	19.760	20.510	21.060
机械 混凝土振捣器 插入式	台班	12.14	0.655	0.425	0.425
混凝土搅拌机(机动)400L以内	台班	301.75	0.390	0.213	0.213
机动翻斗车 1t	台班	193.00	0.306	0.603	0.603
皮带运输机 15m×0.5m	台班	230.18	–	0.213	0.213
塔式起重机 60kN·m	台班	535.35		0.213	0.213

(5)板

工作内容: 混凝土水平运输、混凝土搅拌、浇捣、养护、成品堆放等。

单位:10m³

定 额 编 号				1-4-391	1-4-392	1-4-393
项 目				F形板	平板	槽形板
基 价 (元)				**3046.15**	**3222.34**	**3008.32**
其中	人 工 费 (元)			592.28	834.53	599.93
	材 料 费 (元)			2113.58	2047.52	2068.10
	机 械 费 (元)			340.29	340.29	340.29
名 称		单位	单价(元)	数		量
人工	综合工日	工日	75.00	7.897	11.127	7.999
材料	现浇混凝土 C20-40(碎石)	m³	187.93	10.150	10.150	10.150
	模板板方材	m³	1600.00	0.019	0.028	0.014
	塑料薄膜	m²	0.76	78.840	13.000	66.280
	水	t	4.00	23.710	16.270	16.840
	其他材料费	元	-	20.930	20.270	20.480
机械	混凝土振捣器 插入式	台班	12.14	0.425	0.425	0.425
	混凝土搅拌机(机动) 400L 以内	台班	301.75	0.213	0.213	0.213
	机动翻斗车 1t	台班	193.00	0.603	0.603	0.603
	皮带运输机 15m×0.5m	台班	230.18	0.213	0.213	0.213
	塔式起重机 60kN·m	台班	535.35	0.111	0.111	0.111
	龙门式起重机 10t	台班	414.69	0.111	0.111	0.111

定 额 编 号				1-4-394	1-4-395	1-4-396
项 目				大型屋面板	大墙板	大型多孔墙面板
基 价 (元)				**3059.96**	**2990.85**	**3254.33**
其中	人 工 费 (元)			610.73	649.65	866.40
	材 料 费 (元)			2108.94	2000.91	2047.64
	机 械 费 (元)			340.29	340.29	340.29
名 称	单位	单价(元)		数		量
人工	综合工日	工日	75.00	8.143	8.662	11.552
材料	现浇混凝土 C20-40(碎石)	m³	187.93	10.150	10.150	10.150
	模板板方材	m³	1600.00	0.023	0.009	0.013
	塑料薄膜	m²	0.76	66.280	16.750	37.420
	水	t	4.00	23.350	11.620	17.660
	其他材料费	元	—	20.880	19.810	20.270
机械	混凝土振捣器 插入式	台班	12.14	0.425	0.425	0.425
	混凝土搅拌机(机动) 400L 以内	台班	301.75	0.213	0.213	0.213
	机动翻斗车 1t	台班	193.00	0.603	0.603	0.603
	皮带运输机 15m×0.5m	台班	230.18	0.213	0.213	0.213
	塔式起重机 60kN·m	台班	535.35	0.111	0.111	0.111
	龙门式起重机 10t	台班	414.69	0.111	0.111	0.111

单位:10m³

定　额　编　号			1-4-397	1-4-398	1-4-399	1-4-400	1-4-401
项　　　　　目			挑檐板	天沟板	天窗侧板	网架板	架空隔热板
基　　价　（元）			**3566.05**	**3709.80**	**3373.35**	**3545.78**	**4375.79**
其中	人　工　费　（元）		1244.40	1464.98	1142.40	1177.50	1475.18
	材　料　费　（元）		2154.46	2077.63	2063.76	2201.09	2733.42
	机　械　费　（元）		167.19	167.19	167.19	167.19	167.19
名　　　　称	单位	单价(元)	数		量		
人工	综合工日	工日	75.00	16.592	19.533	15.232	15.700	19.669
材料	现浇混凝土 C20-40(碎石)	m³	187.93	10.150	10.150	10.150	10.150	10.150
	模板板方材	m³	1600.00	0.073	0.030	0.012	0.069	0.350
	塑料薄膜	m²	0.76	41.000	46.800	58.000	88.070	147.200
	水	t	4.00	19.420	16.500	18.140	23.620	31.750
	其他材料费	元	-	21.330	20.570	20.430	21.790	27.060
机械	混凝土振捣器 插入式	台班	12.14	0.655	0.655	0.655	0.655	0.655
	混凝土搅拌机(机动) 400L 以内	台班	301.75	0.332	0.332	0.332	0.332	0.332
	机动翻斗车 1t	台班	193.00	0.306	0.306	0.306	0.306	0.306

单位:10m³

定　额　编　号				1-4-402	1-4-403	1-4-404
项　　目				天窗端壁板	地沟盖板	井盖板
基　　价　（元）				**3076.96**	**3415.38**	**3519.09**
其中	人　工　费　（元）			602.33	1233.60	1079.33
	材　料　费　（元）			2146.58	2011.95	2099.70
	机　械　费　（元）			328.05	169.83	340.06
名　　　　称		单位	单价（元）	数		量
人工	综合工日	工日	75.00	8.031	16.448	14.391
材料	现浇混凝土 C20-40(碎石)	m³	187.93	10.150	10.150	10.150
	模板板方材	m³	1600.00	0.036	–	0.060
	塑料薄膜	m²	0.76	88.160	36.080	29.820
	水	t	4.00	23.310	14.280	13.190
	其他材料费	元	–	21.250	19.920	20.790
机械	混凝土振捣器 平板式 BL11	台班	13.76	0.425	0.770	0.425
	混凝土搅拌机(机动) 400L 以内	台班	301.75	0.213	0.332	0.213
	机动翻斗车 1t	台班	193.00	0.536	0.306	0.213
	皮带运输机 15m×0.5m	台班	230.18	0.213	–	0.536
	塔式起重机 60kN·m	台班	535.35	0.111	–	0.111
	龙门式起重机 10t	台班	414.69	0.111	–	0.111

(6)其他

工作内容:混凝土水平运输、混凝土搅拌、浇捣、养护、成品堆放等。

单位:10m³

定 额 编 号			1-4-405	1-4-406	1-4-407
项 目			檩条支撑天窗上下挡	雨篷	阳台
基 价 (元)			**3151.15**	**3225.05**	**3215.21**
其中	人 工 费 (元)		582.68	659.85	663.00
	材 料 费 (元)		2241.11	2237.84	2224.85
	机 械 费 (元)		327.36	327.36	327.36
名 称	单位	单价(元)	数		量
人工 综合工日	工日	75.00	7.769	8.798	8.840
材料 现浇混凝土 C25-40(碎石)	m³	205.99	10.150	10.150	10.150
模板板方材	m³	1600.00	0.016	0.031	0.019
塑料薄膜	m²	0.76	41.840	28.000	35.240
水	t	4.00	17.680	13.500	13.710
其他材料费	元	—	22.190	22.160	22.030
机械 混凝土振捣器 插入式	台班	12.14	0.425	0.425	0.425
混凝土搅拌机(机动)400L以内	台班	301.75	0.213	0.213	0.213
机动翻斗车 1t	台班	193.00	0.536	0.536	0.536
皮带运输机 15m×0.5m	台班	230.18	0.213	0.213	0.213
塔式起重机 60kN·m	台班	535.35	0.111	0.111	0.111
龙门式起重机 10t	台班	414.69	0.111	0.111	0.111

单位:10m³

定　额　编　号			1-4-408	1-4-409	1-4-410
项　　目			烟道、垃圾道、通风道	楼梯段	
				实心板	空心板
基　　价　(元)			**3634.24**	**2965.64**	**3049.53**
其中	人　工　费　(元)		1311.98	610.13	667.50
	材　料　费　(元)		1994.90	2028.15	2054.67
	机　械　费　(元)		327.36	327.36	327.36
名　　　　称	单位	单价(元)	数		量
人工 综合工日	工日	75.00	17.493	8.135	8.900
材料 现浇混凝土 C20-40(碎石)	m³	187.93	10.150	10.150	10.150
模板板方材	m³	1600.00	0.016	0.015	0.019
塑料薄膜	m²	0.76	4.600	36.080	43.480
水	t	4.00	9.640	12.290	15.850
其他材料费	元	-	19.750	20.080	20.340
机械 混凝土振捣器 插入式	台班	12.14	0.425	0.425	0.425
混凝土搅拌机(机动) 400L 以内	台班	301.75	0.213	0.213	0.213
机动翻斗车 1t	台班	193.00	0.536	0.536	0.536
皮带运输机 15m×0.5m	台班	230.18	0.213	0.213	0.213
塔式起重机 60kN·m	台班	535.35	0.111	0.111	0.111
龙门式起重机 10t	台班	414.69	0.111	0.111	0.111

定 额 编 号			1-4-411	1-4-412	1-4-413	1-4-414	1-4-415
项 目			楼梯斜梁	楼梯踏步	漏空花格	小型构件	井圈
基 价 (元)			**2975.92**	**3479.36**	**4515.95**	**4282.38**	**3674.09**
其中	人 工 费 (元)		581.40	869.55	1079.93	2061.68	1000.88
	材 料 费 (元)		2049.01	2264.30	3195.97	2112.57	2324.91
	机 械 费 (元)		345.51	345.51	240.05	108.13	348.30
名 称	单位	单价(元)	数		量		
人工 综合工日	工日	75.00	7.752	11.594	14.399	27.489	13.345
材料 现浇混凝土 C20-40(碎石)	m³	187.93	10.150	10.150	10.150	10.150	10.150
模板板方材	m³	1600.00	0.017	0.109	0.560	–	0.120
塑料薄膜	m²	0.76	49.200	86.720	221.160	150.000	200.000
水	t	4.00	14.160	23.520	48.190	17.540	12.600
其他材料费	元	–	20.290	22.420	31.640	20.920	23.020
机械 混凝土振捣器 插入式	台班	12.14	0.425	0.425	0.425	0.655	0.655
混凝土搅拌机(机动) 400L 以内	台班	301.75	0.213	0.213	0.213	0.332	0.213
机动翻斗车 1t	台班	193.00	0.630	0.630	0.630	–	0.630
皮带运输机 15m×0.5m	台班	230.18	0.213	0.213	0.213	–	0.213
塔式起重机 60kN·m	台班	535.35	0.111	0.111	–	–	0.111
龙门式起重机 10t	台班	414.69	0.111	0.111	–	–	0.111

工作内容: 制作包括砂浆调制、抹灰及养护、水磨石磨光打蜡、成品堆放。

单位:见表

定 额 编 号			1-4-416	1-4-417	1-4-418
项 目			水磨石		
			窗台板	隔断及其他	池槽
			(厚40mm)	(厚30mm)	
单 位			100m²		10m³
基 价 (元)			**8178.28**	**10543.50**	**27667.72**
其中	人 工 费 (元)		5216.70	7572.90	20541.53
	材 料 费 (元)		2943.38	2970.60	7067.63
	机 械 费 (元)		18.20	–	58.56
名 称	单位	单价(元)	数		量
人工 综合工日	工日	75.00	69.556	100.972	273.887
材 水泥白石子浆 1:2.5	m³	631.71	4.080	–	10.200
白水泥白石子浆 1:2	m³	847.52	–	3.030	–
塑料薄膜	m²	0.76	111.680	66.480	35.240
金刚石(三角形)	块	6.40	30.000	41.600	63.000
草酸	kg	4.50	1.000	1.000	2.540
石蜡	kg	5.80	2.650	2.650	8.520
煤油	kg	4.20	4.000	4.000	10.180
油漆溶剂油	kg	4.87	0.530	0.530	1.350
清油	kg	8.80	0.530	0.530	1.350
料 棉纱头	kg	6.34	1.100	1.100	2.800
水	t	4.00	9.560	8.740	13.600
机械 其他机具费	元	–	18.200	–	58.560

工作内容:池槽安装,包括砌砖腿及抹面。

单位:见表

定 额 编 号				1-4-419	1-4-420
项 目				混凝土及预制水磨石池槽安装	预制水磨石窗台板、隔断安装
单 位				10m³	100m²
基 价 (元)				**8385.82**	**2101.65**
其 中	人 工 费 (元)			5578.80	1932.30
	材 料 费 (元)			2779.66	164.79
	机 械 费 (元)			27.36	4.56
名 称		单位	单价(元)	数	量
人工	综合工日	工日	75.00	74.384	25.764
材 料	水泥砂浆 1:3	m³	205.32	2.660	0.790
	水泥砂浆 1:2.5	m³	227.55	1.350	–
	混合砂浆 M2.5	m³	136.80	2.190	–
	红砖 240×115×53	千块	300.00	5.300	–
	水	t	4.00	2.300	0.240
	其他材料费	元	–	27.520	1.630
机械	其他机具费	元	–	27.360	4.560

工作内容:清理基层、搅拌、水平运输、浇注、捣固、养护等。

单位:见表

定　额　编　号			1-4-421	1-4-422	1-4-423	1-4-424	1-4-425
项　　　　目			预制混凝土接头灌缝				
			杯形基础	圆孔板	柱	梁	板
单　　　　位			个	m³			
基　　价　（元）			**52.28**	**26.11**	**24.84**	**82.35**	**74.93**
其中	人　工　费　（元）		25.20	18.08	12.15	25.20	17.40
	材　料　费　（元）		26.76	7.07	9.87	53.20	54.39
	机　械　费　（元）		0.32	0.96	2.82	3.95	3.14
名　　称	单位	单价（元）	数		量		
人工 综合工日	工日	75.00	0.336	0.241	0.162	0.336	0.232
材料 现浇混凝土 C20-40（碎石）	m³	187.93	0.141	0.032	0.052	0.162	0.119
镀锌铁丝 8~12 号	kg	5.36	–	–	–	–	1.209
碎砖	m³	43.00	–	0.023	–	–	–
木模板	m³	1389.00	–	–	–	0.016	0.018
其他材料费	元	–	0.260	0.070	0.100	0.530	0.540
机械 其他机具费	元	–	0.320	0.960	2.820	3.950	3.140

定　额　编　号				1-4-426	1-4-427	1-4-428
项　　　　目				预制混凝土接头灌缝		
				半球壳板	斜板	其他构件
基　　　价　（元）				**90.56**	**82.71**	**75.77**
其中	人　工　费　（元）			20.93	19.13	42.00
	材　料　费　（元）			65.86	60.13	31.67
	机　械　费　（元）			3.77	3.45	2.10
名　　　称		单位	单价（元）	数		量
人工	综合工日	工日	75.00	0.279	0.255	0.560
材料	现浇混凝土 C20－40（碎石）	m³	187.93	0.143	0.131	0.087
	镀锌铁丝 8～12 号	kg	5.36	1.451	1.330	0.987
	木模板	m³	1389.00	0.022	0.020	0.007
	其他材料费	元	－	0.650	0.600	0.310
机械	其他机具费	元	－	3.768	3.454	2.100

工作内容:空腔防水,包括刷沥青、防水材料制作、安装等全部过程。

单位:10m³

定 额 编 号			1-4-429	1-4-430	1-4-431	1-4-432	1-4-433
项 目					接头灌缝		
					全装配壁板		
			外墙板空腔防水墙		空腔灌缝		大楼板接头灌缝
			厚28cm以内	厚28cm以外	外墙板	内墙板	
基 价 (元)			**268.21**	**256.20**	**795.33**	**592.14**	**79.64**
其中	人 工 费 (元)		162.60	135.15	436.73	400.05	40.80
	材 料 费 (元)		105.61	121.05	324.45	167.98	34.82
	机 械 费 (元)		—	—	34.15	24.11	4.02
名 称	单位	单价(元)	数			量	
人工 综合工日	工日	75.00	2.168	1.802	5.823	5.334	0.544
材料 石油沥青油毡 350 号	m²	2.55	5.330	4.330	—	—	—
塑料软管 φ2	kg	9.90	4.050	3.280	—	—	—
聚苯乙烯泡沫板 阻燃 容重 80~20kg/m³	m³	330.00	0.110	0.190	—	—	—
TG 胶	kg	3.30	1.280	1.040	—	—	—
石油沥青 10 号	kg	3.80	3.000	3.000	—	—	—
现浇混凝土 C20-15(碎石)	m³	195.20	—	—	1.430	0.370	0.160
混合砂浆 M10	m³	182.08	—	—	—	0.040	—
碎石	t	41.00	—	—	—	—	0.001
木模板	m³	1389.00	—	—	0.028	0.054	0.002
镀锌铁丝 20~22 号	kg	5.90	—	—	0.930	2.200	0.130
铁钉	kg	4.86	—	—	0.190	0.100	—
水	t	4.00	—	—	0.003	—	—
机械 滚筒式混凝土搅拌机(电动) 500L	台班	200.88	—	—	0.170	0.120	0.020

定 额 编 号	1-4-434
项 目	接头灌缝
	全装配壁板
	外墙板勾缝
基 价 (元)	**495.55**

其中	人 工 费 (元)	469.20
	材 料 费 (元)	26.35
	机 械 费 (元)	-

	名 称	单位	单价(元)	数 量
人工	综合工日	工日	75.00	6.256
材料	水泥砂浆 1:1	m³	306.36	0.060
	防水粉	kg	7.70	1.000
	水	t	4.00	0.002
	其他材料费	元	-	0.260

单位:100m

定　　额　　编　　号	1-4-435
项　　　　　　　　目	接头灌缝
	全装配壁板
	阳台板与外墙接缝
基　　　价　（元）	**590.35**

其中	人　工　费　（元）			430.35
	材　料　费　（元）			160.00
	机　械　费　（元）			–

	名　　　　　称	单位	单价(元)	数　　　　量
人工	综合工日	工日	75.00	5.738
材料	建筑胶油	kg	4.00	40.000

3. 预应力钢筋混凝土

（1）后张法构件

工作内容:混凝土水平运输、混凝土搅拌、浇注、养护、孔道灌浆。

单位:10m³

定 额 编 号			1-4-436	1-4-437	1-4-438	1-4-439	1-4-440
项　　　　目			吊车梁		托架梁	折线屋架	薄腹屋架
			T 形	鱼腹式		拱梯形	
基　　价　（元）			**3500.06**	**3745.15**	**3567.40**	**4317.27**	**4452.31**
其中	人　工　费（元）		1007.25	1245.00	1068.75	1665.75	1796.25
	材　料　费（元）		2296.30	2303.64	2302.14	2455.01	2459.55
	机　械　费（元）		196.51	196.51	196.51	196.51	196.51
名　　　　称	单位	单价（元）	数		量		
人工	综合工日	工日	75.00	13.430	16.600	14.250	22.210	23.950
材料	现浇混凝土 C30 – 40（碎石）	m³	218.94	10.150	10.150	10.150	–	–
	现浇混凝土 C35 – 40（碎石）	m³	232.89	–	–	–	10.150	10.150
	塑料薄膜	m²	0.76	12.000	19.560	21.720	28.400	37.800
	水	t	4.00	10.550	10.930	10.150	11.320	10.660
	其他材料费	元	–	22.740	22.810	22.790	24.310	24.350
机械	混凝土振捣器 插入式	台班	12.14	0.770	0.770	0.770	0.770	0.770
	混凝土搅拌机（机动）400L 以内	台班	301.75	0.390	0.390	0.390	0.390	0.390
	机动翻斗车 1t	台班	193.00	0.360	0.360	0.360	0.360	0.360

(2)先张法构件

工作内容:混凝土水平运输、混凝土搅拌、浇注、养护、成品堆放。

单位:10m³

定 额 编 号				1-4-441	1-4-442	1-4-443	1-4-444
项 目				矩形梁	大型屋面板	折线板	双 T 板
基 价 (元)				**3307.91**	**3567.20**	**3929.65**	**3448.49**
其中	人 工 费 (元)			625.50	718.50	1092.00	675.75
	材 料 费 (元)			2298.26	2463.74	2435.43	2387.78
	机 械 费 (元)			384.15	384.96	402.22	384.96
名 称		单位	单价(元)	数		量	
人工	综合工日	工日	75.00	8.340	9.580	14.560	9.010
材料	现浇混凝土 C30-40(碎石)	m³	218.94	10.150	10.150	10.150	10.150
	模板板方材	m³	1600.00	0.003	0.023	0.007	0.010
	塑料薄膜	m²	0.76	10.080	114.360	100.000	59.550
	水	t	4.00	10.200	23.350	25.470	20.160
	其他材料费	元	–	22.760	24.390	24.110	23.640
机械	混凝土振捣器 插入式	台班	12.14	0.500	–	–	–
	混凝土振捣器 平板式 BL11	台班	13.76	–	0.500	0.500	0.500
	混凝土搅拌机(机动) 400L 以内	台班	301.75	0.250	0.250	0.250	0.250
	机动翻斗车 1t	台班	193.00	0.630	0.630	0.630	0.630
	皮带运输机 15m×0.5m	台班	230.18	0.250	0.250	0.325	0.250
	塔式起重机 60kN·m	台班	535.35	0.130	0.130	0.130	0.130
	龙门式起重机 10t	台班	414.69	0.130	0.130	0.130	0.130

工作内容:同前

定 额 编 号			1-4-445	1-4-446	1-4-447	1-4-448
项 目			槽形板	平板	空心板	檩条支撑、天窗上下挡
基 价 (元)			**3460.74**	**3657.55**	**4005.99**	**3661.83**
其中	人 工 费 (元)		700.50	909.75	1221.00	883.50
	材 料 费 (元)		2375.28	2362.84	2400.03	2394.18
	机 械 费 (元)		384.96	384.96	384.96	384.15
名 称	单位	单价(元)	数		量	
人工 综合工日	工日	75.00	9.340	12.130	16.280	11.780
材料 现浇混凝土 C30-40(碎石)	m³	218.94	10.150	10.150	10.150	10.150
模板板方材	m³	1600.00	0.014	0.028	0.027	0.016
塑料薄膜	m²	0.76	52.320	9.640	44.880	68.320
水	t	4.00	16.840	16.270	19.180	17.680
其他材料费	元	—	23.520	23.390	23.760	23.700
机械 混凝土搅拌机(机动) 400L 以内	台班	301.75	0.250	0.250	0.250	0.250
混凝土振捣器 插入式	台班	12.14	—	—	—	0.500
混凝土振捣器 平板式 BL11	台班	13.76	0.500	0.500	0.500	—
机动翻斗车 1t	台班	193.00	0.630	0.630	0.630	0.630
皮带运输机 15m×0.5m	台班	230.18	0.250	0.250	0.250	0.250
塔式起重机 60kN·m	台班	535.35	0.130	0.130	0.130	0.130
龙门式起重机 10t	台班	414.69	0.130	0.130	0.130	0.130

(3)蒸汽养护

工作内容:燃煤过筛、锅炉供气、蒸汽养护。

单位:10m³

定　　额　　编　　号				1-4-449	
项　　　　　　　　目				蒸汽养护	
基　　　　价　（元）				**3118.33**	
其 中	人　工　费　（元）			1012.50	
	材　料　费　（元）			2105.83	
	机　械　费　（元）			—	
名　　　　称		单位	单价(元)	数　　　　　量	
人工	综合工日	工日	75.00	13.500	
材 料	煤	t	850.00	2.140	
	电	kW·h	0.85	46.120	
	水	t	4.00	13.120	
	设备摊销费	元	—	195.150	

注:本定额适用于加工厂预制构件蒸汽养护。

4. 构筑物混凝土

(1)烟囱

工作内容:混凝土水平运输、搅拌、浇注、养护等。

单位:10m³

定 额 编 号				1-4-450	1-4-451	1-4-452
项 目				滑升钢模板浇钢筋混凝土		
				筒身高度(m)		
				60 以内	80 以内	100 以内
基 价 (元)				**4911.88**	**4553.73**	**4410.17**
其中	人 工 费 (元)			1157.25	1182.75	1129.50
	材 料 费 (元)			2025.14	2028.33	2018.83
	机 械 费 (元)			1729.49	1342.65	1261.84
名 称		单位	单价(元)	数		量
人工	综合工日	工日	75.00	15.430	15.770	15.060
材料	现浇混凝土 C20－40(碎石)	m³	187.93	10.200	10.200	10.200
	养护用无缝钢管 DN40×2.5	m	14.11	1.590	1.520	1.280
	养护用胶管 DN32	m	22.54	1.190	1.430	1.200
	水	t	4.00	14.750	14.440	14.210
机械	混凝土搅拌机(机动) 400L 以内	台班	301.75	2.500	1.970	1.670
	混凝土振捣器 插入式	台班	12.14	7.630	5.910	5.020
	电动多级离心清水泵 φ100mm 120m 以下	台班	343.38	2.570	1.970	－
	电动多级离心清水泵 φ100mm 120m 以上	台班	417.35	－	－	1.670

工作内容:同前

单位:10m³

定　额　编　号				1-4-453	1-4-454	1-4-455	1-4-456
项　　　　目				滑升钢模板浇钢筋混凝土			
				筒身高度(m)			
				120 以内	150 以内	180 以内	210 以内
基　　　价　（元）				**4826.05**	**4996.21**	**5142.45**	**4537.15**
其中	人　工　费　（元）			1113.75	1043.25	1071.00	952.50
	材　料　费　（元）			1996.71	1996.55	1996.55	1996.43
	机　械　费　（元）			1715.59	1956.41	2074.90	1588.22
名　　　　　称		单位	单价(元)	数		量	
人工	综合工日	工日	75.00	14.850	13.910	14.280	12.700
材料	现浇混凝土 C20-40(碎石)	m³	187.93	10.200	10.200	10.200	10.200
	水	t	4.00	8.960	8.920	8.920	8.890
	养护用无缝钢管 DN40×2.5	m	14.11	1.200	1.200	1.200	1.200
	养护用胶管 DN32	m	22.54	1.200	1.200	1.200	1.200
机械	混凝土搅拌机(机动) 400L 以内	台班	301.75	3.200	2.780	2.210	1.690
	混凝土振捣器 插入式	台班	12.14	6.430	5.560	6.630	5.080
	电动多级离心清水泵 φ100mm 120m 以上	台班	417.35	1.610	－	－	－
	电动多级离心清水泵 φ150mm 180m 以下	台班	755.43	－	1.390	－	－
	电动多级离心清水泵 φ150mm 180m 以上	台班	1195.99	－	－	1.110	0.850

（2）水塔

工作内容：混凝土水平运输、搅拌、浇注、养护等。

单位：10m³

定 额 编 号				1-4-457	1-4-458	1-4-459	1-4-460	1-4-461
项 目				塔顶及槽底	塔 身		水箱内外壁	回廊及平台
					筒式	柱式		
基 价 （元）				**4258.90**	**4034.86**	**4332.39**	**4224.83**	**4137.40**
其中	人 工 费 （元）			1517.25	1314.00	1594.50	1507.50	1344.75
	材 料 费 （元）			2072.24	2051.45	2068.48	2047.92	2123.24
	机 械 费 （元）			669.41	669.41	669.41	669.41	669.41
名 称		单位	单价（元）	数		量		
人工	综合工日	工日	75.00	20.230	17.520	21.260	20.100	17.930
材料	现浇混凝土 C20-40(碎石)	m³	187.93	10.700	10.700	10.700	10.700	10.700
	塑料薄膜	m²	0.76	25.200	4.000	13.200	1.400	70.040
	水	t	4.00	10.560	9.390	11.900	9.000	14.790
机械	混凝土搅拌机(机动) 400L 以内	台班	301.75	1.000	1.000	1.000	1.000	1.000
	混凝土振捣器 插入式	台班	12.14	2.000	2.000	2.000	2.000	2.000
	电动多级离心清水泵 φ100mm 120m 以下	台班	343.38	1.000	1.000	1.000	1.000	1.000

(3)倒锥壳水塔

工作内容:混凝土水平运输、搅拌、浇注、养护等。

单位:10m³

定 额 编 号				1-4-462	1-4-463	1-4-464
项 目				滑升钢模板浇钢筋混凝土支筒		
				支筒高度(m)		
				20 以内	25 以内	30 以内
基 价 (元)				**7646.21**	**7085.11**	**6694.67**
其中	人 工 费 (元)			1185.00	1121.25	1072.50
	材 料 费 (元)			2003.26	2003.42	2003.42
	机 械 费 (元)			4457.95	3960.44	3618.75
名 称		单位	单价(元)	数		量
人工	综合工日	工日	75.00	15.800	14.950	14.300
材料	现浇混凝土 C20-40(碎石)	m³	187.93	10.200	10.200	10.200
	水	t	4.00	15.620	15.660	15.660
	养护用胶管 DN32	m	22.54	1.060	1.060	1.060
机械	混凝土搅拌机(机动)400L 以内	台班	301.75	2.260	2.140	2.050
	混凝土振捣器 插入式	台班	12.14	9.030	8.550	8.220
	电动多级离心清水泵 φ100mm 120m 以下	台班	343.38	4.510	3.970	3.600
	灰浆搅拌机 200L	台班	126.18	2.140	2.140	2.140
	电动卷扬机(单筒快速)10kN	台班	129.21	14.300	12.210	10.790

定 额 编 号				1-4-465	1-4-466	1-4-467	1-4-468
项 目				水箱制作			
				容积(m³)			
				200 以内	300 以内	400 以内	500 以内
基 价 （元）				**4201.11**	**4131.51**	**4119.22**	**4126.38**
其中	人 工 费 （元）			1498.50	1427.25	1422.00	1427.25
	材 料 费 （元）			1990.58	1992.23	1985.19	1987.10
	机 械 费 （元）			712.03	712.03	712.03	712.03
名 称		单位	单价(元)	数		量	
人工	综合工日	工日	75.00	19.980	19.030	18.960	19.030
材料	现浇混凝土 C20-40(碎石)	m³	187.93	10.200	10.200	10.200	10.200
	塑料薄膜	m²	0.76	35.960	38.720	31.080	31.960
	水	t	4.00	11.590	11.480	11.170	11.480
机械	混凝土搅拌机(机动) 400L 以内	台班	301.75	1.000	1.000	1.000	1.000
	混凝土振捣器 插入式	台班	12.14	2.000	2.000	2.000	2.000
	机动翻斗车 1t	台班	193.00	2.000	2.000	2.000	2.000

(4)贮水(油)池

工作内容:混凝土水平运输、搅拌、浇注、养护等。

单位:10m³

定 额 编 号				1-4-469	1-4-470	1-4-471
项 目				池底	池壁	池盖
基 价 (元)				**3497.88**	**3814.76**	**3603.56**
其中	人 工 费 (元)			1173.00	1541.25	1263.00
	材 料 费 (元)			1998.85	1947.48	2014.53
	机 械 费 (元)			326.03	326.03	326.03
名 称		单位	单价(元)	数		量
人工	综合工日	工日	75.00	15.640	20.550	16.840
材料	现浇混凝土 C20-40(碎石)	m³	187.93	10.150	10.150	10.150
	塑料薄膜	m²	0.76	65.680	3.560	88.000
	水	t	4.00	10.360	9.320	10.040
机械	混凝土搅拌机(机动) 400L 以内	台班	301.75	1.000	1.000	1.000
	混凝土振捣器 插入式	台班	12.14	2.000	2.000	2.000

(5)贮仓

工作内容:混凝土水平运输、搅拌、浇注、养护等。

单位:10m³

定　额　编　号				1-4-472	1-4-473	1-4-474	1-4-475
项　　　　目				立壁	漏斗	底板	顶板
基　　价　（元）				**4168.39**	**4263.41**	**4095.76**	**3555.06**
其中	人　工　费　（元）			1659.00	1741.50	1578.00	1010.25
	材　料　费　（元）			1945.61	1958.13	1953.98	1981.03
	机　械　费　（元）			563.78	563.78	563.78	563.78
名　　　称		单位	单价（元）	数		量	
人工	综合工日	工日	75.00	22.120	23.220	21.040	13.470
材料	现浇混凝土 C20－40（碎石）	m³	187.93	10.150	10.150	10.150	10.150
	塑料薄膜	m²	0.76	4.000	4.000	12.440	36.600
	水	t	4.00	8.770	11.900	9.260	11.430
机械	混凝土搅拌机(机动) 400L 以内	台班	301.75	1.000	1.000	1.000	1.000
	混凝土振捣器 插入式	台班	12.14	2.000	2.000	2.000	2.000
	电动卷扬机(单筒快速) 10kN	台班	129.21	1.840	1.840	1.840	1.840

(6)筒仓

工作内容:混凝土搅拌、水平运输、浇捣、养护、整理及场内外运输。

单位:10m³

定 额 编 号				1-4-476	1-4-477	1-4-478	1-4-479
项 目				滑升钢模板筒仓浇钢筋混凝土			
				(高度30m以内)			
				筒仓内径(m)			
				8 以内	10 以内	12 以内	16 以内
基 价 (元)				**5290.39**	**4811.38**	**4185.52**	**3931.76**
其中	人 工 费 (元)			1519.50	1367.25	1144.50	1031.25
	材 料 费 (元)			2002.23	1996.72	1991.75	1991.26
	机 械 费 (元)			1768.66	1447.41	1049.27	909.25
名 称		单位	单价(元)	数		量	
人工	综合工日	工日	75.00	20.260	18.230	15.260	13.750
材料	现浇混凝土 C20－40(碎石)	m³	187.93	10.200	10.200	10.200	10.200
	热轧无缝钢管 φ71～90	kg	5.12	1.040	0.960	0.880	0.800
	养护用胶管 DN32	m	22.54	0.400	0.360	0.330	0.300
	水	t	4.00	17.750	16.700	15.730	15.880
机械	混凝土搅拌机(机动) 400L 以内	台班	301.75	3.380	2.600	1.700	1.370
	混凝土振捣器 插入式	台班	12.14	10.130	10.410	8.470	8.250
	电动卷扬机(单筒快速) 10kN	台班	129.21	1.840	1.840	1.840	1.840
	电动多级离心清水泵 φ100mm 120m 以下	台班	343.38	1.130	0.870	0.570	0.460

(7)转运站

工作内容:混凝土水平运输、混凝土搅拌、浇捣、养护等。

单位:10m³

定　额　编　号			1-4-480	1-4-481	1-4-482
项　　　　目			转　运　站		
			柱	梁	板
基　　价　　(元)			**4650.78**	**3683.56**	**3777.70**
其 中	人　工　费　(元)		2071.88	1028.63	1171.95
	材　料　费　(元)		2273.26	2349.29	2300.11
	机　械　费　(元)		305.64	305.64	305.64
名　　　　称	单位	单价(元)	数		量
人工 综合工日	工日	75.00	27.625	13.715	15.626
材 料 现浇混凝土 C30-40(碎石)	m³	218.94	9.860	10.150	10.150
水泥砂浆 1:2	m³	243.72	0.310	0.280	-
塑料薄膜	m²	0.76	4.000	23.800	42.040
水	t	4.00	8.980	10.180	11.480
机 械 混凝土搅拌机(机动) 400L以内	台班	301.75	0.630	0.630	0.630
混凝土振捣器 插入式	台班	12.14	1.250	1.250	1.250
机动翻斗车 1t	台班	193.00	0.520	0.520	0.520

5. 沉井

（1）模板

工作内容:模板制作、安装、运输、养护看模、浇注混凝土后拆模、清理现场等全部工作。 单位:10m³

定　额　编　号			1-4-483	1-4-484	1-4-485
项　　　　　目			沉井井壁	沉井内井筒	梁及平台
基　　价　（元）			**3993.73**	**5242.60**	**4841.88**
其中	人　工　费　（元）		1369.50	1541.25	1263.75
	材　料　费　（元）		2347.50	3423.58	2711.51
	机　械　费　（元）		276.73	277.77	866.62
名　　　称	单位	单价(元)	数		量
人工 综合工日	工日	75.00	18.260	20.550	16.850
材 模板板方材	m³	1600.00	1.060	1.504	1.265
零星卡具	kg	4.32	78.500	99.130	65.000
铁钉	kg	4.86	9.300	18.320	15.300
镀锌铁丝 8～12 号	kg	5.36	5.960	12.500	－
对拉螺栓	kg	5.50	26.000	60.000	43.000
模板嵌缝料	kg	0.20	10.000	10.000	10.000
料 隔离剂	kg	6.70	10.000	10.000	10.000
其他材料费	元	－	23.240	33.900	26.850
机 塔式起重机 80kN·m	台班	589.23	0.250	0.250	1.250
木工圆锯机 φ500mm	台班	27.63	0.050	0.070	0.060
载货汽车 6t	台班	545.58	0.060	0.060	0.060
汽车式起重机 5t	台班	546.38	0.170	0.170	0.170
械 木工压刨床 单面 600mm	台班	48.43	0.050	0.060	0.058

(2)混凝土

工作内容:混凝土制作、水平运输、浇捣、养护、清理现场等全部工作。

单位:10m³

定 额 编 号			1-4-486	1-4-487	1-4-488
项 目			沉井井壁	沉井内井筒	梁及平台
基 价 (元)			**3509.23**	**3781.52**	**3431.16**
其中	人 工 费 (元)		1164.08	1310.10	1076.40
	材 料 费 (元)		1992.56	2007.19	2002.17
	机 械 费 (元)		352.59	464.23	352.59
名 称	单位	单价(元)	数		量
人工 综合工日	工日	75.00	15.521	17.468	14.352
材料 现浇混凝土 C20-40(碎石)	m³	187.93	10.150	10.150	10.150
热轧无缝钢管 φ71~90	kg	5.12	1.040	0.960	0.880
养护用胶管 DN32	m	22.54	0.400	0.360	0.330
水	t	4.00	12.750	16.700	15.730
其他材料费	元	—	19.730	19.870	19.820
机械 混凝土搅拌机(机动)400L以内	台班	301.75	0.630	1.000	0.630
混凝土振捣器 插入式	台班	12.14	1.250	1.250	1.250
塔式起重机 80kN·m	台班	589.23	0.250	0.250	0.250

(3)沉井下沉挖土

工作内容:1.挖土方:挖土、装土,土方吊上坑边,修理底边。2.挖淤泥、流砂:挖、装淤泥、流砂,淤泥、流砂吊上坑边,
修理底边。

单位:10m³

定　额　编　号			1-4-489	1-4-490	1-4-491	1-4-492
项　　　目			挖普通土	挖坚土	挖普通土	挖坚土
			下沉 10m 以内		下沉 20m 以内	
基　　　价　（元）			**836.86**	**1204.00**	**945.85**	**1338.01**
其中	人　工　费　（元）		554.03	897.60	639.45	1002.15
	材　料　费　（元）		－	－	－	－
	机　械　费　（元）		282.83	306.40	306.40	335.86
名　　称	单位	单价(元)	数		量	
人工 综合工日	工日	75.00	7.387	11.968	8.526	13.362
机械 塔式起重机 80kN·m	台班	589.23	0.480	0.520	0.520	0.570

工作内容:同前

单位:10m³

定　额　编　号				1-4-493	1-4-494
项　　　　目				挖普通土	挖坚土
				下沉20m以上	
基　　　价　（元）				**1421.99**	**1740.88**
其中	人　工　费　（元）			1068.45	1357.88
	材　料　费　（元）			–	–
	机　械　费　（元）			353.54	383.00
名　　　　称	单位	单价(元)	数		量
人工　综合工日	工日	75.00	14.246		18.105
机械　塔式起重机 80kN·m	台班	589.23	0.600		0.650

（4）保护壁

单位:t

定 额 编 号			1-4-495	1-4-496	1-4-497	1-4-498
项 目			钢 轨		钢板	铸铁板
			重轨	轻轨		
基 价 （元）			**6481.42**	**1393.70**	**4477.15**	**5663.39**
其中	人 工 费 （元）		422.25	633.00	196.50	322.50
	材 料 费 （元）		5707.58	330.05	3955.02	5270.18
	机 械 费 （元）		351.59	430.65	325.63	70.71
名 称	单位	单价（元）	数		量	
人工 综合工日	工日	75.00	5.630	8.440	2.620	4.300
材料 钢轨 43kg/m	t	5300.00	1.015	–	–	–
钢轨 24kg/m	kg	5.10	–	1.015	–	–
铁垫板	t	4000.00	0.050	0.030	0.010	–
铸铁花纹板	kg	4.80				1050.000
钢板综合	t	3750.00	–	–	1.030	–
螺栓	kg	8.90	–	–	–	20.000
氧气	m³	3.60	1.060	1.150	1.050	
乙炔气	m³	25.20	0.410	0.450	0.380	–
电焊条综合	kg	6.60	8.700	28.200		
其他材料费	元	–	56.510	3.270	39.160	52.180
机械 交流弧焊机 30kV·A	台班	216.39	1.200	1.500	1.110	–
塔式起重机 80kN·m	台班	589.23	0.156	0.180	0.145	0.120

6. 地下连续墙

（1）导墙

工作内容： 导墙开挖：1. 放样、机械挖土、装车、人工整修。2. 浇捣混凝土基座。3. 沟槽排水。
　　　　　现浇导墙：1. 配模单边立模。2. 钢筋制作。3. 设置分隔板。4. 浇捣混凝土、养护。5. 拆模、清理堆放。　　　　　单位：见表

定　　额　　编　　号			1-4-499	1-4-500	1-4-501	1-4-502
项　　　　　目			导墙开挖	现浇混凝土导墙		
			100m³	混凝土 10m³	模板 10m²	钢筋 t
基　　价　（元）			**3163.84**	**3641.31**	**433.33**	**5935.25**
其中	人　工　费　（元）		1338.15	1167.30	215.48	879.75
	材　料　费　（元）		726.97	2005.10	217.85	4538.36
	机　械　费　（元）		1098.72	468.91	－	517.14
名　　　　称	单位	单价(元)	数		量	
人工 综合工日	工日	75.00	17.842	15.564	2.873	11.730
材料 现浇混凝土 C20－40（碎石）	m³	187.93	3.830	－	－	－
泵送混凝土 C20－5－25（190±30）（碎石）	m³	195.29	－	10.150	－	－
通用钢模板	kg	6.40	－	－	6.230	－
料 钢模零配件	kg	5.20	－	－	1.170	－

定 额 编 号			1-4-499	1-4-500	1-4-501	1-4-502
项 目			导墙开挖	现浇混凝土导墙		
			100m³	混凝土 10m³	模板 10m²	钢筋 t
材料	钢支撑	kg	4.98	–	–	3.670	–
	木模板	m³	1389.00	–	–	0.070	–
	预埋铁件	kg	5.50	–	–	9.710	–
	圆钉 1.8×30	kg	4.32	–	–	0.190	–
	光圆钢筋 φ10 以外	t	3900.00	–	–	–	1.040
	不锈钢电焊条 302	kg	40.00	–	–	–	10.070
	镀锌铁丝 20~22 号	kg	5.90	–	–	–	5.870
	电	kW·h	0.85	–	3.600	–	–
	其他材料费	元	–	7.200	19.850	2.160	44.930
机械	履带式单斗挖掘机(液压) 0.8m³	台班	1163.90	0.944	–	–	–
	钢筋切断机 φ40mm	台班	52.99	–	–	–	0.323
	钢筋弯曲机 φ40mm	台班	31.57	–	–	–	0.485
	交流弧焊机 30kV·A	台班	216.39	–	–	–	2.240
	混凝土输送泵车 75m³/h	台班	2344.55	–	0.200	–	–

（2）挖土成槽

工作内容: 1. 机具定位。2. 安放跑板导轨。3. 制浆、输送、循环分离泥浆。4. 钻孔、挖土成槽、护壁整修测量。
5. 场内运输、堆土。

单位:10m³

定 额 编 号			1-4-503	1-4-504	1-4-505	1-4-506
项 目			履带式液压抓斗			二钻一抓
			15m 以内	25m 以内	35m 以内	25m 以内
基 价 （元）			**3873.96**	**4962.31**	**6079.89**	**4962.74**
其中	人 工 费 （元）		689.18	779.03	880.43	866.40
	材 料 费 （元）		837.69	837.69	837.69	1041.01
	机 械 费 （元）		2347.09	3345.59	4361.77	3055.33
名 称	单位	单价(元)	数		量	
人工 综合工日	工日	75.00	9.189	10.387	11.739	11.552
材料 打桩用护壁泥浆	m³	110.00	7.540	7.540	7.540	9.370
其他材料费	元	–	8.290	8.290	8.290	10.310
机械 自卸汽车 5t	台班	590.61	0.349	0.502	0.663	0.502
履带式液压抓斗成槽机 KH180MHL–800	台班	3646.80	0.374	0.536	0.697	–
履带式绳索抓斗成槽机 550A–50MHL–630	台班	2689.26	–	–	–	0.536
反循环钻机 60P45A	台班	2623.25	–	–	–	0.085
超声波测壁机	台班	240.51	0.221	0.221	0.221	0.221
泥浆制作循环设备	台班	2074.24	0.349	0.502	0.663	0.502

（3）钢筋笼制作、吊运就位

工作内容：钢筋笼制作： 1.切断、成型、绑扎、点焊、安装。2.预埋铁件及泡沫塑料板。3.钢筋笼试拼装。
钢筋笼吊运就位： 1.钢筋笼驳运吊入槽。2.钢筋校正对接。3.安装护铁、就位、固定。

单位：t

	定 额 编 号			1-4-507	1-4-508	1-4-509	1-4-510
	项 目			钢筋笼制作	钢筋笼吊运就位		
					15m 以内	25m 以内	35m 以内
	基 价 （元）			**5888.69**	**802.61**	**897.28**	**1113.26**
其中	人 工 费 （元）			752.25	242.25	243.53	248.03
	材 料 费 （元）			4669.60	90.30	96.27	100.86
	机 械 费 （元）			466.84	470.06	557.48	764.37
	名 称	单位	单价（元）	数		量	
人工	综合工日	工日	75.00	10.030	3.230	3.247	3.307
材料	预埋铁件	kg	5.50	37.980	8.910	8.530	8.920
	不锈钢电焊条 302	kg	40.00	6.900	1.010	1.210	1.270
	镀锌铁丝 20～22 号	kg	5.90	2.920	—	—	—
	聚苯乙烯塑料板 1000×150	m³	435.00	0.150	—	—	—
	光圆钢筋 φ10 以外	t	3900.00	1.040	—	—	—
	其他材料费	元	—	46.230	0.890	0.950	1.000
机械	履带式起重机 15t	台班	966.34	0.111	0.034	—	—
	履带式起重机 40t	台班	1959.33	—	—	0.043	—
	履带式起重机 60t	台班	3825.49	—	—	—	0.051
	汽车式起重机 12t	台班	888.68	—	0.102	0.111	0.145
	平板拖车组 15t	台班	1070.38	—	0.102	0.111	0.145
	钢筋切断机 φ40mm	台班	52.99	0.204	—	—	—
	钢筋弯曲机 φ40mm	台班	31.57	0.111	—	—	—
	交流弧焊机 30kV·A	台班	216.39	1.233	1.097	1.182	1.318
	对焊机 75kV·A	台班	256.38	0.306	—	—	—

（4）锁口管吊拔

工作内容:1.锁口管对接组装。2.入槽就位。3.浇捣混凝土工程中上下移动。4.拔除、拆卸、冲洗堆放。 单位:段

定 额 编 号				1-4-511	1-4-512	1-4-513
项 目				锁口管吊拔		
				15m 以内	25m 以内	35m 以内
基 价 （元）				**3386.68**	**4374.33**	**5469.03**
其 中	人 工 费 （元）			1260.98	1623.75	2004.98
	材 料 费 （元）			231.73	386.28	540.79
	机 械 费 （元）			1893.97	2364.30	2923.26
名 称		单位	单价(元)	数		量
人 工	综合工日	工日	75.00	16.813	21.650	26.733
材 料	锁口管	kg	4.42	51.910	86.530	121.140
	其他材料费	元	-	2.290	3.820	5.350
机 械	履带式起重机 15t	台班	966.34	1.564	2.015	2.491
	锁口管顶升机	台班	415.88	0.920	1.003	1.241

（5）浇捣混凝土连续墙

工作内容:清底置换:1.地下墙接缝清刷。2.空压机吹气搅拌吸泥。3.清底置换。
浇注混凝土:1.浇捣架就位。2.导管安拆。3.商品混凝土浇注。4.吸泥浆入池。　　　　　　单位:见表

定　额　编　号				1-4-514	1-4-515
项　　　　　目				清底置换	浇注混凝土
单　　　　　位				1 段	10m³
基　　　价　（元）				**3446.89**	**3779.75**
其中	人　工　费　（元）			852.38	390.15
	材　料　费　（元）			277.75	3148.32
	机　械　费　（元）			2316.76	241.28
名　　　　称		单位	单价（元）	数	量
人工	综合工日	工日	75.00	11.365	5.202
材料	打桩用护壁泥浆	m³	110.00	2.500	–
	水	t	4.00	–	6.000
	普通混凝土 C25	m³	255.00	–	12.130
	其他材料费	元	–	2.750	31.170
机械	履带式起重机 15t	台班	966.34	1.131	0.145
	泥浆泵 φ100mm	台班	395.11	2.261	0.213
	电动空气压缩机 1m³/min	台班	146.17	2.261	–
	地下墙混凝土浇捣架	台班	79.80	–	0.213

（6）大型支撑基坑土方

工作内容: 1. 操作机械引斗挖土、装车。2. 人工推铲、扣挖支撑下土体。3. 挖引水沟、机械排水。4. 人工整修底面。　　　　单位:100m³

定　额　编　号				1-4-516	1-4-517	1-4-518	1-4-519
项　　　　　目				宽15m以内			
				深3.5m以内	深7m以内	深11m以内	深15m以内
基　　价　（元）				**2469.79**	**2920.20**	**3571.14**	**4058.99**
其中	人　工　费　（元）			402.90	480.08	631.13	886.80
	材　料　费　（元）			—	—	—	—
	机　械　费　（元）			2066.89	2440.12	2940.01	3172.19
名　　　　　称		单位	单价(元)	数		量	
人工	综合工日	工日	75.00	5.372	6.401	8.415	11.824
机械	履带式推土机 105kW	台班	1087.04	0.247	0.306	0.383	0.221
	履带式单斗挖掘机（液压）0.8m³	台班	1163.90	1.301	0.723	0.604	0.621
	履带式起重机 15t	台班	966.34	—	0.918	1.394	1.666
	污水泵 φ100mm	台班	278.59	1.020	1.360	1.700	2.151

定　额　编　号				1-4-520	1-4-521	1-4-522	1-4-523
项　　　　目				宽 15m 以外			
				深 3.5m 以内	深 7m 以内	深 11m 以内	深 15m 以内
基　　　价　（元）				**2457.72**	**3021.66**	**3732.39**	**4258.05**
其 中	人　工　费　（元）			390.83	471.15	624.75	885.53
	材　料　费　（元）			－	－	－	－
	机　械　费　（元）			2066.89	2550.51	3107.64	3372.52
名　　　称		单位	单价（元）	数		量	
人工	综合工日	工日	75.00	5.211	6.282	8.330	11.807
机 械	履带式推土机 105kW	台班	1087.04	0.247	0.306	0.383	0.221
	履带式单斗挖掘机（液压）0.8m³	台班	1163.90	1.301	0.723	0.604	0.621
	履带式起重机 25t	台班	1086.59	－	0.918	1.394	1.666
	污水泵 φ100mm	台班	278.59	1.020	1.360	1.700	2.151

(7)大型支撑安装、拆除

工作内容:安装:1.吊车配合、围令、支撑驳运卸车。2.定位放样。3.槽壁面凿出预埋件。4.钢牛腿焊接。5.支撑拼接、焊接安全栏杆、安装定位。6.活络接头固定。拆除:1.切割、吊出支撑分段。2.装车及堆放。

单位:t

定　额　编　号			1-4-524	1-4-525	1-4-526	1-4-527
项　　目			宽15m以内		宽15m以外	
			安装	拆除	安装	拆除
基　价（元）			**753.54**	**415.19**	**865.29**	**524.53**
其中	人　工　费　（元）		133.88	183.00	126.90	154.28
	材　料　费　（元）		355.55	–	270.96	–
	机　械　费　（元）		264.11	232.19	467.43	370.25
名　　　称	单位	单价(元)	数		量	
人工 综合工日	工日	75.00	1.785	2.440	1.692	2.057
材料 枕木	m³	1650.00	0.030	–	0.020	–
钢支撑	kg	4.98	25.000	–	25.000	–
热轧中厚钢板 δ=10~16	kg	3.70	7.890	–	4.750	–
螺栓(带帽)(综合)	kg	5.50	2.550	–	2.140	–
预埋铁件	kg	5.50	11.620	–	7.000	–
不锈钢电焊条302	kg	40.00	1.090	–	0.660	–
钢围令	kg	5.20	5.250	–	3.180	–
其他材料费	元	–	3.520	–	2.680	–
机械 履带式起重机25t	台班	1086.59	0.179	0.170	–	–
履带式起重机40t	台班	1959.33	–	–	0.179	0.170
载货汽车4t	台班	466.52	0.043	0.043	0.043	0.043
交流弧焊机30kV·A	台班	216.39	0.162	0.060	0.094	0.034
电动空气压缩机10m³/min	台班	519.44	0.026	0.026	0.145	0.017
立式液压千斤顶100t	台班	7.70	0.128	0.119	0.128	0.119

7. 泵送混凝土

（1）混凝土搅拌输送车

工作内容：将搅拌好的混凝土在运输过程中进行搅拌，并运送到施工现场，自动卸车。

单位：100m³

定 额 编 号			1-4-528	1-4-529	1-4-530	1-4-531
项 目			运输距离（km）			
			5 以内	10 以内	15 以内	20 以内
基 价 （元）			**3862.16**	**6687.33**	**8816.44**	**10454.21**
其中	人 工 费 （元）		300.00	300.00	300.00	300.00
	材 料 费 （元）		－	－	－	－
	机 械 费 （元）		3562.16	6387.33	8516.44	10154.21
名 称	单位	单价（元）	数		量	
人工 综合工日	工日	75.00	4.000	4.000	4.000	4.000
机械 混凝土搅拌输送车 6m³	台班	2047.22	1.740	3.120	4.160	4.960

（2）固定泵输送混凝土增加费

工作内容:将搅拌好的混凝土输送到浇灌点。

单位:100m³

定　额　编　号				1-4-532	1-4-533	1-4-534	1-4-535	1-4-536
项　　　　　　目				混凝土输送总高度(m)				
				20 以内	40 以内	60 以内	80 以内	100 以内
基　　　价　　(元)				**955.74**	**1033.64**	**1135.06**	**1274.73**	**1452.65**
其中	人　工　费　(元)			276.00	278.10	281.25	285.45	290.70
	材　料　费　(元)			112.39	123.63	141.19	163.67	191.07
	机　械　费　(元)			567.35	631.91	712.62	825.61	970.88
名　　称		单位	单价(元)	数		量		
人工	综合工日	工日	75.00	3.680	3.708	3.750	3.806	3.876
材料	混凝土输送管（无缝）$\phi159 \times 5$	m	102.93	0.800	0.880	1.000	1.160	1.360
	混凝土输送管卡 $\phi150$	套	3.30	4.600	5.060	5.750	6.670	7.820
	混凝土输送软管 $L=3m$、$\phi150$	根	137.59	0.100	0.110	0.130	0.150	0.170
	其他材料费	元	-	1.110	1.220	1.400	1.620	1.890
机械	混凝土输送泵 60m³/h	台班	1614.13	0.350	0.390	0.440	0.510	0.600
	无线电调频对讲机 C15	台班	6.00	0.400	0.400	0.400	0.400	0.400

（3）泵车输送混凝土增加费

工作内容:同前

单位:100m³

定 额 编 号				1-4-537	1-4-538	1-4-539	1-4-540	1-4-541
项 目				混凝土输送高度(m)				
				20 以内	40 以内	60 以内	80 以内	100 以内
基 价 （元）				**1395.46**	**1497.44**	**1695.45**	**1899.42**	**2198.01**
其中	人 工 费 （元）			276.00	278.10	281.25	285.45	290.70
	材 料 费 （元）			112.39	123.63	141.19	163.67	191.07
	机 械 费 （元）			1007.07	1095.71	1273.01	1450.30	1716.24
名 称		单位	单价(元)	数		量		
人工	综合工日	工日	75.00	3.680	3.708	3.750	3.806	3.876
材料	混凝土输送管（无缝)φ159×5	m	102.93	0.800	0.880	1.000	1.160	1.360
	混凝土输送管卡 φ150	套	3.30	4.600	5.060	5.750	6.670	7.820
	混凝土输送软管 L=3m、φ150	根	137.59	0.100	0.110	0.130	0.150	0.170
	其他材料费	元	–	1.110	1.220	1.400	1.620	1.890
机械	混凝土输送泵车 85m³/h	台班	2954.90	0.340	0.370	0.430	0.490	0.580
	无线电调频对讲机 C15	台班	6.00	0.400	0.400	0.400	0.400	0.400

四、商品混凝土

1. 现浇混凝土

（1）基础

工作内容：混凝土水平运输、混凝土搅拌、浇捣、养护等。

单位：10m³

定 额 编 号			1-4-542	1-4-543	1-4-544	1-4-545	1-4-546	1-4-547	1-4-548
项 目			带形基础		独立基础		杯形基础	满堂基础	
			毛石混凝土	混凝土	毛石混凝土	混凝土		无梁式	有梁式
基 价 （元）			**2548.65**	**2842.43**	**2565.16**	**2901.71**	**2862.78**	**2840.19**	**2840.19**
其中	人 工 费 （元）		302.25	397.50	315.75	461.25	420.75	393.00	393.00
	材 料 费 （元）		2238.39	2435.58	2241.40	2431.11	2432.68	2437.84	2437.84
	机 械 费 （元）		8.01	9.35	8.01	9.35	9.35	9.35	9.35
名 称	单位	单价(元)	数			量			
人工 综合工日	工日	75.00	4.030	5.300	4.210	6.150	5.610	5.240	5.240
材料 普通混凝土 C20	m³	240.00	8.590	10.100	8.590	10.070	10.070	10.070	10.070
毛石	m³	61.00	2.720	－	2.720	－	－	－	－
塑料薄膜	m²	0.76	9.560	10.080	12.680	13.040	14.680	19.840	19.840
水	t	4.00	0.900	0.980	1.060	1.100	1.180	1.490	1.490
机械 混凝土振捣器 插入式	台班	12.14	0.660	0.770	0.660	0.770	0.770	0.770	0.770

工作内容:同前

单位:10m³

定　额　编　号			1-4-549	1-4-550	1-4-551
项　　　　　目			桩承台	设备基础	
			基础	毛石混凝土	混凝土
基　　价　（元）			**2836.04**	**2314.73**	**2812.75**
其 中	人　工　费　（元）		396.75	149.10	365.25
	材　料　费　（元）		2429.94	2158.10	2438.15
	机　械　费　（元）		9.35	7.53	9.35
名　　　称		单位	单价(元)	数　　　　　量	
人 工	综合工日	工日	75.00	5.290	1.988	4.870
材 料	普通混凝土 C20	m³	240.00	10.070	8.040	10.100
	毛石	m³	61.00	－	3.630	－
	塑料薄膜	m²	0.76	11.760	2.640	13.040
	水	t	4.00	1.050	1.265	1.060
机 械	混凝土振捣器 插入式	台班	12.14	0.770	0.620	0.770

定 额 编 号			1-4-552	1-4-553	1-4-554	1-4-555
项 目			设备基础		填充混凝土	混凝土包柱脚
			框架设备基础	箱形设备基础		
基 价 (元)			**3540.73**	**3113.65**	**2946.64**	**2836.38**
其中	人 工 费 (元)		1062.00	642.00	468.00	364.50
	材 料 费 (元)		2463.55	2456.47	2469.29	2462.53
	机 械 费 (元)		15.18	15.18	9.35	9.35
名 称	单位	单价(元)	数		量	
人工 综合工日	工日	75.00	14.160	8.560	6.240	4.860
材料 普通混凝土 C20	m³	240.00	9.860	9.880	10.100	10.100
塑料薄膜	m²	0.76	23.800	16.300	19.840	13.040
水	t	4.00	0.877	1.160	1.440	1.060
水泥砂浆 1:2	m³	243.72	0.310	0.280	–	–
其他材料费	元	–	–	–	24.450	24.380
机械 混凝土振捣器 插入式	台班	12.14	1.250	1.250	0.770	0.770

（2）柱

工作内容：混凝土水平运输、混凝土搅拌、浇捣、养护等。

单位：10m³

定　额　编　号				1-4-556	1-4-557	1-4-558
项　　　　目				矩形柱	圆形柱及多边形柱	构造柱
基　　价（元）				**3448.13**	**3495.03**	**3734.53**
其中	人　工　费（元）			1025.25	1073.25	1312.50
	材　料　费（元）			2402.90	2401.80	2402.05
	机　械　费（元）			19.98	19.98	19.98
名　　　　称		单位	单价（元）	数		量
人工	综合工日	工日	75.00	13.670	14.310	17.500
材料	普通混凝土 C20	m³	240.00	9.670	9.670	9.670
	水泥砂浆 1：2	m³	243.72	0.310	0.310	0.310
	塑料薄膜	m²	0.76	4.000	3.440	3.360
	水	t	4.00	0.877	0.707	0.787
机械	灰浆搅拌机 200L	台班	126.18	0.040	0.040	0.040
	混凝土振捣器 插入式	台班	12.14	1.230	1.230	1.230

（3）梁

工作内容: 混凝土水平运输、混凝土搅拌、浇捣、养护等。

单位:10m³

定　额　编　号				1-4-559	1-4-560	1-4-561	1-4-562	1-4-563
项　　　　目				基础梁	单梁连续梁	异形梁	圈梁	过梁
基　　价　（元）				2851.57	3042.74	3071.83	3516.60	3830.98
其中	人　工　费　（元）			417.75	609.00	633.00	1081.50	1347.00
	材　料　费　（元）			2418.89	2418.81	2423.90	2425.87	2469.05
	机　械　费　（元）			14.93	14.93	14.93	9.23	14.93
名　　称		单位	单价(元)	数		量		
人工	综合工日	工日	75.00	5.570	8.120	8.440	14.420	17.960
材料	普通混凝土 C20	m³	240.00	9.970	9.970	9.970	9.970	9.970
	塑料薄膜	m²	0.76	24.120	23.800	28.920	33.040	74.280
	水	t	4.00	1.940	1.980	2.280	1.990	4.950
机械	混凝土振捣器 插入式	台班	12.14	1.230	1.230	1.230	0.760	1.230

定　额　编　号				1-4-564	1-4-565	1-4-566	1-4-567
项　　　　目				弧形梁拱形梁	叠合梁	拱形过梁弧形过梁	斜梁(坡度30°以内)
基　　价　（元）				**3531.12**	**3298.60**	**3843.31**	**3103.49**
其中	人　工　费　（元）			1082.25	795.75	1347.00	669.75
	材　料　费　（元）			2433.94	2487.92	2481.38	2418.81
	机　械　费　（元）			14.93	14.93	14.93	14.93
名　　　称		单位	单价(元)	数			量
人工	综合工日	工日	75.00	14.430	10.610	17.960	8.930
材料	普通混凝土 C20	m³	240.00	9.970	9.970	9.970	9.970
	塑料薄膜	m²	0.76	39.920	88.840	79.760	23.800
	水	t	4.00	2.700	6.900	6.990	1.980
机械	混凝土振捣器 插入式	台班	12.14	1.230	1.230	1.230	1.230

（4）墙

工作内容:混凝土水平运输、混凝土搅拌、浇捣、养护等。

单位:10m³

定　额　编　号			1-4-568	1-4-569	1-4-570	1-4-571	1-4-572	1-4-573
项　　　　　目			墙		弧形	电梯井壁	大钢模板墙	建筑物滑模工程
			毛石混凝土	混凝土	混凝土墙			
基　　　价　（元）			**2601.66**	**2757.59**	**3371.05**	**3277.87**	**3148.94**	**2965.58**
其中	人　工　费　（元）		363.90	316.13	957.75	862.50	735.00	350.40
	材　料　费　（元）		2221.11	2422.50	2394.95	2397.02	2395.59	2428.31
	机　械　费　（元）		16.65	18.96	18.35	18.35	18.35	186.87
名　　　　称	单位	单价（元）	数			量		
人工 综合工日	工日	75.00	4.852	4.215	12.770	11.500	9.800	4.672
材料 普通混凝土 C20	m³	240.00	8.250	9.780	9.670	9.670	9.670	10.050
水泥砂浆 1:2	m³	243.72	0.280	0.280	0.280	0.280	0.280	－
毛石	m³	61.00	2.720	－	－	－	－	－
塑料薄膜	m²	0.76	3.880	3.080	3.800	4.680	4.800	1.480
焊接钢管 DN32	m	10.20	－	－	－	－	－	0.480
胶管	m	4.80	－	－	－	－	－	1.190
水	t	4.00	1.000	1.180	0.756	1.106	0.726	1.144
机械 混凝土振捣器 插入式	台班	12.14	1.060	1.250	1.200	1.200	1.200	1.250
灰浆搅拌机 200L	台班	126.18	0.030	0.030	0.030	0.030	0.030	－
电动多级离心清水泵 φ100mm 120m 以下	台班	343.38	－	－	－	－	－	0.500

（5）板

工作内容：混凝土水平运输、混凝土搅拌、浇捣、养护等。

单位：10m³

定 额 编 号			1-4-574	1-4-575	1-4-576	1-4-577	1-4-578
项 目			无梁板	平板	拱板	半球壳板	斜板(坡度30°以内)
基 价 （元）			**2864.82**	**2905.85**	**3287.27**	**3313.38**	**2983.27**
其中	人 工 费 （元）		410.25	435.00	857.25	858.00	478.50
	材 料 费 （元）		2438.51	2454.79	2413.96	2439.32	2488.71
	机 械 费 （元）		16.06	16.06	16.06	16.06	16.06
名 称	单位	单价(元)	数		量		
人工 综合工日	工日	75.00	5.470	5.800	11.430	11.440	6.380
材料 普通混凝土 C20	m³	240.00	9.970	9.970	9.970	9.970	9.970
塑料薄膜	m²	0.76	42.040	56.880	18.000	41.320	88.040
水	t	4.00	3.440	4.690	1.870	3.780	7.250
机械 混凝土振捣器 平板式 BL11	台班	13.76	0.620	0.620	0.620	0.620	0.620
混凝土振捣器 插入式	台班	12.14	0.620	0.620	0.620	0.620	0.620

（6）其他

工作内容: 混凝土水平运输、混凝土搅拌、浇捣、养护等。

定　额　编　号			1-4-579	1-4-580
项　　　　目			楼　梯	
			直　形	弧　形
基　　价　（元）			**765.81**	**539.55**
其中	人　工　费　（元）		132.83	103.05
	材　料　费　（元）		626.91	432.25
	机　械　费　（元）		6.07	4.25
名　　　　称	单位	单价（元）	数	量
人工　综合工日	工日	75.00	1.771	1.374
材料　普通混凝土 C20	m³	240.00	2.570	1.760
水	t	4.00	0.870	0.672
塑料薄膜	m²	0.76	8.720	9.420
机械　混凝土振捣器 插入式	台班	12.14	0.500	0.350

工作内容:同前

单位:10m³

定　额　编　号				1-4-581	1-4-582
项　　　　　　目				阳　台	雨　篷
基　　　价　（元）				**3683.19**	**3684.33**
其中	人　工　费　（元）			1187.25	1156.50
	材　料　费　（元）			2475.91	2506.95
	机　械　费　（元）			20.03	20.88
名　　　　　称		单位	单价(元)	数	量
人工	综合工日	工日	75.00	15.830	15.420
材料	普通混凝土 C20	m³	240.00	9.970	9.970
	塑料薄膜	m²	0.76	68.200	105.720
	水	t	4.00	7.820	8.450
机械	混凝土振捣器 插入式	台班	12.14	1.650	1.720

工作内容:同前
单位:10m³

定 额 编 号				1-4-583	1-4-584	1-4-585
项 目				混凝土后浇带		
				板	墙	满堂基础
基 价 (元)				2949.35	3325.20	2879.19
其 中	人 工 费 (元)			478.50	974.25	432.00
	材 料 费 (元)			2454.79	2332.60	2437.84
	机 械 费 (元)			16.06	18.35	9.35
名 称		单位	单价(元)	数		量
人工	综合工日	工日	75.00	6.380	12.990	5.760
材 料	普通混凝土 C20	m³	240.00	9.970	9.670	10.070
	塑料薄膜	m²	0.76	56.880	3.080	19.840
	水	t	4.00	4.690	0.660	1.490
	水泥砂浆 1:2	m³	243.72	–	0.028	–
机 械	灰浆搅拌机 200L	台班	126.18	–	0.030	–
	混凝土振捣器 插入式	台班	12.14	0.620	1.200	0.770
	混凝土振捣器 平板式 BL11	台班	13.76	0.620	–	–

工作内容:同前

单位:10m³

定　额　编　号				1-4-586	1-4-587	1-4-588	1-4-589
项　　　　目				地沟电缆沟	栏板	扶手	柱接柱及框架柱接头
基　　价（元）				**2657.93**	**3512.62**	**2929.63**	**3122.76**
其中	人　工　费（元）			201.98	1054.50	453.23	660.75
	材　料　费（元）			2431.67	2437.85	2476.40	2441.74
	机　械　费（元）			24.28	20.27	–	20.27
名　　　　称		单位	单价（元）	数			量
人工	综合工日	工日	75.00	2.693	14.060	6.043	8.810
材料	普通混凝土 C20	m³	240.00	10.050	10.070	10.050	10.070
	塑料薄膜	m²	0.76	20.440	10.960	73.600	20.760
	水	t	4.00	1.035	3.180	2.116	2.290
机械	混凝土振捣器 插入式	台班	12.14	2.000	1.670	–	1.670

定　额　编　号			1-4-590	1-4-591	1-4-592	1-4-593	1-4-594
项　　　　　　目			台阶 10m² 投影面积	小型构件	挑檐天沟	压顶	小型池槽
基　　　价　　(元)			**854.98**	**5491.48**	**3821.28**	**3918.72**	**3823.28**
其中	人　工　费　(元)		441.38	2952.75	1262.25	1377.00	1242.75
	材　料　费　(元)		406.64	2518.46	2538.88	2521.45	2560.26
	机　械　费　(元)		6.96	20.27	20.15	20.27	20.27
名　　　　称	单位	单价(元)	数		量		
人工	综合工日	工日	75.00	5.885	39.370	16.830	18.360	16.570
材料	普通混凝土 C15	m³	225.00	1.222	－	－	－	－
	普通混凝土 C20	m³	240.00	－	10.070	9.970	10.070	10.070
	塑料薄膜	m²	0.76	7.488	88.760	132.320	96.800	128.240
	水	t	4.00	－	8.550	11.380	7.770	11.500
	沥青砂浆 1:2:7	m³	1178.60	0.023	－	－	－	－
	灰土 3:7	m³	28.00	3.272	－	－	－	－
	烟煤	t	650.00	0.005	－	－	－	－
	其他材料费	元	－	4.030	－	－	－	－
机械	混凝土振捣器 插入式	台班	12.14	－	1.670	1.660	1.670	1.670
	混凝土振捣器 平板式 BL11	台班	13.76	0.154	－	－	－	－
	夯实机(电动) 20~62N·m	台班	33.64	0.144	－	－	－	－

定　额　编　号				1-4-595	1-4-596	1-4-597
项　　　目				散水	防滑坡道	
				混凝土一次抹光	抹水泥浆搓面层	抹水泥豆石浆
					（斜面积）	
基　　价　（元）				**6907.67**	**9631.62**	**9736.78**
其中	人　工　费　（元）			3920.25	6226.50	6408.75
	材　料　费　（元）			2942.67	3305.76	3237.33
	机　械　费　（元）			44.75	99.36	90.70
名　　　称		单位	单价（元）	数		量
人工	综合工日	工日	75.00	52.270	83.020	85.450
材料	普通混凝土 C15	m³	225.00	7.070	6.030	6.370
	水泥砂浆 1:1	m³	306.36	0.511	—	—
	水泥砂浆 1:2	m³	243.72	—	2.760	2.040
	灰土 3:7	m³	28.00	16.160	30.300	31.980
	普通硅酸盐水泥 32.5	t	330.00	—	—	0.001
	石油沥青 30 号	kg	3.80	0.400	0.400	—
	烟煤	t	650.00	0.094	0.050	—
	木模板	m³	1389.00	0.053	—	—
	素水泥浆	m³	497.74	—	0.110	0.100
	沥青胶泥灌缝	kg	11.00	—	—	32.850
	沥青砂浆 1:2:7	m³	1178.60	0.490	0.260	—
	水	t	4.00	—	0.001	—
	其他材料费	元	—	29.140	32.730	—
机械	灰浆搅拌机 200L	台班	126.18	0.125	0.350	0.260
	混凝土振捣器 平板式 BL11	台班	13.76	0.370	0.760	0.760
	夯实机（电动）20~62N·m	台班	33.64	0.710	1.330	1.410

定　　额　　编　　号				1-4-598	
项　　　　　　　目				明　　沟	
				混凝土抹水泥砂浆	
基　　价（元）				**1584.92**	
其 中	人　工　费（元）				679.50
	材　料　费（元）				899.13
	机　械　费（元）				6.29
名　　　　　称		单位	单价(元)	数　　　　量	
人工	综合工日	工日	75.00	9.060	
材 料	普通混凝土 C15	m³	225.00	2.600	
	水泥砂浆 1∶1	m³	306.36	0.122	
	木模板	m³	1389.00	0.185	
	铁钉	kg	4.86	0.930	
	水	t	4.00	1.593	
	其他材料费	元	－	8.900	
机 械	混凝土振捣器 平板式 BL11	台班	13.76	0.050	
	混凝土振捣器 插入式	台班	12.14	0.150	
	灰浆搅拌机 200L	台班	126.18	0.030	

2. 构筑物混凝土
（1）烟囱

工作内容：混凝土捣固、养护等。

单位：10m³

定　额　编　号				1-4-599	1-4-600	1-4-601
项　　　　目				滑升钢模板浇钢筋混凝土		
				筒身高度（m）		
				60 以内	80 以内	100 以内
基　　价　（元）				**4398.44**	**4195.91**	**4723.96**
其中	人　工　费　（元）			675.00	690.00	659.25
	材　料　费　（元）			2758.63	2765.30	2757.91
	机　械　费　（元）			964.81	740.61	1306.80
名　　　　　　称		单位	单价（元）	数		量
人工	综合工日	工日	75.00	9.000	9.200	8.790
材料	普通混凝土 C30	m³	270.00	10.000	10.000	10.000
	养护用无缝钢管 DN40×2.5	m	14.11	0.400	0.290	0.240
	养护用钢管 DN50	m	29.00	－	0.140	0.120
	养护用胶管 DN32	m	22.54	1.190	1.430	1.200
	水	t	4.00	6.540	6.230	5.998
机械	混凝土振捣器 插入式	台班	12.14	7.630	5.850	4.970
	电动多级离心清水泵 φ100mm 120m 以下	台班	343.38	2.540	1.950	－
	电动多级离心清水泵 φ150mm 180m 以下	台班	755.43	－	－	1.650

工作内容:同前

单位:10m³

定 额 编 号			1-4-602	1-4-603	1-4-604	1-4-605
项 目			滑升钢模板浇钢筋混凝土			
			筒身高度(m)			
			120 以内	150 以内	180 以内	210 以内
基 价 (元)			**5466.54**	**5223.84**	**5045.39**	**4757.10**
其中	人 工 费 (元)		649.50	608.25	628.50	555.00
	材 料 费 (元)		3506.41	3506.33	3506.28	3506.23
	机 械 费 (元)		1310.63	1109.26	910.61	695.87
名 称	单位	单价(元)	数		量	
人工 综合工日	工日	75.00	8.660	8.110	8.380	7.400
材料 普通混凝土 C30	m³	270.00	10.000	10.000	10.000	10.000
养护用钢管 DN50	m	29.00	0.300	0.300	0.300	0.300
养护用胶管 DN32	m	22.54	1.200	1.200	1.200	1.200
工业食盐	kg	0.64	4.570	4.570	4.570	4.570
亚硝酸钠	kg	3.10	91.400	91.400	91.400	91.400
三乙醇胺	kg	9.00	6.110	6.110	6.110	6.110
偏氯乙烯	kg	9.35	45.700	45.700	45.700	45.700
水	t	4.00	0.529	0.508	0.495	0.483
机械 混凝土振捣器 插入式	台班	12.14	6.530	5.500	6.560	5.050
电动多级离心清水泵 φ150mm 180m 以下	台班	755.43	1.630	1.380	1.100	0.840

（2）水塔

工作内容：混凝土捣固、养护等。

单位：10m³

定 额 编 号			1-4-606	1-4-607	1-4-608	1-4-609	1-4-610
项　　　　目			塔顶及槽底	塔　身		水箱内外壁	回廊及平台
				筒式	柱式		
基　　价（元）			**3819.84**	**3628.80**	**3927.83**	**3791.65**	**3723.25**
其 中	人　工　费（元）		861.00	690.75	972.75	859.50	716.25
	材　料　费（元）		2591.30	2570.51	2587.54	2564.61	2639.46
	机　械　费（元）		367.54	367.54	367.54	367.54	367.54
名　　　称	单位	单价（元）	数		量		
人工 综合工日	工日	75.00	11.480	9.210	12.970	11.460	9.550
材 料	普通混凝土 C25	m³	255.00	10.050	10.050	10.050	10.050	10.050
	塑料薄膜	m²	0.76	25.200	4.000	13.200	1.400	70.040
	水	t	4.00	2.350	1.180	3.690	0.200	5.870
机 械	混凝土振捣器 插入式	台班	12.14	1.990	1.990	1.990	1.990	1.990
	电动多级离心清水泵 φ100mm 120m以下	台班	343.38	1.000	1.000	1.000	1.000	1.000

(3)倒锥壳水塔

工作内容:混凝土捣固、养护等。

单位:10m³

定 额 编 号				1-4-611	1-4-612	1-4-613
项 目				滑升钢模板浇钢筋混凝土支筒		
				支筒高度(m)		
				20 以内	25 以内	30 以内
基 价 (元)				**5086.25**	**4862.08**	**4706.08**
其中	人 工 费 (元)			690.75	654.00	628.50
	材 料 费 (元)			2755.49	2755.89	2756.33
	机 械 费 (元)			1640.01	1452.19	1321.25
	名 称	单位	单价(元)	数		量
人工	综合工日	工日	75.00	9.210	8.720	8.380
材料	普通混凝土 C30	m³	270.00	10.000	10.000	10.000
	水	t	4.00	7.900	8.000	8.110
	养护用胶管 DN32	m	22.54	1.060	1.060	1.060
机械	混凝土振捣器 插入式	台班	12.14	8.940	8.460	8.140
	电动多级离心清水泵 φ100mm 120m 以下	台班	343.38	4.460	3.930	3.560

定　额　编　号				1-4-614	1-4-615	1-4-616	1-4-617
项　　　目				水箱制作			
				容积(m³)			
				200 以内	300 以内	400 以内	500 以内
基　　价　（元）				**3622.02**	**3623.68**	**3565.47**	**3567.54**
其中	人　工　费　（元）			857.25	857.25	806.25	806.25
	材　料　费　（元）			2740.73	2742.39	2735.18	2737.25
	机　械　费　（元）			24.04	24.04	24.04	24.04
名　　　称		单位	单价(元)	数			量
人工	综合工日	工日	75.00	11.430	11.430	10.750	10.750
材料	普通混凝土 C30	m³	270.00	10.000	10.000	10.000	10.000
	塑料薄膜	m²	0.76	35.960	38.720	31.080	31.960
	水	t	4.00	3.350	3.240	2.890	3.240
机械	混凝土振捣器 插入式	台班	12.14	1.980	1.980	1.980	1.980

(4)贮水(油)池

工作内容:混凝土捣固、养护等。

单位:10m³

定 额 编 号				1-4-618	1-4-619	1-4-620
项 目				池底	池壁	池盖
					厚度30cm以内	无梁盖
基 价 (元)				**2999.40**	**3161.21**	**3069.82**
其中	人 工 费 (元)			671.25	867.00	723.00
	材 料 费 (元)			2317.55	2269.69	2319.02
	机 械 费 (元)			10.60	24.52	27.80
名 称		单位	单价(元)	数		量
人工	综合工日	工日	75.00	8.950	11.560	9.640
材料	普通混凝土 C15	m³	225.00	10.050	10.050	10.050
	塑料薄膜	m²	0.76	65.680	3.560	69.200
	水	t	4.00	1.597	1.434	1.294
机械	混凝土振捣器 插入式	台班	12.14	–	2.020	–
	混凝土振捣器 平板式 BL11	台班	13.76	0.770	–	2.020

注:池盖高度在地面以上超过4.5m者,每10m³混凝土增加50kN单筒慢速卷扬机0.39台班,人工5.59工日。

(5)贮仓

工作内容:混凝土捣固、养护等。

单位:10m³

定　额　编　号			1-4-621	1-4-622	1-4-623	1-4-624
项　　　　目			立壁	漏斗	底板	顶板
基　　价　（元）			**3364.82**	**3433.63**	**3317.69**	**2833.28**
其中	人　工　费　（元）		969.00	1025.25	913.50	402.00
	材　料　费　（元）		2243.99	2256.55	2252.36	2279.45
	机　械　费　（元）		151.83	151.83	151.83	151.83
名　　　称	单位	单价(元)	数		量	
人工　综合工日	工日	75.00	12.920	13.670	12.180	5.360
材料　普通混凝土 C15	m³	225.00	9.950	9.950	9.950	9.950
塑料薄膜	m²	0.76	4.000	4.000	12.440	36.600
水	t	4.00	0.550	3.690	1.040	3.220
机械　混凝土振捣器 插入式	台班	12.14	1.970	1.970	1.970	1.970
电动卷扬机(单筒快速) 10kN	台班	129.21	0.990	0.990	0.990	0.990

（6）筒仓

工作内容：混凝土捣固、养护等。

单位：10m³

定 额 编 号				1-4-625	1-4-626	1-4-627	1-4-628
项 目				滑升钢模板筒仓浇钢筋混凝土			
				（高度30m以内）			
				筒仓内径（m）			
				8 以内	10 以内	12 以内	16 以内
基 价 （元）				**4147.41**	**3966.47**	**3706.58**	**3601.48**
其中	人 工 费 （元）			886.50	797.25	668.25	601.50
	材 料 费 （元）			2754.56	2748.75	2744.18	2742.84
	机 械 费 （元）			506.35	420.47	294.15	257.14
	名 称	单位	单价（元）	数		量	
人工	综合工日	工日	75.00	11.820	10.630	8.910	8.020
材料	普通混凝土 C30	m³	270.00	10.000	10.000	10.000	10.000
	养护用钢管 DN50	m	29.00	0.260	0.240	0.220	0.200
	养护用胶管 DN32	m	22.54	0.400	0.360	0.330	0.300
	水	t	4.00	9.500	8.420	7.590	7.570
机械	混凝土振捣器 插入式	台班	12.14	10.030	10.310	8.390	8.170
	电动多级离心清水泵 φ100mm 120m 以下	台班	343.38	1.120	0.860	0.560	0.460

(7)转运站

工作内容:混凝土水平运输、浇捣、养护等。

单位:10m³

定 额 编 号				1-4-629	1-4-630	1-4-631
项 目				转 运 站		
				柱	梁	板
基 价 (元)				**3837.98**	**3403.79**	**3203.81**
其中	人 工 费 (元)			1132.88	672.98	453.30
	材 料 费 (元)			2692.20	2717.91	2737.61
	机 械 费 (元)			12.90	12.90	12.90
名 称		单位	单价(元)	数		量
人工	综合工日	工日	75.00	15.105	8.973	6.044
材料	普通混凝土 C30	m³	270.00	9.670	9.970	9.970
	水泥砂浆 1:2	m³	243.72	0.310	–	–
	塑料薄膜	m²	0.76	4.000	23.800	42.040
	水	t	4.00	0.677	1.980	3.440
机械	混凝土振捣器 插入式	台班	12.14	1.063	1.063	1.063

（8）通廊

工作内容: 混凝土水平运输、浇捣、养护等。

单位:10m³

定　额　编　号				1-4-632	1-4-633	1-4-634	1-4-635
项　　　　　目				地上通廊			
				柱	梁	肋形底板	肋形顶板
基　　　价　（元）				**3201.19**	**2830.21**	**2692.07**	**2692.07**
其中	人　工　费　（元）			905.25	522.15	345.53	345.53
	材　料　费　（元）			2274.99	2287.11	2322.79	2322.79
	机　械　费　（元）			20.95	20.95	23.75	23.75
名　　称		单位	单价(元)	数		量	
人工	综合工日	工日	75.00	12.070	6.962	4.607	4.607
材料	普通混凝土 C15	m³	225.00	10.050	10.050	10.050	10.050
	塑料薄膜	m²	0.76	8.400	27.600	70.400	70.400
	水	t	4.00	1.840	1.220	2.010	2.010
机械	混凝土振捣器 插入式	台班	12.14	1.726	1.726	–	–
	混凝土振捣器 平板式 BL11	台班	13.76	–	–	1.726	1.726

工作内容:同前

单位:10m³

定　额　编　号			1-4-636	1-4-637	1-4-638	1-4-639	1-4-640
项　　　目			地　下　通　廊				
			肋形顶板	平顶板	底板	壁厚30cm以内	壁厚60cm以内
基　　　价　（元）			**3004.14**	**2948.61**	**2741.16**	**3017.13**	**2948.28**
其中	人　工　费　（元）		506.85	473.70	309.23	569.33	500.48
	材　料　费　（元）		2473.54	2461.03	2423.98	2427.26	2427.26
	机　械　费　（元）		23.75	13.88	7.95	20.54	20.54
名　　　称	单位	单价（元）	数				量
人工 综合工日	工日	75.00	6.758	6.316	4.123	7.591	6.673
材 普通混凝土 C20	m³	240.00	10.050	10.050	10.050	10.050	10.050
塑料薄膜	m²	0.76	70.400	56.880	10.080	10.400	10.400
料 水	t	4.00	2.010	1.450	1.080	1.840	1.840
机 混凝土振捣器 插入式	台班	12.14	–	0.536	0.655	1.692	1.692
械 混凝土振捣器 平板式 BL11	台班	13.76	1.726	0.536	–	–	–

（9）管廊、电缆隧道、地下冲渣沟

工作内容: 混凝土水平运输、浇捣、养护等。

单位:10m³

定　额　编　号			1-4-641	1-4-642	1-4-643
项　　　　目			管廊	电缆隧道	地下冲渣沟
基　　价　（元）			**3367.52**	**3340.22**	**3476.80**
其中	人　工　费（元）		628.35	601.05	737.63
	材　料　费（元）		2727.76	2727.76	2727.76
	机　械　费（元）		11.41	11.41	11.41
名　　　　称	单位	单价(元)	数		量
人工 综合工日	工日	75.00	8.378	8.014	9.835
材料 普通混凝土 C30	m³	270.00	9.910	9.910	9.910
水泥砂浆 1:2	m³	243.72	0.140	0.140	0.140
塑料薄膜	m²	0.76	15.900	15.900	15.900
水	t	4.00	1.463	1.463	1.463
机械 混凝土振捣器 插入式	台班	12.14	0.940	0.940	0.940

第五章　混凝土构件运输及安装

说　明

一、本章包括:预制混凝土构件运输、预制混凝土构件安装 2 节共 362 个子目。

二、构件运输:

1. 本定额混凝土构件运输适用于由构件堆放场地或构件加工厂至施工现场的运输。

2. 本定额按构件的类型和外形尺寸划分为六类(详见下表)。

预制混凝土构件分类

类别	项　　目
一类	4m 以内空心板、实心板
二类	6m 以内的桩、屋面板、工业楼板、进深梁、基础梁、吊车梁、楼梯休息板、楼梯段、阳台板
三类	6m 以上至 14m 梁、板、柱、桩,各类屋架、桁架、托架(14m 以上另行处理)
四类	天窗架、挡风架、侧板、端壁板、天窗上下挡、门框及单件体积在 0.1m³ 以内小构件
五类	装配式内、外墙板、大楼板、厕浴隔断板
六类	隔墙板(高层用)

3. 本定额综合考虑了城镇、现场运输道路等级、重车上下坡等各种因素,不得因道路条件不同而修改定额。

4. 构件运输过程中,如遇构件超限(限高)而发生的加固、拓宽等费用及有电车线路和公安交通管理部门的保安护送等费用,定额中均未包括,如发生另行计算。

三、构件安装:

1. 本定额是按单机作业制定的。

2. 本定额是按机械起吊点中心回转半径15m以内的距离计算的。如超出15m时,应另按构件1km运输定额子目执行。

3. 每一工作循环中,均包括机械的必要位移,但不包括作业面以外必要的机械转移,发生时按施工方案,执行相应定额进行调整。

4. 本定额是按履带式起重机、汽车式起重机、塔式起重机分别编制的。如使用轮胎式起重机时,按汽车式起重机相应定额子目计算,乘以系数0.95。

5. 本定额不包括起重机械、运输机械及作业面以外的必要机械转移行驶道路的修整、铺垫工作的人工、材料、机械,如发生另行计算。

6. 柱接柱定额未包括钢筋焊接。

7. 小型构件安装系指单体小于0.1m³的构件安装。

8. 预制混凝土构件若采用砖模制作时,其安装定额中的人工、机械乘以系数1.1。

9. 定额中的塔式起重机台班均已包括在垂直运输机械费定额中。

10. 预制混凝土构件必须在跨外安装时,按相应的构件安装定额的人工、机械台班乘以系数1.18,用塔式起重机、卷扬机时,不乘此系数。

11. 定额中的构件安装是按檐口高度20m及构件重量25t以内考虑的,如构件安装高度在20m以上或构件单个重量超过25t时,人工、机械乘以系数1.3。

工程量计算规则

一、预制混凝土构件运输及安装均按构件图示尺寸,以实体积立方米(m³)计算。

二、预制混凝土构件运输及安装损耗率,按下表规定计算后并入构件工程量内。其中预制混凝土屋架、桁架、托架及长度在9m以上的梁、板、柱不计算损耗率。

预制钢筋混凝土构件制作、运输、安装损耗

名　　　称	制作废品率	运输堆放损耗	安装(打桩)损耗
各类预制构件	0.2%	0.8%	0.5%
预制钢筋混凝土桩	0.1%	0.4%	1.5%

三、构件运输:

1. 预制混凝土构件的最大运输距离是按50km以内计算的,如超过50km时,按吨公里(t·km)计价。

2. 加气混凝土板(块)、硅酸盐块运输每立方米(m³)折合钢筋混凝土构件体积0.4m³ 按一类构件运输计算。

四、预制混凝土构件安装:

1. 焊接形成的预制钢筋混凝土框架结构,其柱安装按框架柱计算,梁安装按框架梁计算;节点浇注形成的框架,按连体框架梁、柱计算。

2. 预制钢筋混凝土工字形柱、矩形柱、空腹柱、双肢柱、空心柱、管道支架等安装,均按柱安装计算。

3. 组合屋架安装,以混凝土部分实体体积计算,钢杆件部分不另行计算。

4. 预制钢筋混凝土多层柱安装,首层柱按柱安装计算,二层及二层以上按柱接柱计算。

5. 排风道安装按图示尺寸以米(m)计算。

一、预制混凝土构件运输

工作内容:设置一般支架(垫木条)、装车绑扎、运输,按规定地点卸车堆放、支垫稳固。　　　　单位:100m²

定　额　编　号			1-5-1	1-5-2	1-5-3	1-5-4	1-5-5	1-5-6
项　　　　　目			一类预制混凝土构件					
			运输距离(km)					
			1 以内	3 以内	5 以内	10 以内	15 以内	20 以内
基　　价　(元)			**1095.39**	**1597.66**	**1692.10**	**2149.96**	**2883.71**	**3060.04**
其中	人　工　费　(元)		173.40	255.00	270.30	344.25	462.83	492.15
	材　料　费　(元)		28.08	28.08	28.08	28.08	28.08	28.08
	机　械　费　(元)		893.91	1314.58	1393.72	1777.63	2392.80	2539.81
名　　称	单位	单价(元)	数			量		
人工 综合工日	工日	75.00	2.312	3.400	3.604	4.590	6.171	6.562
材料 二等板方材 综合	m³	1800.00	0.010	0.010	0.010	0.010	0.010	0.010
镀锌铁丝 8~12 号	kg	5.36	1.500	1.500	1.500	1.500	1.500	1.500
钢丝绳 股丝 6~7×19 φ=14.1~15	kg	6.57	0.310	0.310	0.310	0.310	0.310	0.310
机械 载货汽车 6t	台班	545.58	0.867	1.275	1.352	1.726	2.321	2.465
汽车式起重机 8t	台班	728.19	0.578	0.850	0.901	1.148	1.547	1.641

定 额 编 号			1-5-7	1-5-8	1-5-9	1-5-10	1-5-11	1-5-12
项 目			一类预制混凝土构件					
			运输距离(km)					
			25 以内	30 以内	35 以内	40 以内	45 以内	50 以内
基 价 (元)			3575.59	3906.62	4358.84	4642.91	5145.17	5414.68
其中	人 工 费 (元)		576.30	628.58	702.53	749.70	831.30	874.65
	材 料 费 (元)		28.08	28.08	28.08	28.08	28.08	28.08
	机 械 费 (元)		2971.21	3249.96	3628.23	3865.13	4285.79	4511.95
名 称	单位	单价(元)	数			量		
人工 综合工日	工日	75.00	7.684	8.381	9.367	9.996	11.084	11.662
材料 二等板方材 综合	m³	1800.00	0.010	0.010	0.010	0.010	0.010	0.010
钢丝绳 股丝 6~7×19 φ=14.1~15	kg	6.57	0.310	0.310	0.310	0.310	0.310	0.310
镀锌铁丝 8~12 号	kg	5.36	1.500	1.500	1.500	1.500	1.500	1.500
机械 载货汽车 6t	台班	545.58	2.882	3.154	3.519	3.749	4.157	4.378
汽车式起重机 8t	台班	728.19	1.921	2.100	2.346	2.499	2.771	2.916

工作内容:同前

定　额　编　号				1-5-13	1-5-14	1-5-15	1-5-16	1-5-17	1-5-18
项　　　　　目				二类预制混凝土构件					
				运输距离(km)					
				1 以内	3 以内	5 以内	10 以内	15 以内	20 以内
基　　　价　（元）				**935.53**	**1282.29**	**1354.40**	**1667.47**	**1980.53**	**2313.97**
其中	人　工　费　（元）			137.70	191.25	201.45	249.90	326.40	349.35
	材　料　费　（元）			36.93	36.93	36.93	36.93	36.93	36.93
	机　械　费　（元）			760.90	1054.11	1116.02	1380.64	1617.20	1927.69
名　　　称		单位	单价(元)	数			量		
人工	综合工日	工日	75.00	1.836	2.550	2.686	3.332	4.352	4.658
材料	二等板方材 综合	m³	1800.00	0.010	0.010	0.010	0.010	0.010	0.010
	钢丝绳 股丝 6~7×19 φ=14.1~15	kg	6.57	0.320	0.320	0.320	0.320	0.320	0.320
	镀锌铁丝 8~12 号	kg	5.36	3.140	3.140	3.140	3.140	3.140	3.140
机械	载货汽车 8t	台班	619.25	0.689	0.952	1.012	1.250	1.632	1.743
	汽车式起重机 8t	台班	728.19	0.459	0.638	0.672	0.833	0.833	1.165

定　额　编　号				1-5-19	1-5-20	1-5-21	1-5-22	1-5-23	1-5-24
项　　　　目				二类预制混凝土构件					
				运输距离(km)					
				25 以内	30 以内	35 以内	40 以内	45 以内	50 以内
基　　　价　　(元)				**2679.64**	**2898.16**	**3183.95**	**3378.62**	**3782.81**	**3920.95**
其中	人　工　费　(元)			405.45	438.60	481.95	512.55	573.75	576.30
	材　料　费　(元)			36.93	36.93	36.93	36.93	36.93	36.93
	机　械　费　(元)			2237.26	2422.63	2665.07	2829.14	3172.13	3307.72
名　　　　称		单位	单价(元)	数			量		
人工	综合工日	工日	75.00	5.406	5.848	6.426	6.834	7.650	7.684
材料	二等板方材 综合	m³	1800.00	0.010	0.010	0.010	0.010	0.010	0.010
	钢丝绳 股丝 6~7×19 φ=14.1~15	kg	6.57	0.320	0.320	0.320	0.320	0.320	0.320
	镀锌铁丝 8~12 号	kg	5.36	3.140	3.140	3.140	3.140	3.140	3.140
机械	载货汽车 8t	台班	619.25	2.023	2.193	2.414	2.559	2.873	2.992
	汽车式起重机 8t	台班	728.19	1.352	1.462	1.607	1.709	1.913	1.998

单位:10m³

定　额　编　号			1-5-25	1-5-26	1-5-27	1-5-28	1-5-29	1-5-30
项　　　目			三类预制混凝土构件					
			运输距离（km）					
			1 以内	3 以内	5 以内	10 以内	15 以内	20 以内
基　　　价　（元）			**1516.52**	**2190.20**	**2237.57**	**3120.14**	**4073.86**	**4911.15**
其中	人　工　费　（元）		191.25	279.23	286.88	401.63	527.85	638.78
	材　料　费　（元）		62.86	62.86	62.86	62.86	62.86	62.86
	机　械　费　（元）		1262.41	1848.11	1887.83	2655.65	3483.15	4209.51
名　　　称	单位	单价（元）	数			量		
人工 综合工日	工日	75.00	2.550	3.723	3.825	5.355	7.038	8.517
材 二等板方材 综合	m³	1800.00	0.020	0.020	0.020	0.020	0.020	0.020
钢丝绳 股丝 6~7×19 φ=14.1~15	kg	6.57	0.250	0.250	0.250	0.250	0.250	0.250
镀锌铁丝 8~12 号	kg	5.36	2.400	2.400	2.400	2.400	2.400	2.400
料 钢支架、平台及连接件	kg	5.80	2.130	2.130	2.130	2.130	2.130	2.130
机 平板拖车组 20t	台班	1264.92	0.638	0.935	0.952	1.343	1.760	2.125
械 汽车式起重机 16t	台班	1071.52	0.425	0.621	0.638	0.893	1.173	1.420

定　额　编　号				1-5-31	1-5-32	1-5-33	1-5-34	1-5-35	1-5-36
项　　　　目				三类预制混凝土构件					
				运输距离(km)					
				25 以内	30 以内	35 以内	40 以内	45 以内	50 以内
基　　　价　（元）				**5561.24**	**6049.99**	**6782.42**	**7072.39**	**7759.73**	**7875.97**
其中	人　工　费　（元）			722.93	787.95	883.58	921.83	1013.63	1028.93
	材　料　费　（元）			62.86	62.86	62.86	62.86	62.86	62.86
	机　械　费　（元）			4775.45	5199.18	5835.98	6087.70	6683.24	6784.18
名　　　称		单位	单价(元)	数			量		
人工	综合工日	工日	75.00	9.639	10.506	11.781	12.291	13.515	13.719
材料	二等板方材 综合	m³	1800.00	0.020	0.020	0.020	0.020	0.020	0.020
	钢丝绳 股丝 6~7×19 φ=14.1~15	kg	6.57	0.250	0.250	0.250	0.250	0.250	0.250
	镀锌铁丝 8~12 号	kg	5.36	2.400	2.400	2.400	2.400	2.400	2.400
	钢支架、平台及连接件	kg	5.80	2.130	2.130	2.130	2.130	2.130	2.130
机械	平板拖车组 20t	台班	1264.92	2.414	2.627	2.950	3.077	3.375	3.426
	汽车式起重机 16t	台班	1071.52	1.607	1.751	1.964	2.049	2.253	2.287

工作内容:同前

单位:10m³

定　额　编　号			1-5-37	1-5-38	1-5-39	1-5-40	1-5-41	1-5-42
项　　　　　目			四类预制混凝土构件					
			运输距离(km)					
			1 以内	3 以内	5 以内	10 以内	15 以内	20 以内
基　　　价　　（元）			**1638.72**	**2084.87**	**2171.04**	**2550.65**	**3169.14**	**3349.13**
其 中	人　工　费　（元）		232.05	300.90	313.65	372.30	466.65	494.70
	材　料　费　（元）		121.62	121.62	121.62	121.62	121.62	121.62
	机　械　费　（元）		1285.05	1662.35	1735.77	2056.73	2580.87	2732.81
名　　　　称	单位	单价(元)	数			量		
人工 综合工日	工日	75.00	3.094	4.012	4.182	4.964	6.222	6.596
材 料 二等板方材 综合	m³	1800.00	0.050	0.050	0.050	0.050	0.050	0.050
钢丝绳 股丝6~7×19 φ=14.1~15	kg	6.57	0.530	0.530	0.530	0.530	0.530	0.530
镀锌铁丝8~12号	kg	5.36	5.250	5.250	5.250	5.250	5.250	5.250
机 械 汽车式起重机 8t	台班	728.19	0.774	1.003	1.046	1.241	1.556	1.649
载货汽车 8t	台班	619.25	1.165	1.505	1.573	1.862	2.338	2.474

工作内容:同前

定　　额　　编　　号			1-5-43	1-5-44	1-5-45	1-5-46	1-5-47	1-5-48
项　　　　　目			四类预制混凝土构件					
			运输距离(km)					
			25 以内	30 以内	35 以内	40 以内	45 以内	50 以内
基　　　价　　（元）			**3768.00**	**4081.07**	**4461.41**	**4665.99**	**5165.35**	**5359.39**
其中	人　工　费　（元）		558.45	606.90	665.55	696.15	772.65	803.25
	材　料　费　（元）		121.62	121.62	121.62	121.62	121.62	121.62
	机　械　费　（元）		3087.93	3352.55	3674.24	3848.22	4271.08	4434.52
名　　　　称	单位	单价（元）	数			量		
人工 综合工日	工日	75.00	7.446	8.092	8.874	9.282	10.302	10.710
材料 二等板方材 综合	m³	1800.00	0.050	0.050	0.050	0.050	0.050	0.050
钢丝绳 股丝 6~7×19 φ=14.1~15	kg	6.57	0.530	0.530	0.530	0.530	0.530	0.530
镀锌铁丝 8~12 号	kg	5.36	5.250	5.250	5.250	5.250	5.250	5.250
机械 汽车式起重机 8t	台班	728.19	1.862	2.023	2.219	2.321	2.576	2.678
载货汽车 8t	台班	619.25	2.797	3.035	3.324	3.485	3.868	4.012

工作内容:同前

单位:10m³

定　额　编　号			1-5-49	1-5-50	1-5-51	1-5-52	1-5-53	1-5-54
项　　　　　目			五类预制混凝土构件					
			运输距离(km)					
			1 以内	3 以内	5 以内	10 以内	15 以内	20 以内
基　　　价　（元）			**1550.29**	**2096.96**	**2213.29**	**2719.00**	**3498.33**	**3671.60**
其中	人　工　费　（元）		191.25	257.55	272.85	334.05	430.95	451.35
	材　料　费　（元）		－	－	－	－	－	－
	机　械　费　（元）		1359.04	1839.41	1940.44	2384.95	3067.38	3220.25
名　　　称	单位	单价(元)	数			量		
人工	综合工日	工日	75.00	2.550	3.434	3.638	4.454	5.746	6.018
机械	汽车式起重机 8t	台班	728.19	0.638	0.859	0.910	1.114	1.437	1.505
	壁板运输车 8t	台班	939.55	0.952	1.292	1.360	1.675	2.151	2.261

定 额 编 号				1-5-55	1-5-56	1-5-57	1-5-58	1-5-59	1-5-60
项 目				五类预制混凝土构件					
				运输距离(km)					
				25 以内	30 以内	35 以内	40 以内	45 以内	50 以内
基 价 (元)				**4268.56**	**4666.10**	**5080.48**	**5404.47**	**5951.14**	**6157.86**
其中	人 工 费 (元)			525.30	573.75	624.75	665.55	731.85	757.35
	材 料 费 (元)			–	–	–	–	–	–
	机 械 费 (元)			3743.26	4092.35	4455.73	4738.92	5219.29	5400.51
名 称		单位	单价(元)	数			量		
人工	综合工日	工日	75.00	7.004	7.650	8.330	8.874	9.758	10.098
机械	汽车式起重机 8t	台班	728.19	1.751	1.913	2.083	2.219	2.440	2.525
	壁板运输车 8t	台班	939.55	2.627	2.873	3.128	3.324	3.664	3.791

工作内容:同前

单位:10m³

定　额　编　号			1-5-61	1-5-62	1-5-63	1-5-64	1-5-65	1-5-66
项　　　目			六类预制混凝土构件					
			运输距离(km)					
			1 以内	3 以内	5 以内	10 以内	15 以内	20 以内
基　　　价　(元)			**1757.95**	**2304.62**	**2420.95**	**2900.64**	**3671.60**	**3879.26**
其 中	人　工　费　(元)		216.75	283.05	298.35	357.00	451.35	476.85
	材　料　费　(元)		—	—	—	—	—	—
	机　械　费　(元)		1541.20	2021.57	2122.60	2543.64	3220.25	3402.41
名　　称	单位	单价(元)	数			量		
人工	综合工日	工日	75.00	2.890	3.774	3.978	4.760	6.018	6.358
机械	汽车式起重机 8t	台班	728.19	0.723	0.944	0.995	1.190	1.505	1.590
	壁板运输车 8t	台班	939.55	1.080	1.420	1.488	1.785	2.261	2.389

工作内容:同前

单位:10m³

定 额 编 号				1-5-67	1-5-68	1-5-69	1-5-70	1-5-71	1-5-72
项 目				六类预制混凝土构件					
				运输距离(km)					
				25 以内	30 以内	35 以内	40 以内	45 以内	50 以内
基 价 (元)				**4434.31**	**4865.31**	**5238.72**	**5487.34**	**6067.47**	**6282.65**
其 中	人 工 费 (元)			545.70	599.25	645.15	675.75	747.15	772.65
	材 料 费 (元)			—	—	—	—	—	—
	机 械 费 (元)			3888.61	4266.06	4593.57	4811.59	5320.32	5510.00
名 称		单位	单价(元)	数			量		
人工	综合工日	工日	75.00	7.276	7.990	8.602	9.010	9.962	10.302
机械	汽车式起重机 8t	台班	728.19	1.819	1.998	2.151	2.253	2.491	2.576
	壁板运输车 8t	台班	939.55	2.729	2.992	3.222	3.375	3.732	3.868

工作内容:装车、垫楞木、绑扎加固、运输、卸车、堆放等。

单位:10m³

定 额 编 号				1-5-73	1-5-74
项 目				人力车运输混凝土构件	
				500m 以内	在 1000m 以内每增加 100m
基 价 (元)				**541.13**	**47.18**
其中	人 工 费 (元)			528.53	47.18
	材 料 费 (元)			12.60	—
	机 械 费 (元)			—	—
名 称	单位	单价(元)	数		量
人工 综合工日	工日	75.00	7.047		0.629
材料 二等板方材 综合	m³	1800.00	0.007		—

二、预制混凝土构件安装

1. 柱安装

工作内容:构件翻身、就位、加固、安装、校正、垫实结点、焊接或紧固螺栓。

单位:10m³

定　额　编　号				1-5-75	1-5-76	1-5-77	1-5-78
项　　　　目				预制混凝土柱			
				每根构件体积(m³)			
				1.6 以内		3.0 以内	
				履带式起重机	汽车式起重机	履带式起重机	汽车式起重机
基　　　价　　　(元)				**1352.78**	**1419.61**	**1169.55**	**1244.19**
其中	人　工　费　(元)			637.50	654.75	467.33	480.08
	材　料　费　(元)			176.12	176.12	189.26	189.26
	机　械　费　(元)			539.16	588.74	512.96	574.85
名　　　称		单位	单价(元)	数		量	
人工	综合工日	工日	75.00	8.500	8.730	6.231	6.401
材料	方木垫	m³	670.00	0.045	0.045	0.045	0.045
	硬木楔	m³	1397.25	0.035	0.035	0.035	0.035
	支撑杉杆	m³	1120.00	0.080	0.080	0.044	0.044
	铁楔	kg	4.80	–	–	11.110	11.110
	脚手架材料费	元	–	5.730	5.730	5.730	5.730
	其他材料费	元	–	1.740	1.740	1.870	1.870
机械	履带式起重机 10t	台班	740.50	0.621	–	–	–
	汽车式起重机 10t	台班	798.48	–	0.638	–	–
	履带式起重机 15t	台班	966.34	–	–	0.456	–
	汽车式起重机 16t	台班	1071.52	–	–	–	0.469
	载货汽车 4t	台班	466.52	0.170	0.170	0.155	0.155

工作内容:同前

定 额 编 号				1-5-79	1-5-80	1-5-81	1-5-82
项 目				预制混凝土柱			
				每根构件体积(m³)			
				6.0 以内		10 以内	
				履带式起重机	汽车式起重机	履带式起重机	汽车式起重机
基 价 (元)				**941.54**	**1020.96**	**1330.61**	**1365.27**
其中	人 工 费 (元)			441.15	453.30	465.38	500.48
	材 料 费 (元)			162.98	162.98	227.46	227.54
	机 械 费 (元)			337.41	404.68	637.77	637.25
名 称		单位	单价(元)	数			量
人工	综合工日	工日	75.00	5.882	6.044	6.205	6.673
材料	铁楔	kg	4.80	2.960	2.960	–	1.670
	垫铁	kg	4.75	–	–	1.670	–
	方木垫	m³	670.00	0.013	0.013	0.020	0.020
	硬木楔	m³	1397.25	0.008	0.008	0.070	0.070
	支撑方木	m³	1289.00	0.004	0.004	0.002	0.002
	支撑杉杆	m³	1120.00	0.098	0.098	0.085	0.085
	铁钉	kg	4.86	1.110	1.110	0.620	0.620
	麻袋	条	5.50	0.440	0.440	0.250	0.250
	麻绳	kg	8.50	0.050	0.050	0.050	0.050
	脚手架材料费	元	–	5.730	5.730	5.730	5.730
机械	履带式起重机 25t	台班	1086.59	0.306	–	–	–
	汽车式起重机 25t	台班	1269.11	–	0.315	–	–
	履带式起重机 40t	台班	1959.33	–	–	0.323	–
	汽车式起重机 40t	台班	1811.86	–	–	–	0.349
	载货汽车 6t	台班	545.58	0.009	0.009	0.009	0.009

工作内容：同前

单位：10m³

定　额　编　号				1-5-83	1-5-84	1-5-85	1-5-86
项　　　　　目				预制混凝土柱		柱接柱(第一节)	
				每根构件体积(m³)		每根柱单体(m³)	
				16 以内		6.0 以内	
				履带式起重机	汽车式起重机	履带式起重机	汽车式起重机
基　　　价　　(元)				**1897.00**	**5034.90**	**2197.50**	**2643.41**
其中	人　工　费　(元)			678.30	789.90	891.90	1051.28
	材　料　费　(元)			141.45	141.45	341.24	341.24
	机　械　费　(元)			1077.25	4103.55	964.36	1250.89
名　　　称		单位	单价(元)	数		量	
人工	综合工日	工日	75.00	9.044	10.532	11.892	14.017
材料	铁楔	kg	4.80	1.030	1.030	－	－
	绑铁	kg	5.90	－	－	42.290	42.290
	垫铁	kg	4.75	－	－	8.480	8.480
	方木垫	m³	670.00	0.012	0.012	0.006	0.006
	硬木楔	m³	1397.25	0.043	0.043	－	－
	支撑方木	m³	1289.00	0.001	0.001	－	－

续前

单位:10m³

定 额 编 号				1-5-83	1-5-84	1-5-85	1-5-86
项 目				预制混凝土柱		柱接柱(第一节)	
				每根构件体积(m³)		每根柱单体(m³)	
				16 以内		6.0 以内	
				履带式起重机	汽车式起重机	履带式起重机	汽车式起重机
材	支撑杉杆	m³	1120.00	0.052	0.052	–	–
	铁钉	kg	4.86	0.385	0.385	–	–
	麻袋	条	5.50	0.150	0.150	0.440	0.440
	麻绳	kg	8.50	0.050	0.050	0.050	0.050
料	电焊条 结 422 φ2.5	kg	5.04	–	–	7.710	7.710
	脚手架材料费	元	–	5.730	5.730	5.730	5.730
机	履带式起重机 25t	台班	1086.59	–	–	0.493	–
	汽车式起重机 25t	台班	1269.11	–	–	–	0.587
	载货汽车 6t	台班	545.58	0.009	0.009	–	–
	履带式起重机 50t	台班	2252.81	0.476	–	–	–
	汽车式起重机 50t	台班	3709.18	–	1.105	–	–
械	交流弧焊机 30kV·A	台班	216.39	–	–	1.981	2.338

定 额 编 号				1-5-87	1-5-88	1-5-89	1-5-90
项 目				柱接柱(第一节)			
				每根柱单体(m³)			
				10 以内		14 以内	
				履带式起重机	汽车式起重机	履带式起重机	汽车式起重机
基 价 (元)				**2276.23**	**2460.65**	**2328.69**	**3484.00**
其中	人 工 费 (元)			769.50	834.53	745.28	902.70
	材 料 费 (元)			304.20	304.20	285.21	285.21
	机 械 费 (元)			1202.53	1321.92	1298.20	2296.09
名 称		单位	单价(元)	数		量	
人工	综合工日	工日	75.00	10.260	11.127	9.937	12.036
材料	绑铁	kg	5.90	42.290	42.290	42.290	42.290
	垫铁	kg	4.75	4.760	4.760	2.930	2.930
	方木垫	m³	670.00	0.004	0.004	0.002	0.002
	麻袋	条	5.50	0.250	0.250	0.150	0.150
	麻绳	kg	8.50	0.050	0.050	0.050	0.050
	电焊条 结 422 φ2.5	kg	5.04	4.340	4.340	2.670	2.670
	脚手架材料费	元	–	5.730	5.730	5.730	5.730
机械	履带式起重机 40t	台班	1959.33	0.425	–	–	–
	汽车式起重机 40t	台班	1811.86	–	0.493	–	–
	履带式起重机 50t	台班	2252.81	–	–	0.417	–
	汽车式起重机 50t	台班	3709.18	–	–	–	0.502
	交流弧焊机 30kV·A	台班	216.39	1.709	1.981	1.658	2.006

工作内容:同前

定 额 编 号				1-5-91	1-5-92	1-5-93	1-5-94
项 目				柱接柱(第二节)			
				每根柱单体(m³)			
				6.0 以内		10 以内	
				履带式起重机	汽车式起重机	履带式起重机	汽车式起重机
基 价 (元)				**2680.05**	**3218.76**	**2399.73**	**2915.86**
其中	人 工 费 (元)			1123.28	1317.08	860.03	1098.45
	材 料 费 (元)			341.24	341.24	195.05	195.05
	机 械 费 (元)			1215.53	1560.44	1344.65	1622.36
名 称		单位	单价(元)	数		量	
人工	综合工日	工日	75.00	14.977	17.561	11.467	14.646
材料	绑铁	kg	5.90	42.290	42.290	23.790	23.790
	垫铁	kg	4.75	8.480	8.480	4.760	4.760
	方木垫	m³	670.00	0.006	0.006	0.004	0.004
	麻袋	条	5.50	0.440	0.440	0.250	0.250
	麻绳	kg	8.50	0.050	0.050	0.050	0.050
	电焊条 结422 φ2.5	kg	5.04	7.710	7.710	4.340	4.340
	脚手架材料费	元	–	5.730	5.730	5.730	5.730
机械	履带式起重机 25t	台班	1086.59	0.621	–	–	–
	汽车式起重机 25t	台班	1269.11	–	0.731	–	–
	履带式起重机 40t	台班	1959.33	–	–	0.476	–
	汽车式起重机 40t	台班	1811.86	–	–	–	0.604
	交流弧焊机 30kV·A	台班	216.39	2.499	2.924	1.904	2.440

工作内容:同前

定 额 编 号				1-5-95	1-5-96	1-5-97	1-5-98
项 目				柱接柱(第二节)		柱接柱(第三节)	
				每根柱单体(m³)			
				14 以内		6 以内	
				履带式起重机	汽车式起重机	履带式起重机	汽车式起重机
基 价 (元)				**2760.21**	**4090.78**	**3269.27**	**3953.98**
其中	人 工 费 (元)			967.13	1124.55	1403.18	1656.90
	材 料 费 (元)			122.07	122.07	341.24	335.51
	机 械 费 (元)			1671.01	2844.16	1524.85	1961.57
名 称		单位	单价(元)	数		量	
人工	综合工日	工日	75.00	12.895	14.994	18.709	22.092
材料	绑铁	kg	5.90	14.640	14.640	42.290	42.290
	垫铁	kg	4.75	2.930	2.930	8.480	8.480
	方木垫	m³	670.00	0.002	0.002	0.006	0.006
	麻袋	条	5.50	0.150	0.150	0.440	0.440
	麻绳	kg	8.50	0.050	0.050	0.050	0.050
	电焊条 结 422 φ2.5	kg	5.04	2.670	2.670	7.710	7.710
	脚手架材料费	元	–	5.730	5.730	5.730	–
机械	履带式起重机 25t	台班	1086.59	–	–	0.782	–
	汽车式起重机 25t	台班	1269.11	–	–	–	0.918
	履带式起重机 50t	台班	2252.81	0.536	–	–	–
	汽车式起重机 50t	台班	3709.18	–	0.621	–	–
	交流弧焊机 30kV·A	台班	216.39	2.142	2.499	3.120	3.681

工作内容:同前

定　　额　　编　　号				1-5-99	1-5-100	1-5-101	1-5-102
项　　　　　目				柱接柱(第三节)			
				每根柱单体(m³)			
				10 以内		14 以内	
				履带式起重机	汽车式起重机	履带式起重机	汽车式起重机
基　　　价　　(元)				**2300.35**	**3669.30**	**3425.88**	**5161.89**
其中	人　工　费　(元)			1139.85	1398.68	1208.70	1421.63
	材　料　费　(元)			195.05	195.05	122.07	122.07
	机　械　费　(元)			965.45	2075.57	2095.11	3618.19
名　　　　称		单位	单价(元)	数		量	
人工	综合工日	工日	75.00	15.198	18.649	16.116	18.955
材料	绑铁	kg	5.90	23.790	23.790	14.640	14.640
	垫铁	kg	4.75	4.760	4.760	2.930	2.930
	方木垫	m³	670.00	0.004	0.004	0.002	0.002
	麻袋	条	5.50	0.250	0.250	0.150	0.150
	麻绳	kg	8.50	0.050	0.050	0.050	0.050
	电焊条 结422 φ2.5	kg	5.04	4.340	4.340	2.670	2.670
	脚手架材料费	元	—		5.730	5.730	5.730	5.730
机械	履带式起重机 40t	台班	1959.33	0.213	—	—	—
	汽车式起重机 40t	台班	1811.86	—	0.774	—	—
	履带式起重机 50t	台班	2252.81	—	—	0.672	—
	汽车式起重机 50t	台班	3709.18	—	—	—	0.791
	交流弧焊机 30kV·A	台班	216.39	2.533	3.111	2.686	3.162

定 额 编 号			1-5-103	1-5-104	1-5-105
项 目			柱接柱(第一节)		
			每根柱单体(m³)		
			6.0 以内	10 以内	14 以内
			塔式起重机		
基 价 (元)			**1553.40**	**1350.93**	**1190.23**
其中	人 工 费 (元)		818.55	706.35	610.73
	材 料 费 (元)		341.24	304.20	285.21
	机 械 费 (元)		393.61	340.38	294.29
名 称	单位	单价(元)	数		量
人工 综合工日	工日	75.00	10.914	9.418	8.143
材料 绑铁	kg	5.90	42.290	42.290	42.290
垫铁	kg	4.75	8.480	4.760	2.930
方木垫	m³	670.00	0.006	0.004	0.002
麻袋	条	5.50	0.440	0.250	0.150
麻绳	kg	8.50	0.050	0.050	0.050
电焊条 结422 φ2.5	kg	5.04	7.710	4.340	2.670
脚手架材料费	元	－	5.730	5.730	5.730
机械 交流弧焊机 30kV·A	台班	216.39	1.819	1.573	1.360

工作内容:同前

单位:10m³

定　额　编　号				1-5-106	1-5-107	1-5-108
项　　　目				柱接柱(第二节)		
				每根柱单体(m³)		
				6.0 以内	10 以内	14 以内
				塔式起重机		
基　　　价　（元）				**1705.17**	**1238.56**	**1124.17**
其中	人　工　费　（元）			920.55	705.08	676.43
	材　料　费　（元）			341.24	195.05	122.07
	机　械　费　（元）			443.38	338.43	325.67
名　　　称		单位	单价(元)	数		量
人工	综合工日	工日	75.00	12.274	9.401	9.019
材料	绑铁	kg	5.90	42.290	23.790	14.640
	垫铁	kg	4.75	8.480	4.760	2.930
	方木垫	m³	670.00	0.006	0.004	0.002
	麻袋	条	5.50	0.440	0.250	0.150
	麻绳	kg	8.50	0.050	0.050	0.050
	电焊条 结 422 φ2.5	kg	5.04	7.710	4.340	2.670
	脚手架材料费	元	–	5.730	5.730	5.730
机械	交流弧焊机 30kV·A	台班	216.39	2.049	1.564	1.505

工作内容:同前

单位:10m³

定 额 编 号				1-5-109	1-5-110	1-5-111
项 目				柱接柱(第三节)		
				每根柱单体(m³)		
				6.0 以内	10 以内	14 以内
				塔式起重机		
基 价 (元)				**1836.02**	**1408.49**	**1365.56**
其中	人 工 费 (元)			1009.20	819.83	882.98
	材 料 费 (元)			341.24	195.05	122.07
	机 械 费 (元)			485.58	393.61	360.51
	名 称	单位	单价(元)	数		量
人工	综合工日	工日	75.00	13.456	10.931	11.773
材料	绑铁	kg	5.90	42.290	23.790	14.640
	垫铁	kg	4.75	8.480	4.760	2.930
	方木垫	m³	670.00	0.006	0.004	0.002
	麻袋	条	5.50	0.440	0.250	0.150
	麻绳	kg	8.50	0.050	0.050	0.050
	电焊条 结 422 φ2.5	kg	5.04	7.710	4.340	2.670
	脚手架材料费	元	－	5.730	5.730	5.730
机械	交流弧焊机 30kV·A	台班	216.39	2.244	1.819	1.666

2. 框架安装

工作内容:构件翻身、就位、加固、安装、校正、垫实结点、焊接或紧固螺栓。

单位:10m³

定　额　编　号				1-5-112	1-5-113	1-5-114	1-5-115
项　　　　　目				框　架　柱			
				安装高度(三层以内)每个构件单体(m³)			
				1.0以内		2.0以内	
				履带吊	汽车吊	履带吊	汽车吊
基　　　价　　(元)				**3656.64**	**4356.54**	**2215.40**	**2687.08**
其中	人　工　费　(元)			1279.50	1534.50	862.58	1035.98
	材　料　费　(元)			1434.30	1434.30	719.29	719.29
	机　械　费　(元)			942.84	1387.74	633.53	931.81
名　　　称	单位	单价(元)		数		量	
人工	综合工日	工日	75.00	17.060	20.460	11.501	13.813
材料	铁楔	kg	4.80	16.660	16.660	8.330	8.330
	方木垫	m³	670.00	0.070	0.070	0.035	0.035
	硬木楔	m³	1397.25	0.439	0.439	0.219	0.219
	支撑方木	m³	1289.00	0.020	0.020	0.010	0.010
	支撑杉杆	m³	1120.00	0.550	0.550	0.275	0.275
	麻袋	条	5.50	6.250	6.250	3.120	3.120
	铁钉	kg	4.86	2.500	2.500	1.250	1.250
	脚手架材料费	元	－	5.730	5.730	5.730	5.730
机械	履带式起重机 15t	台班	966.34	0.961	－	0.646	－
	汽车式起重机 20t	台班	1205.93	－	1.139	－	0.765
	载货汽车 6t	台班	545.58	0.026	0.026	0.017	0.017

定　额　编　号			1-5-116	1-5-117	1-5-118	1-5-119
项　　　　　目			框　架　柱		框　架　梁	
			安装高度(三层以内)每个构件单体(m³)			
			3.0 以内		2.0 以内	
			履带吊	汽车吊	履带吊	汽车吊
基　　　　价　（元）			**1974.78**	**2423.54**	**1151.88**	**1427.43**
其中	人　　工　　费　（元）		863.18	1015.58	457.13	537.45
	材　　料　　费　（元）		490.16	490.16	195.26	195.26
	机　　械　　费　（元）		621.44	917.80	499.49	694.72
名　　　　称	单位	单价(元)	数		量	
人工	综合工日	工日	75.00	11.509	13.541	6.095	7.166
材料	铁楔	kg	4.80	5.550	5.550	－	－
	垫铁	kg	4.75	－	－	10.000	10.000
	方木垫	m³	670.00	0.023	0.023	0.006	0.006
	硬木楔	m³	1397.25	0.146	0.146	－	－
	支撑方木	m³	1289.00	0.007	0.007	－	－

单位：10m³

定 额 编 号			1-5-116	1-5-117	1-5-118	1-5-119
项　　　　目			框 架 柱		框 架 梁	
			安装高度（三层以内）每个构件单体（m³）			
			3.0 以内		2.0 以内	
			履带吊	汽车吊	履带吊	汽车吊
材料	支撑杉杆	m³	1120.00	0.183	0.183	–	–
	氧气	m³	3.60	–	–	0.500	0.500
	乙炔气	m³	25.20	–	–	0.220	0.220
	铁钉	kg	4.86	4.080	4.080	–	–
	麻袋	条	5.50	0.830	0.830	–	–
	麻绳	kg	8.50	–	–	0.050	0.050
	电焊条 结 422 φ2.5	kg	5.04	–	–	25.190	25.190
	脚手架材料费	元	–	5.730	5.730	9.015	9.015
机械	履带式起重机 15t	台班	966.34	0.638		0.357	
	汽车式起重机 20t	台班	1205.93		0.757		0.425
	载货汽车 6t	台班	545.58	0.009	0.009	–	–
	交流弧焊机 30kV·A	台班	216.39	–	–	0.714	0.842

工作内容:同前

单位:10m³

定 额 编 号			1-5-120	1-5-121	1-5-122	1-5-123
项 目			框 架 柱		框 架 梁	
			安装高度(六层以内)每个构件单体(m³)			
			1.0 以内	2.0 以内	3.0 以内	2.0 以内
			塔式起重机			
基 价 (元)			**2432.94**	**1374.46**	**1122.37**	**788.36**
其中	人 工 费 (元)		986.85	647.10	627.30	370.43
	材 料 费 (元)		1431.90	718.09	490.16	195.26
	机 械 费 (元)		14.19	9.27	4.91	222.67
名 称	单位	单价(元)	数		量	
人工 综合工日	工日	75.00	13.158	8.628	8.364	4.939
材料 铁楔	kg	4.80	16.660	8.330	5.550	–
垫铁	kg	4.75	–	–	–	10.000
方木垫	m³	670.00	0.070	0.035	0.023	0.006
硬木楔	m³	1397.25	0.439	0.219	0.146	–
支撑方木	m³	1289.00	0.020	0.010	0.007	–
支撑杉杆	m³	1120.00	0.550	0.275	0.183	–
乙炔气	m³	25.20	–	–	–	0.220
氧气	m³	3.60	–	–	–	0.500
铁钉	kg	4.86	6.250	3.120	4.080	–
麻袋	条	5.50	2.500	1.250	0.830	–
麻绳	kg	8.50	–	–	–	0.050
电焊条 结 422 φ2.5	kg	5.04	–	–	–	25.190
脚手架材料费	元	–	5.730	5.730	5.730	9.015
机械 载货汽车 6t	台班	545.58	0.026	0.017	0.009	–
交流弧焊机 30kV·A	台班	216.39	–	–	–	1.029

工作内容:同前

定 额 编 号				1-5-124	1-5-125	1-5-126	1-5-127
项 目				连体框架梁柱安装高度			
				12m 以内每个构件单体		20m 以内每个构件单体	
				6.0m³ 以内		16m³ 以内	
				履带吊	汽车吊	履带吊	汽车吊
基 价 (元)				**2197.60**	**2808.36**	**2349.14**	**3491.64**
其中	人 工 费 (元)			619.05	744.00	436.05	461.55
	材 料 费 (元)			178.86	178.86	178.20	178.23
	机 械 费 (元)			1399.69	1885.50	1734.89	2851.86
名 称		单位	单价(元)	数		量	
人工	综合工日	工日	75.00	8.254	9.920	5.814	6.154
材料	垫铁	kg	4.75	5.150	5.150	5.150	5.150
	铁楔	kg	4.80	1.430	1.430	0.500	0.500
	方木垫	m³	670.00	0.009	0.009	0.012	0.012
	硬木楔	m³	1397.25	0.004	0.004	0.021	0.021
	支撑方木	m³	1289.00	0.002	0.002	0.006	0.006
	支撑杉杆	m³	1120.00	0.047	0.047	0.025	0.025

定 额 编 号			1-5-124	1-5-125	1-5-126	1-5-127
项 目			连体框架梁柱安装高度			
			12m 以内每个构件单体		20m 以内每个构件单体	
			6.0m³ 以内		16m³ 以内	
			履带吊	汽车吊	履带吊	汽车吊
材 料	乙炔气	m³	25.20	0.110	0.110	0.110	0.110
	氧气	m³	3.60	0.260	0.260	0.260	0.260
	铁钉	kg	4.86	0.540	0.540	0.190	0.190
	麻袋	条	5.50	0.210	0.210	0.070	0.075
	麻绳	kg	8.50	0.050	0.050	0.050	0.050
	电焊条 结 422 ϕ2.5	kg	5.04	12.980	12.980	12.980	12.980
	脚手架材料费	元	–	7.365	7.365	7.365	7.365
机 械	履带式起重机 25t	台班	1086.59	0.918	–	–	–
	汽车式起重机 25t	台班	1269.11	–	1.105	–	–
	履带式起重机 50t	台班	2252.81	–	–	0.646	–
	汽车式起重机 50t	台班	3709.18	–	–	–	0.689
	载货汽车 6t	台班	545.58	0.009	0.009	–	–
	交流弧焊机 30kV·A	台班	216.39	1.836	2.210	1.292	1.369

3. 吊车梁安装

工作内容: 构件翻身、就位、加固、安装、校正、垫实结点、焊接或紧固螺栓。

单位:10m³

定　额　编　号			1-5-128	1-5-129	1-5-130	1-5-131
项　　　　目			鱼腹式吊车梁			
			每个构件单体(m³)			
			1.6 以内		2.4 以内	
			履带吊	汽车吊	履带吊	汽车吊
基　　　价　(元)			**1037.13**	**1261.42**	**683.73**	**831.09**
其中	人　工　费　(元)		278.63	331.50	194.48	229.50
	材　料　费　(元)		330.37	330.37	183.72	183.72
	机　械　费　(元)		428.13	599.55	305.53	417.87
名　　称	单位	单价(元)	数		量	
人工 综合工日	工日	75.00	3.715	4.420	2.593	3.060
材料 垫铁	kg	4.75	16.620	16.620	8.900	8.900
方木垫	m³	670.00	0.034	0.034	0.018	0.018
支撑方木	m³	1289.00	0.020	0.020	0.011	0.011
镀锌铁丝 8~12 号	kg	5.36	5.240	5.240	2.820	2.820
铁钉	kg	4.86	5.240	5.240	2.820	2.820
麻袋	条	5.50	4.190	4.190	2.260	2.260
麻绳	kg	8.50	0.050	0.050	0.050	0.050
电焊条 结 422 φ2.5	kg	5.04	22.910	22.910	12.530	12.530
脚手架材料费	元	–	10.380	10.380	10.380	10.380
机械 履带式起重机 15t	台班	966.34	0.306	–	0.221	–
汽车式起重机 20t	台班	1205.93	–	0.366	–	0.255
交流弧焊机 30kV·A	台班	216.39	0.612	0.731	0.425	0.510

定　额　编　号			1-5-132	1-5-133	1-5-134	1-5-135
项　　　目			鱼腹式吊车梁			
			每个构件单体(m³)			
			3.6 以内		5.2 以内	
			履带吊	汽车吊	履带吊	汽车吊
基　　价　(元)			**544.03**	**668.18**	**473.34**	**583.91**
其中	人　工　费　(元)		158.10	189.98	166.43	196.35
	材　料　费　(元)		115.91	115.91	84.87	84.87
	机　械　费　(元)		270.02	362.29	222.04	302.69
名　　　　称	单位	单价(元)	数			量
人工 综合工日	工日	75.00	2.108	2.533	2.219	2.618
材料 垫铁	kg	4.75	5.420	5.420	3.800	3.800
方木垫	m³	670.00	0.011	0.011	0.008	0.008
支撑方木	m³	1289.00	0.007	0.007	0.005	0.005
镀锌铁丝 8～12 号	kg	5.36	1.720	1.720	1.210	1.210
铁钉	kg	4.86	1.720	1.720	1.210	1.210
麻袋	条	5.50	1.370	1.370	0.960	0.960
麻绳	kg	8.50	0.050	0.050	0.050	0.050
电焊条 结422 φ2.5	kg	5.04	7.510	7.510	5.270	5.270
脚手架材料费	元	－	10.380	10.380	10.380	10.380
机械 履带式起重机 25t	台班	1086.59	0.179	－	0.145	－
交流弧焊机 30kV·A	台班	216.39	0.349	0.425	0.298	0.349
汽车式起重机 25t	台班	1269.11	－	0.213	－	0.179

工作内容:同前

定 额 编 号				1-5-136	1-5-137	1-5-138	1-5-139
项 目				\multicolumn{4}{c}{T形吊车梁}
				\multicolumn{4}{c}{每个构件单体(m³)}
				\multicolumn{2}{c}{0.5 以内}	\multicolumn{2}{c}{1.0 以内}
				履带吊	汽车吊	履带吊	汽车吊
基 价 (元)				**2047.84**	**2600.96**	**1166.24**	**1477.68**
其中	人 工 费 (元)			803.93	936.53	455.85	530.40
	材 料 费 (元)			89.85	89.85	55.82	55.82
	机 械 费 (元)			1154.06	1574.58	654.57	891.46
名 称		单位	单价(元)	\multicolumn{2}{c}{数}	\multicolumn{2}{c}{量}
人工	综合工日	工日	75.00	10.719	12.487	6.078	7.072
材料	垫铁	kg	4.75	4.200	4.200	2.380	2.380
	方木垫	m³	670.00	0.009	0.009	0.005	0.005
	支撑方木	m³	1289.00	0.005	0.005	0.003	0.003
	镀锌铁丝 8~12 号	kg	5.36	1.330	1.330	0.750	0.750
	铁钉	kg	4.86	1.330	1.330	0.750	0.750
	麻袋	条	5.50	1.020	1.020	0.600	0.600
	麻绳	kg	8.50	0.050	0.050	0.050	0.050
	电焊条 结422 φ2.5	kg	5.04	5.440	5.440	3.080	3.080
	脚手架材料费	元	–	10.380	10.380	10.380	10.380
机械	履带式起重机 15t	台班	966.34	0.825	–	0.468	–
	汽车式起重机 20t	台班	1205.93	–	0.961	–	0.544
	交流弧焊机 30kV·A	台班	216.39	1.649	1.921	0.935	1.088

工作内容:同前

定　额　编　号			1-5-140	1-5-141	1-5-142	1-5-143
项　　　　目			T形吊车梁			
			每个构件单体(m³)			
			1.5 以内		2.0 以内	
			履带吊	汽车吊	履带吊	汽车吊
基　　价　（元）			**704.31**	**882.12**	**634.44**	**807.25**
其中	人　工　费　（元）		273.53	314.93	248.63	290.10
	材　料　费　（元）		37.84	37.89	29.03	29.03
	机　械　费　（元）		392.94	529.30	356.78	488.12
名　　　称	单位	单价(元)	数			量
人工 综合工日	工日	75.00	3.647	4.199	3.315	3.868
材料 垫铁	kg	4.75	1.410	1.410	0.980	0.980
方木垫	m³	670.00	0.003	0.003	0.002	0.002
支撑方木	m³	1289.00	0.002	0.002	0.001	0.001
镀锌铁丝 8~12 号	kg	5.36	0.450	0.450	0.310	0.310
铁钉	kg	4.86	0.450	0.450	0.310	0.310
麻袋	条	5.50	0.350	0.360	0.250	0.250
麻绳	kg	8.50	0.050	0.050	0.050	0.050
电焊条 结422 φ2.5	kg	5.04	1.830	1.830	1.270	1.270
脚手架材料费	元	—	10.380	10.380	10.380	10.380
机械 履带式起重机 15t	台班	966.34	0.281	—	0.255	—
汽车式起重机 20t	台班	1205.93	—	0.323	—	0.298
交流弧焊机 30kV·A	台班	216.39	0.561	0.646	0.510	0.595

4. 梁安装

工作内容: 构件翻身、就位、加固、安装、校正、垫实结点、焊接或紧固螺栓。

单位:10m³

定 额 编 号				1-5-144	1-5-145	1-5-146	1-5-147
项 目				楼 板 梁			
				安装高度(六层以内)每个构件单体(m³)			
				0.8 以内		1.6 以内	
				履带吊	汽车吊	履带吊	汽车吊
基 价 (元)				**883.05**	**1116.17**	**652.00**	**821.59**
其中	人 工 费 (元)			306.00	359.55	229.50	267.75
	材 料 费 (元)			101.35	101.35	65.72	65.72
	机 械 费 (元)			475.70	655.27	356.78	488.12
名 称		单位	单价(元)	数		量	
人工	综合工日	工日	75.00	4.080	4.794	3.060	3.570
材料	垫铁	kg	4.75	11.400	11.400	6.940	6.940
	方木垫	m³	670.00	0.014	0.014	0.009	0.009
	麻绳	kg	8.50	0.050	0.050	0.050	0.050
	电焊条 结 422 φ2.5	kg	5.04	5.630	5.630	3.430	3.430
	脚手架材料费	元	–	9.015	9.015	9.015	9.015
机械	履带式起重机 15t	台班	966.34	0.340	–	0.255	–
	汽车式起重机 20t	台班	1205.93	–	0.400	–	0.298
	交流弧焊机 30kV·A	台班	216.39	0.680	0.799	0.510	0.595

定　额　编　号				1-5-148	1-5-149
项　　　　　目				连　系　梁	
				安装高度(六层以内) 每个构件单体(m³)	
				0.8 以内	
				履带吊	汽车吊
基　　价　(元)				**718.48**	**893.09**
其中	人　工　费　(元)			252.45	290.70
	材　料　费　(元)			73.09	73.09
	机　械　费　(元)			392.94	529.30
名　　　　称		单位	单价(元)	数　　　量	
人工	综合工日	工日	75.00	3.366	3.876
材料	垫铁	kg	4.75	8.750	8.750
	方木垫	m³	670.00	0.001	0.001
	麻绳	kg	8.50	0.050	0.050
	电焊条 结 422 φ2.5	kg	5.04	4.250	4.250
	脚手架材料费	元	−	9.015	9.015
机械	履带式起重机 15t	台班	966.34	0.281	−
	汽车式起重机 20t	台班	1205.93	−	0.323
	交流弧焊机 30kV·A	台班	216.39	0.561	0.646

工作内容:同前

单位:10m³

定　　额　　编　　号			1-5-150	1-5-151	1-5-152	1-5-153	1-5-154	1-5-155
项　　　　　目			框架梁	楼板梁			框架梁	连系梁
			安装高度 12m 以内	安装高度三层以内 每个构件单体(m³)		安装高度六层以内 每个构件单体(m³)		
			2	0.8 以内	1.6 以内	0.8 以内	1.6 以内	0.8 以内
			塔式起重机					
基　　　　价　　(元)			752.65	495.99	360.94	518.25	370.46	464.04
其中	人　　工　　费　(元)		415.65	265.88	199.58	288.15	209.10	263.93
	材　　料　　费　(元)		195.26	101.36	65.72	101.35	65.72	73.09
	机　　械　　费　(元)		141.74	128.75	95.64	128.75	95.64	127.02
名　　　称	单位	单价(元)	数			量		
人工 综合工日	工日	75.00	5.542	3.545	2.661	3.842	2.788	3.519
材料	垫铁	kg	4.75	10.000	11.403	6.940	11.400	6.940	8.750
	方木垫	m³	670.00	0.006	0.014	0.009	0.014	0.009	0.001
	乙炔气	m³	25.20	0.220	–	–	–	–	–
	氧气	m³	3.60	0.500	–	–	–	–	–
	麻绳	kg	8.50	0.050	0.050	0.050	0.050	0.050	0.050
	电焊条 结422 φ2.5	kg	5.04	25.190	5.630	3.430	5.630	3.430	4.250
	脚手架材料费	元	–		9.015	9.015	9.015	9.015	9.015
机械	交流弧焊机 30kV·A	台班	216.39	0.655	0.595	0.442	0.595	0.442	0.587

工作内容:同前

单位:10m³

定　额　编　号			1-5-156	1-5-157	1-5-158	1-5-159	1-5-160
项　　　　　目			过　梁		连系梁	过　梁	
			安装高度六层以内 每个构件单体(m³)			安装高度三层以内 每个构件单体(m³)	
			0.4 以内	0.8 以内		0.4 以内	0.8 以内
			塔式起重机				
基　　　价　(元)			**1179.80**	**371.20**	**391.57**	**981.50**	**302.95**
其中	人　工　费　(元)		1052.55	293.93	215.48	854.25	225.68
	材　料　费　(元)		127.25	77.27	73.09	127.25	77.27
	机　械　费　(元)		–	–	103.00	–	–
名　　　　称	单位	单价(元)	数		量		
人工 综合工日	工日	75.00	14.034	3.919	2.873	11.390	3.009
材料 垫铁	kg	4.75	18.490	11.190	8.750	18.490	11.190
方木垫	m³	670.00	0.023	0.014	0.001	0.023	0.014
麻绳	kg	8.50	0.050	0.050	0.050	0.050	0.050
电焊条 结422 φ2.5	kg	5.04	4.680	2.840	4.250	4.680	2.840
脚手架材料费	元		–	–	9.015	–	–
机械 交流弧焊机 30kV·A	台班	216.39	–	–	0.476	–	–

工作内容:同前

定 额 编 号			1-5-161	1-5-162	1-5-163	1-5-164
项 目			无天窗托架梁			
			安装高度10m以内			
			翻身就位		安 装	
			履带吊	汽车吊	履带吊	汽车吊
基 价 (元)			**503.15**	**633.27**	**1671.78**	**1956.74**
其中	人 工 费 (元)		205.28	246.08	409.95	482.63
	材 料 费 (元)		59.18	59.18	592.69	592.69
	机 械 费 (元)		238.69	328.01	669.14	881.42
名 称	单位	单价(元)	数		量	
人工 综合工日	工日	75.00	2.737	3.281	5.466	6.435
材料 方木垫	m³	670.00	0.047	0.047	–	–
支撑方木	m³	1289.00	0.018	0.018	–	–
加固杉杆	m³	1700.00	–	–	0.192	0.192
加固木板	m³	1980.00	–	–	0.019	0.019
垫铁	kg	4.75	–	–	6.360	6.360
镀锌铁丝 8~12 号	kg	5.36	–	–	17.790	17.790
螺丝 φ19×310	个	0.56	8.020	8.020	–	–
麻袋	条	5.50	–	–	1.600	1.600
麻绳	kg	8.50	–	–	0.050	0.050
电焊条 结 422 φ2.5	kg	5.04	–	–	14.130	14.130
脚手架材料费	元		–	–	22.665	22.665
机械 履带起重机 15t	台班	966.34	0.247	–	0.323	–
汽车式起重机 20t	台班	1205.93	–	0.272	–	0.383
载货汽车 6t	台班	545.58	–	–	0.017	0.017
交流弧焊机 30kV·A	台班	216.39	–	–	1.607	1.896

工作内容：同前

定　额　编　号				1-5-165	1-5-166	1-5-167	1-5-168
项　　　目				无天窗托架梁			
				安装高度15m以内			
				翻身就位		安　装	
				履带吊	汽车吊	履带吊	汽车吊
基　　价　（元）				**486.72**	**633.27**	**1710.58**	**2035.45**
其中	人　工　费　（元）			205.28	246.08	470.48	554.03
	材　料　费　（元）			59.18	59.18	477.91	477.91
	机　械　费　（元）			222.26	328.01	762.19	1003.51
名　　称		单位	单价（元）	数		量	
人工	综合工日	工日	75.00	2.737	3.281	6.273	7.387
材料	方木垫	m³	670.00	0.047	0.047	—	—
	支撑方木	m³	1289.00	0.018	0.018	—	—
	垫铁	kg	4.75	—	—	6.360	6.360
	镀锌铁丝 8～12 号	kg	5.36	—	—	17.790	17.790
	螺丝 φ19×310	个	0.56	8.020	8.020	—	—
	麻袋	条	5.50	—	—	1.600	1.600
	麻绳	kg	8.50	—	—	0.050	0.050
	电焊条 结422 φ2.5	kg	5.04	—	—	14.130	14.130
	二等板方材 综合	m³	1800.00	—	—	0.019	0.019
	支撑杉杆	m³	1120.00	—	—	0.192	0.192
	脚手架材料费	元	—	—	—	22.665	22.665
机械	履带式起重机 15t	台班	966.34	0.230	—	0.366	—
	汽车式起重机 20t	台班	1205.93	—	0.272	—	0.434
	载货汽车 6t	台班	545.58	—	—	0.017	0.017
	交流弧焊机 30kV·A	台班	216.39	—	—	1.845	2.176

工作内容:同前

单位:10m³

定 额 编 号				1-5-169	1-5-170	1-5-171	1-5-172
项 目				无天窗托架梁			
				安装高度20m以内			
				翻身就位		安 装	
				履带吊	汽车吊	履带吊	汽车吊
基 价 (元)				**514.38**	**650.46**	**2101.34**	**2467.94**
其中	人 工 费 (元)			205.28	246.08	597.98	698.10
	材 料 费 (元)			59.18	59.18	477.91	477.91
	机 械 费 (元)			249.92	345.20	1025.45	1291.93
名 称		单位	单价(元)	数		量	
人工	综合工日	工日	75.00	2.737	3.281	7.973	9.308
材料	垫铁	kg	4.75	–	–	6.360	6.360
	二等板方材 综合	m³	1800.00	–	–	0.019	0.019
	支撑杉杆	m³	1120.00	–	–	0.192	0.192
	方木垫	m³	670.00	0.047	0.047	–	–
	支撑方木	m³	1289.00	0.018	0.018	–	–
	镀锌铁丝 8～12 号	kg	5.36	–	–	17.790	17.790
	螺丝 φ19×310	个	0.56	8.020	8.020	–	–
	麻袋	条	5.50	–	–	1.600	1.600
	麻绳	kg	8.50	–	–	0.050	0.050
	电焊条 结422 φ2.5	kg	5.04	–	–	14.130	14.130
	脚手架材料费	元	–	–	–	22.665	22.665
机械	履带式起重机 25t	台班	1086.59	0.230	–	0.468	–
	汽车式起重机 25t	台班	1269.11	–	0.272	–	0.544
	载货汽车 6t	台班	545.58	–	–	0.017	0.017
	交流弧焊机 30kV·A	台班	216.39	–	–	2.346	2.737

单位:10m³

定　额　编　号			1-5-173	1-5-174	1-5-175	1-5-176
项　　　　　目			无天窗薄腹梁(单坡)			
			安装高度10m以内			
			翻身就位		安　　装	
			履带吊	汽车吊	履带吊	汽车吊
基　　价　(元)			**442.00**	**571.65**	**1593.29**	**1956.54**
其中	人　工　费　(元)		198.30	234.00	552.75	652.20
	材　料　费　(元)		30.14	30.14	245.93	245.93
	机　械　费　(元)		213.56	307.51	794.61	1058.41
名　　　称	单位	单价(元)	数		量	
人工 综合工日	工日	75.00	2.644	3.120	7.370	8.696
材料 方木垫	m³	670.00	0.019	0.019	—	—
支撑方木	m³	1289.00	0.012	0.012	—	—
垫铁	kg	4.75	—	—	19.050	19.050
铁钉	kg	4.86	0.400	0.400	—	—
麻袋	条	5.50	—	—	1.200	1.200
麻绳	kg	8.50	—	—	0.050	0.050
电焊条 结422 φ2.5	kg	5.04	—	—	24.950	24.950
脚手架材料费	元	—	—	—	22.665	22.665
机械 履带式起重机 15t	台班	966.34	0.221	—	0.434	—
汽车式起重机 20t	台班	1205.93	—	0.255	—	0.510
交流弧焊机 30kV·A	台班	216.39	—	—	1.734	2.049

工作内容:同前

单位:10m³

定　额　编　号				1-5-177	1-5-178	1-5-179	1-5-180
项　　　　目				无天窗薄腹梁(单坡)			
				安装高度15m以内			
				翻身就位		安　装	
				履带吊	汽车吊	履带吊	汽车吊
基　　　价　　(元)				**442.00**	**582.51**	**1796.38**	**2191.53**
其中	人　工　费　(元)			198.30	234.00	634.95	744.60
	材　料　费　(元)			30.14	30.14	245.93	245.93
	机　械　费　(元)			213.56	318.37	915.50	1201.00
名　　　称		单位	单价(元)	数　　　量			
人工	综合工日	工日	75.00	2.644	3.120	8.466	9.928
材料	方木垫	m³	670.00	0.019	0.019	–	–
	支撑方木	m³	1289.00	0.012	0.012	–	–
	垫铁	kg	4.75	–	–	19.050	19.050
	铁钉	kg	4.86	0.400	0.400	–	–
	麻袋	条	5.50	–	–	1.200	1.200
	麻绳	kg	8.50	–	–	0.050	0.050
	电焊条 结422 ϕ2.5	kg	5.04	–	–	24.950	24.950
	脚手架材料费	元	–	–	–	22.665	22.665
机械	履带式起重机 15t	台班	966.34	0.221	–	0.502	–
	汽车式起重机 20t	台班	1205.93	–	0.264	–	0.578
	交流弧焊机 30kV·A	台班	216.39	–	–	1.989	2.329

工作内容:同前

定　额　编　号			1-5-181	1-5-182	1-5-183	1-5-184
项　　　　　目			无天窗薄腹梁(单坡)			
			安装高度20m以内			
			翻身就位		安　装	
			履带吊	汽车吊	履带吊	汽车吊
基　　价　(元)			**468.58**	**599.19**	**2295.04**	**2702.06**
其中	人　工　费　(元)		198.30	234.00	807.75	941.63
	材　料　费　(元)		30.14	30.14	245.93	245.93
	机　械　费　(元)		240.14	335.05	1241.36	1514.50
名　　称	单位	单价(元)	数		量	
人工 综合工日	工日	75.00	2.644	3.120	10.770	12.555
材料 垫铁	kg	4.75	—	—	19.050	19.050
方木垫	m³	670.00	0.019	0.019	—	—
支撑方木	m³	1289.00	0.012	0.012	—	—
铁钉	kg	4.86	0.400	0.400	—	—
麻袋	条	5.50	—	—	1.200	1.200
麻绳	kg	8.50	—	—	0.050	0.050
电焊条 结422 φ2.5	kg	5.04	—	—	24.950	24.950
脚手架材料费	元	—	—	—	22.665	22.665
机械 履带式起重机 25t	台班	1086.59	0.221	—	0.638	—
汽车式起重机 25t	台班	1269.11	—	0.264	—	0.689
交流弧焊机 30kV·A	台班	216.39	—	—	2.533	2.958

工作内容:同前

单位:10m³

定　额　编　号				1-5-185	1-5-186	1-5-187	1-5-188
项　　　　　　目				无天窗薄腹梁(双坡)			
				安装高度10m以内			
				翻身就位		安　装	
				履带吊	汽车吊	履带吊	汽车吊
基　　　价　(元)				**390.90**	**510.14**	**1505.64**	**1854.76**
其中	人　工　费　(元)			175.95	207.23	532.35	625.43
	材　料　费　(元)			25.55	25.55	209.82	209.82
	机　械　费　(元)			189.40	277.36	763.47	1019.51
名　　　　称		单位	单价(元)	数		量	
人工	综合工日	工日	75.00	2.346	2.763	7.098	8.339
材料	方木垫	m³	670.00	0.016	0.016	－	－
	支撑方木	m³	1289.00	0.010	0.010	－	－
	垫铁	kg	4.75	－	－	15.860	15.860
	铁钉	kg	4.86	0.400	0.400	－	－
	麻袋	条	5.50	－	－	1.000	1.000
	麻绳	kg	8.50	－	－	0.050	0.050
	电焊条 结 422 ϕ2.5	kg	5.04	－	－	21.010	21.010
	脚手架材料费	元	－	－	－	22.665	22.665
机械	履带式起重机 15t	台班	966.34	0.196		0.417	－
	汽车式起重机 20t	台班	1205.93	－	0.230	－	0.493
	交流弧焊机 30kV・A	台班	216.39	－	－	1.666	1.964

工作内容:同前

单位:10m³

定　额　编　号			1-5-189	1-5-190	1-5-191	1-5-192
项　　　　目			无天窗薄腹梁(双坡)			
			安装高度15m以内			
			翻身就位		安　装	
			履带吊	汽车吊	履带吊	汽车吊
基　　价　（元）			**390.90**	**510.14**	**1689.98**	**2095.38**
其中	人　工　费　（元）		175.95	207.23	608.18	719.78
	材　料　费　（元）		25.55	25.55	209.82	209.82
	机　械　费　（元）		189.40	277.36	871.98	1165.78
名　　称	单位	单价(元)	数		量	
人工 综合工日	工日	75.00	2.346	2.763	8.109	9.597
材料 方木垫	m³	670.00	0.016	0.016	–	–
支撑方木	m³	1289.00	0.010	0.010	–	–
垫铁	kg	4.75	–	–	15.860	15.860
铁钉	kg	4.86	0.400	0.400	–	–
麻袋	条	5.50	–	–	1.000	1.000
麻绳	kg	8.50	–	–	0.050	0.050
电焊条 结422 φ2.5	kg	5.04	–	–	21.010	21.010
脚手架材料费	元	–	–	–	22.665	22.665
机械 履带式起重机 15t	台班	966.34	0.196	–	0.476	–
汽车式起重机 20t	台班	1205.93	–	0.230	–	0.561
交流弧焊机 30kV·A	台班	216.39	–	–	1.904	2.261

定　额　编　号			1-5-193	1-5-194	1-5-195	1-5-196
项　　　　　目			无天窗薄腹梁(双坡)			
			安装高度20m以内			
			翻身就位		安　装	
			履带吊	汽车吊	履带吊	汽车吊
基　　　价　　(元)			**414.47**	**524.68**	**2166.06**	**2625.55**
其中	人　工　费　(元)		175.95	207.23	782.25	912.30
	材　料　费　(元)		25.55	25.55	187.15	187.15
	机　械　费　(元)		212.97	291.90	1196.66	1526.10
名　　称	单位	单价(元)	数		量	
人工	综合工日	工日	75.00	2.346	2.763	10.430	12.164
材料	方木垫	m³	670.00	0.016	0.016	–	–
	支撑方木	m³	1289.00	0.010	0.010	–	–
	垫铁	kg	4.75	–	–	15.860	15.860
	铁钉	kg	4.86	0.400	0.400	–	–
	麻袋	条	5.50	–	–	1.000	1.000
	麻绳	kg	8.50	–	–	0.050	0.050
	电焊条 结422 φ2.5	kg	5.04	–	–	21.010	21.010
机械	交流弧焊机 30kV·A	台班	216.39	–	–	2.457	2.865
	履带式起重机 25t	台班	1086.59	0.196	–	0.612	–
	汽车式起重机 25t	台班	1269.11	–	0.230	–	0.714

工作内容:同前

单位:10m³

定　额　编　号			1-5-197	1-5-198	1-5-199	1-5-200
项　　　　目			基　础　梁			
			每个构件单体(m³)			
			0.5 以内		1.0 以内	
			履带吊	汽车吊	履带吊	汽车吊
基　　　价　（元）			**773.28**	**978.22**	**433.89**	**674.87**
其中	人　工　费　（元）		283.05	328.95	191.25	229.50
	材　料　费　（元）		49.72	49.72	27.50	27.50
	机　械　费　（元）		440.51	599.55	215.14	417.87
名　　　称	单位	单价(元)	数			量
人工 综合工日	工日	75.00	3.774	4.386	2.550	3.060
材料 方木垫	m³	670.00	0.021	0.021	0.011	0.011
麻绳	kg	8.50	0.050	0.050	0.050	0.050
电焊条 结 422 φ2.5	kg	5.04	6.990	6.990	3.910	3.910
机 履带式起重机 15t	台班	966.34	0.315	–	0.213	–
汽车式起重机 20t	台班	1205.93	–	0.366	–	0.255
械 交流弧焊机 30kV·A	台班	216.39	0.629	0.731	0.043	0.510

工作内容:同前

单位:10m³

定 额 编 号				1-5-201	1-5-202
项 目				混凝土风道梁	
				履带吊	汽车吊
基 价 (元)				**1185.52**	**1529.04**
其中	人 工 费 (元)			446.25	535.50
	材 料 费 (元)			85.80	85.80
	机 械 费 (元)			653.47	907.74
名 称		单位	单价(元)	数	量
人工	综合工日	工日	75.00	5.950	7.140
材料	方木垫	m³	670.00	0.018	0.018
	麻绳	kg	8.50	0.054	0.054
	电焊条 结 422 φ2.5	kg	5.04	14.540	14.540
机械	履带式起重机 15t	台班	966.34	0.442	–
	汽车式起重机 20t	台班	1205.93	–	0.527
	交流弧焊机 30kV·A	台班	216.39	1.046	1.258

定 额 编 号			1-5-203	1-5-204	1-5-205	1-5-206	1-5-207
项 目			过 梁				
			每个构件单体(m³)				卷扬机
			0.4 以内		0.8 以内		
			履带吊	汽车吊	履带吊	汽车吊	
基 价 (元)			**2161.06**	**2827.66**	**791.03**	**1025.32**	**592.87**
其中	人 工 费 (元)		982.43	1152.00	343.65	404.18	486.45
	材 料 费 (元)		127.25	127.25	77.27	77.27	12.73
	机 械 费 (元)		1051.38	1548.41	370.11	543.87	93.69
名 称	单位	单价(元)	数				量
人工 综合工日	工日	75.00	13.099	15.360	4.582	5.389	6.486
材料 方木垫	m³	670.00	0.023	0.023	0.014	0.014	0.019
电焊条 结 422 φ2.5	kg	5.04	4.680	4.680	2.840	2.840	–
垫铁	kg	4.75	18.490	18.490	11.190	11.190	–
麻绳	kg	8.50	0.050	0.050	0.050	0.050	–
机械 履带式起重机 15t	台班	966.34	1.088	–	0.383	–	–
汽车式起重机 20t	台班	1205.93	–	1.284	–	0.451	–
载货汽车 4t	台班	466.52	–	–	–	–	0.010
电动卷扬机(单筒快速)10kN	台班	129.21	–	–	–	–	0.689

5. 屋架安装

工作内容:构件翻身、就位、加固、安装、校正、垫实结点、焊接或紧固螺栓。

单位:10m³

定 额 编 号			1-5-208	1-5-209
项 目			折线型屋架	
			安装高度20m以内	
			翻身就位	安装
			履 带 吊	
基 价 (元)			**1424.94**	**2536.29**
其中	人 工 费 (元)		516.38	612.68
	材 料 费 (元)		134.50	1008.86
	机 械 费 (元)		774.06	914.75
名 称	单位	单价(元)	数	量
人工 综合工日	工日	75.00	6.885	8.169
材 方木垫	m³	670.00	0.091	—
加固杉杆	m³	1700.00	0.043	—
小型砌体	m³	235.00	—	3.220
镀锌铁丝8~12号	kg	5.36	—	14.750
垫铁	kg	4.75	—	11.850
麻袋	条	5.50	—	2.200
麻绳	kg	8.50	0.050	—
料 电焊条 结422 φ2.5	kg	5.04	—	14.170
脚手架材料费	元	—	—	33.300
机 履带式起重机 25t	台班	1086.59	0.442	0.527
载货汽车 6t	台班	545.58	0.009	—
械 交流弧焊机 30kV·A	台班	216.39	1.335	1.581

工作内容:同前

定额编号			1-5-210	1-5-211	1-5-212	1-5-213
项目			三角形组合屋架（钢筋下弦拉杆）			
			拼装 每榀构件单体(m³)			
			1.0 以内		1.5 以内	
			履带吊	汽车吊	履带吊	汽车吊
基价（元）			**4981.46**	**5963.36**	**3009.55**	**3609.08**
其中	人工费（元）		1867.88	2196.23	1110.53	1312.65
	材料费（元）		929.99	929.99	600.67	600.67
	机械费（元）		2183.59	2837.14	1298.35	1695.76
名称	单位	单价(元)	数		量	
人工 综合工日	工日	75.00	24.905	29.283	14.807	17.502
材料 小型砌体	m³	235.00	3.220	3.220	2.080	2.080
木凳	m³	868.55	0.031	0.031	0.020	0.020
电焊条 结422 φ2.5	kg	5.04	29.040	29.040	18.750	18.750
机械 履带式起重机 25t	台班	1086.59	1.258	–	0.748	–
汽车式起重机 25t	台班	1269.11	–	1.479	–	0.884
交流弧焊机 30kV·A	台班	216.39	3.774	4.437	2.244	2.652

工作内容：同前

单位：10m³

定 额 编 号				1-5-214	1-5-215
项 目				三角形组合屋架（钢筋下弦拉杆）	
				拼装 每榀构件单体（m³）	
				2.0 以内	
				履带吊	汽车吊
基 价 （元）				**3106.47**	**3210.87**
其 中	人 工 费 （元）			1477.13	1211.93
	材 料 费 （元）			433.62	433.62
	机 械 费 （元）			1195.72	1565.32
名 称	单位	单价(元)		数 量	
人工 综合工日	工日	75.00		19.695	16.159
材 小型砌体	m³	235.00		1.500	1.500
木凳	m³	868.55		0.015	0.015
料 电焊条 结422 φ2.5	kg	5.04		13.510	13.510
机 履带式起重机 25t	台班	1086.59		0.689	-
汽车式起重机 25t	台班	1269.11		-	0.816
械 交流弧焊机 30kV·A	台班	216.39		2.066	2.448

定 额 编 号				1-5-216	1-5-217	1-5-218	1-5-219
项 目				三角形组合屋架（钢筋下弦拉杆）			
				安装 每榀构件单体(m³)			
				1.0 以内		1.5 以内	
				履带吊	汽车吊	履带吊	汽车吊
基 价 （元）				**3987.19**	**4661.71**	**2830.13**	**3359.95**
其中	人 工 费 （元）			1271.85	1489.88	1029.60	1199.18
	材 料 费 （元）			1156.25	1156.25	540.88	540.88
	机 械 费 （元）			1559.09	2015.58	1259.65	1619.89
名 称	单位	单价（元）		数		量	
人工 综合工日	工日	75.00		16.958	19.865	13.728	15.989
材料 方木垫	m³	670.00		0.120	0.120	0.078	0.078
木支撑	m³	1200.00		0.256	0.256	–	–
加固杉杆	m³	1700.00		–	–	0.138	0.138
加固木板	m³	1980.00		0.213	0.213	0.017	0.017
支撑方木	m³	1289.00		–	–	–	–
镀锌铁丝 8～12 号	kg	5.36		19.750	19.750	12.750	12.750
垫铁	kg	4.75		2.120	2.120	1.370	1.370
麻袋	条	5.50		2.670	2.670	1.720	1.720
麻绳	kg	8.50		0.050	0.050	0.050	0.050
电焊条 结 422 φ2.5	kg	5.04		33.730	33.730	20.140	20.140
脚手架材料费	元	–		45.870	45.870	45.870	45.870
机械 履带式起重机 25t	台班	1086.59		0.893	–	0.723	–
汽车式起重机 25t	台班	1269.11		–	1.046	–	0.842
载货汽车 6t	台班	545.58		0.017	0.017	0.009	0.009
交流弧焊机 30kV·A	台班	216.39		2.678	3.137	2.168	2.525

工作内容:同前

单位:10m³

定　额　编　号				1-5-220	1-5-221
项　　　　　目				三角形组合屋架（钢筋下弦拉杆）	
				安装 每榀构件单体(m³)	
				2.0 以内	
				履带吊	汽车吊
基　　　价　　(元)				**2637.27**	**3191.62**
其中	人　工　费　(元)			1005.38	1187.03
	材　料　费　(元)			401.75	401.75
	机　械　费　(元)			1230.14	1602.84
名　　　称		单位	单价(元)	数　　量	
人工	综合工日	工日	75.00	13.405	15.827
材料	方木垫	m³	670.00	0.056	0.056
	加固杉杆	m³	1700.00	0.099	0.099
	支撑方木	m³	1289.00	0.012	0.012
	镀锌铁丝 8~12 号	kg	5.36	9.190	9.190
	垫铁	kg	4.75	0.980	0.980
	麻袋	条	5.50	1.240	1.240
	麻绳	kg	8.50	0.050	0.050
	电焊条 结422 φ2.5	kg	5.04	14.570	14.570
	脚手架材料费	元	－	45.870	45.870
机械	履带式起重机 25t	台班	1086.59	0.706	－
	汽车式起重机 25t	台班	1269.11	－	0.833
	载货汽车 6t	台班	545.58	0.009	0.009
	交流弧焊机 30kV·A	台班	216.39	2.117	2.499

定　额　编　号			1-5-222	1-5-223	1-5-224	1-5-225
项　　　　　目			三角形组合屋架（角钢下弦拉杆）			
			拼装 每榀构件单体(m³)			
			1.0 以内		1.5 以内	
			履带吊	汽车吊	履带吊	汽车吊
基　　　价　（元）			**5912.76**	**6831.19**	**3447.73**	**4130.13**
其中	人　工　费　（元）		2297.55	2574.90	1312.65	1540.20
	材　料　费　（元）		929.99	929.99	600.67	600.67
	机　械　费　（元）		2685.22	3326.30	1534.41	1989.26
名　　　称	单位	单价(元)	数		量	
人工	综合工日	工日	75.00	30.634	34.332	17.502	20.536
材料	小型砌体	m³	235.00	3.220	3.220	2.080	2.080
	木凳	m³	868.55	0.031	0.031	0.020	0.020
	电焊条 结422 φ2.5	kg	5.04	29.040	29.040	18.750	18.750
机械	履带式起重机 25t	台班	1086.59	1.547	–	0.884	–
	汽车式起重机 25t	台班	1269.11	–	1.734	–	1.037
	交流弧焊机 30kV·A	台班	216.39	4.641	5.202	2.652	3.111

定　额　编　号					1-5-226	1-5-227
项　　　目					三角形组合屋架（角钢下弦拉杆）	
					拼装 每榀构件单体(m³)	
					2.0 以内	
					履带吊	汽车吊
基　　价　（元）					**3061.93**	**3731.31**
其 中	人　工　费　（元）				1211.93	1438.88
	材　料　费　（元）				433.62	433.62
	机　械　费　（元）				1416.38	1858.81
	名　　　称	单位	单价(元)		数　　　　量	
人工	综合工日	工日	75.00		16.159	19.185
材 料	小型砌体	m³	235.00		1.500	1.500
	木凳	m³	868.55		0.015	0.015
	电焊条 结422 φ2.5	kg	5.04		13.510	13.510
机 械	履带式起重机 25t	台班	1086.59		0.816	－
	汽车式起重机 25t	台班	1269.11		－	0.969
	交流弧焊机 30kV·A	台班	216.39		2.448	2.907

定　额　编　号				1-5-228	1-5-229	1-5-230	1-5-231
项　　　　　目				三角形组合屋架（角钢下弦拉杆）			
				安装 每榀构件单体(m³)			
				1.0 以内		1.5 以内	
				履带吊	汽车吊	履带吊	汽车吊
基　　价　(元)				**3954.89**	**4628.81**	**2956.12**	**3485.94**
其中	人　工　费　(元)			1399.95	1617.38	1157.10	1326.68
	材　料　费　(元)			995.85	995.85	539.37	539.37
	机　械　费　(元)			1559.09	2015.58	1259.65	1619.89
名　　称	单位	单价(元)		数		量	
人工 综合工日	工日	75.00		18.666	21.565	15.428	17.689
材料	方木垫	m³	670.00	0.120	0.120	0.078	0.078
	垫铁	kg	4.75	2.120	2.120	1.370	1.370
	支撑方木	m³	1289.00	0.256	0.256	−	−
	支撑杉杆	m³	1120.00	0.213	0.213	0.017	0.017
	木支撑	m³	1200.00	−	−	0.017	0.017
	加固杉杆	m³	1700.00	−	−	0.138	0.138
	电焊条 结422 φ2.5	kg	5.04	33.730	33.730	20.140	20.140
	镀锌铁丝 8～12 号	kg	5.36	19.750	19.750	12.750	12.750
	麻袋	条	5.50	2.670	2.670	1.720	1.720
	麻绳	kg	8.50	0.050	0.050	0.050	0.050
	脚手架材料费	元	−		45.870	45.870	45.870	45.870
机械	履带式起重机 25t	台班	1086.59	0.893	−	0.723	−
	汽车式起重机 25t	台班	1269.11	−	1.046	−	0.842
	载货汽车 6t	台班	545.58	0.017	0.017	0.009	0.009
	交流弧焊机 30kV·A	台班	216.39	2.678	3.137	2.168	2.525

工作内容:同前

定　额　编　号				1-5-232	1-5-233
项　　　　　目				三角形组合屋架（角钢下弦拉杆）	
				安装 每榀构件单体（m³）	
				2.0 以内	
				履带吊	汽车吊
基　　　价　（元）				**2763.70**	**3318.05**
其中	人　工　费　（元）			1132.88	1314.53
	材　料　费　（元）			400.68	400.68
	机　械　费　（元）			1230.14	1602.84
名　　　称	单位	单价(元)		数　　量	量
人工 综合工日	工日	75.00		15.105	17.527
材料 方木垫	m³	670.00		0.056	0.056
垫铁	kg	4.75		0.980	0.980
木支撑	m³	1200.00		0.012	0.012
加固杉杆	m³	1700.00		0.099	0.099
电焊条 结422 φ2.5	kg	5.04		14.570	14.570
镀锌铁丝 8～12 号	kg	5.36		9.190	9.190
麻袋	条	5.50		1.240	1.240
麻绳	kg	8.50		0.050	0.050
脚手架材料费	元	-		45.870	45.870
机械 履带式起重机 25t	台班	1086.59		0.706	-
汽车式起重机 25t	台班	1269.11		-	0.833
载货汽车 6t	台班	545.58		0.009	0.009
交流弧焊机 30kV·A	台班	216.39		2.117	2.499

单位:10m³

定 额 编 号				1-5-234	1-5-235	1-5-236	1-5-237
项 目				三角形组合屋架(槽钢下弦拉杆)			
				拼装 每榀构件单体(m³)			
				1.0 以内		1.5 以内	
				履带吊	汽车吊	履带吊	汽车吊
基 价 (元)				**6707.21**	**8076.21**	**4050.27**	**4854.10**
其 中	人 工 费 (元)			2663.48	3118.05	1590.60	1855.80
	材 料 费 (元)			929.99	929.99	600.67	600.67
	机 械 费 (元)			3113.74	4028.17	1859.00	2397.63
名 称		单位	单价(元)	数		量	
人工	综合工日	工日	75.00	35.513	41.574	21.208	24.744
材料	木凳	m³	868.55	0.031	0.031	0.020	0.020
	小型砌体	m³	235.00	3.220	3.220	2.080	2.080
	电焊条 结 422 φ2.5	kg	5.04	29.040	29.040	18.750	18.750
机械	履带式起重机 25t	台班	1086.59	1.794	–	1.071	–
	汽车式起重机 25t	台班	1269.11	–	2.100	–	1.250
	交流弧焊机 30kV·A	台班	216.39	5.381	6.299	3.213	3.749

定　额　编　号				1-5-238	1-5-239
项　　　　目				三角形组合屋架（槽钢下弦拉杆）	
				拼装 每榀构件单体（m³）	
				2.0 以内	
				履带吊	汽车吊
基　　　价　（元）				**3637.61**	**4397.78**
其中	人　工　费　（元）			1477.13	1729.58
	材　料　费　（元）			433.62	433.62
	机　械　费　（元）			1726.86	2234.58
名　　　称		单位	单价(元)	数	量
人工	综合工日	工日	75.00	19.695	23.061
材料	木凳	m³	868.55	0.015	0.015
	小型砌体	m³	235.00	1.500	1.500
	电焊条 结422 φ2.5	kg	5.04	13.510	13.510
机械	履带式起重机 25t	台班	1086.59	0.995	–
	汽车式起重机 25t	台班	1269.11	–	1.165
	交流弧焊机 30kV·A	台班	216.39	2.984	3.494

工作内容:同前

单位:10m³

定　额　编　号				1-5-240	1-5-241	1-5-242	1-5-243
项　　　　　目				三角形组合屋架(槽钢下弦拉杆)			
				安装 每榀构件单体(m³)			
				1.0 以内		1.5 以内	
				履带吊	汽车吊	履带吊	汽车吊
基　　价　(元)				**4119.36**	**4793.28**	**3019.87**	**3549.69**
其中	人　工　费　(元)			1463.70	1681.13	1220.85	1390.43
	材　料　费　(元)			1096.57	1096.57	539.37	539.37
	机　械　费　(元)			1559.09	2015.58	1259.65	1619.89
名　　称		单位	单价(元)	数		量	
人工	综合工日	工日	75.00	19.516	22.415	16.278	18.539
材料	方木垫	m³	670.00	0.120	0.120	0.078	0.078
	加固杉杆	m³	1700.00	0.213	0.213	0.138	0.138
	木支撑	m³	1200.00	0.256	0.256	0.017	0.017
	垫铁	kg	4.75	2.112	2.112	1.370	1.370
	镀锌铁丝 8~12 号	kg	5.36	19.750	19.750	12.750	12.750
	麻袋	条	5.50	2.670	2.670	1.720	1.720
	麻绳	kg	8.50	0.050	0.050	0.050	0.050
	电焊条 结422 φ2.5	kg	5.04	33.730	33.730	20.140	20.140
	脚手架材料费	元	—	45.870	45.870	45.870	45.870
机械	履带式起重机 25t	台班	1086.59	0.893	—	0.723	—
	汽车式起重机 25t	台班	1269.11	—	1.046	—	0.842
	载货汽车 6t	台班	545.58	0.017	0.017	0.009	0.009
	交流弧焊机 30kV·A	台班	216.39	2.678	3.137	2.168	2.525

定 额 编 号			1-5-244	1-5-245
项　　　　目			三角形组合屋架(槽钢下弦拉杆)	
			安装 每榀构件单体(m³)	
			2.0以内	
			履带吊	汽车吊
基　　价　(元)			**2836.80**	**3391.15**
其中	人　工　费　(元)		1196.63	1378.28
	材　料　费　(元)		410.03	410.03
	机　械　费　(元)		1230.14	1602.84
名　　　　称	单位	单价(元)	数 量	
人工 综合工日	工日	75.00	15.955	18.377
材料 加固杉杆	m³	1700.00	0.099	0.099
木支撑	m³	1200.00	0.012	0.012
垫铁	kg	4.75	0.980	0.980
镀锌铁丝 8～12 号	kg	5.36	9.190	9.190
麻袋	条	5.50	1.240	1.240
麻绳	kg	8.50	0.050	0.050
电焊条 结 422 φ2.5	kg	5.04	14.570	14.570
垫木	m³	837.00	0.056	0.056
脚手架材料费	元	—	45.870	45.870
机械 履带式起重机 25t	台班	1086.59	0.706	—
汽车式起重机 25t	台班	1269.11	—	0.833
载货汽车 6t	台班	545.58	0.009	0.009
交流弧焊机 30kV·A	台班	216.39	2.117	2.499

工作内容:同前

单位:10m³

定 额 编 号			1-5-246	1-5-247	1-5-248	1-5-249
项 目			锯齿形屋架			
			每个构件单体 0.5m³ 以内			
			翻身就位		安 装	
			履带吊	汽车吊	履带吊	汽车吊
基 价 (元)			**2227.66**	**2781.48**	**5548.81**	**6781.96**
其中	人 工 费 (元)		719.10	849.15	2167.50	2535.98
	材 料 费 (元)		121.69	121.69	430.52	430.52
	机 械 费 (元)		1386.87	1810.64	2950.79	3815.46
名 称	单位	单价(元)	数		量	
人工 综合工日	工日	75.00	9.588	11.322	28.900	33.813
材料	镀锌铁丝 8~12 号	kg	5.36	–	–	26.170	26.170
	垫铁	kg	4.75	–	–	39.780	39.780
	方木垫	m³	670.00	0.153	0.153	–	–
	杉杆	m³	1250.00	0.015	0.015	–	–
	乙炔气	m³	25.20	–	–	0.210	0.210
	氧气	m³	3.60	–	–	0.500	0.500
	麻绳	kg	8.50	0.050	0.050	–	–
	电焊条 结 422 φ2.5	kg	5.04	–	–	18.690	18.690
机械	履带式起重机 25t	台班	1086.59	0.799	–	1.700	–
	汽车式起重机 25t	台班	1269.11	–	0.944	–	1.989
	交流弧焊机 30kV·A	台班	216.39	2.397	2.831	5.100	5.967

注:1-5-248 至 1-5-255 子目为不带梁混凝土门式刚架。

定　额　编　号				1-5-250	1-5-251	1-5-252	1-5-253
项　　　　　　　目				不带梁门式刚架			
				跨度 15m 以内 每个构件体积(m³)			
				2.5 以内		3.5 以内	
				履带吊	汽车吊	履带吊	汽车吊
基　　　价　　　(元)				**3172.51**	**3790.80**	**2792.12**	**3334.01**
其中	人　工　费　(元)			1067.18	1250.78	940.95	1101.60
	材　料　费　(元)			556.70	556.70	485.61	485.61
	机　械　费　(元)			1548.63	1983.32	1365.56	1746.80
名　　　　称	单位	单价(元)	数			量	
人工	综合工日	工日	75.00	14.229	16.677	12.546	14.688
材料	方木垫	m³	670.00	0.091	0.091	0.079	0.079
	硬木楔	m³	1397.25	0.155	0.155	0.135	0.135
	二等板方材 综合	m³	1800.00	0.003	0.003	0.002	0.002
	木脚手板	m³	1487.00	0.021	0.021	0.019	0.019
	加固杉杆 φ10×3.5	m³	1700.00	0.013	0.013	0.011	0.011
	加固杉杆 φ12×2.5	m³	1700.00	0.007	0.007	0.006	0.006

注:1-5-248 至 1-5-255 子目为不带梁混凝土门式刚架。

续前

定 额 编 号			1-5-250	1-5-251	1-5-252	1-5-253
项 目			不带梁门式刚架			
			跨度15m以内 每个构件体积(m³)			
			2.5 以内		3.5 以内	
			履带吊	汽车吊	履带吊	汽车吊
材	加固杉杆 φ20×8.5	m³	1700.00	0.015	0.015	0.013	0.013
	垫铁	kg	4.75	2.720	2.720	2.380	2.380
	镀锌铁丝 8~12 号	kg	5.36	4.290	4.290	3.760	3.760
	钢丝绳 股丝6~7×19 φ=14.1~15	kg	6.57	2.103	2.103	1.842	1.842
	扒钉	kg	6.00	0.560	0.560	0.490	0.490
	螺栓 φ20	个	1.94	2.190	2.190	1.920	1.920
料	麻袋	条	5.50	0.860	0.860	0.750	0.750
	电焊条 结422 φ2.5	kg	5.04	24.000	24.000	21.200	21.200
机	履带式起重机 25t	台班	1086.59	0.791	–	0.697	–
	汽车式起重机 25t	台班	1269.11	–	0.927	–	0.816
	载货汽车 6t	台班	545.58	0.009	0.009	0.009	0.009
械	交流弧焊机 30kV·A	台班	216.39	3.162	3.706	2.788	3.264

注:1-5-248 至 1-5-255 子目为不带梁混凝土门式刚架。

工作内容:同前
单位:10m³

定 额 编 号				1-5-254	1-5-255	1-5-256	1-5-257
项 目				不带梁门式刚架			
				跨度24m 以内 每个构件体积(m³)			
				3.5 以内		4.5 以内	
				履带吊	汽车吊	履带吊	汽车吊
基 价 (元)				**2871.07**	**3540.75**	**2345.58**	**2871.95**
其中	人 工 费 (元)			1009.80	1216.35	826.20	986.85
	材 料 费 (元)			396.15	396.15	319.75	319.75
	机 械 费 (元)			1465.12	1928.25	1199.63	1565.35
名 称		单位	单价(元)	数			量
人工	综合工日	工日	75.00	13.464	16.218	11.016	13.158
材料	方木垫	m³	670.00	0.065	0.065	0.052	0.052
	硬木楔	m³	1397.25	0.110	0.110	0.089	0.089
	加固杉杆 φ20×8.5	m³	1700.00	0.025	0.025	0.021	0.021
	二等板方材 综合	m³	1800.00	0.002	0.002	0.001	0.001
	木脚手板	m³	1487.00	0.015	0.015	0.012	0.012

注:1-5-248 至 1-5-255 子目为不带梁混凝土门式刚架。

续前

定 额 编 号				1-5-254	1-5-255	1-5-256	1-5-257
项 目				不带梁门式刚架			
				跨度24m以内 每个构件体积(m³)			
				3.5 以内		4.5 以内	
				履带吊	汽车吊	履带吊	汽车吊
材料	镀锌铁丝 8~12 号	kg	5.36	3.060	3.060	2.450	2.450
	钢丝绳 股丝6~7×19 φ=14.1~15	kg	6.57	1.500	1.500	1.210	1.210
	垫铁	kg	4.75	1.940	1.940	1.570	1.570
	扒钉	kg	6.00	0.410	0.410	0.330	0.330
	螺栓 φ20	个	1.94	1.560	1.560	1.260	1.260
	麻袋	条	5.50	0.610	0.610	0.490	0.490
	电焊条 结 422 φ2.5	kg	5.04	17.100	17.100	13.800	13.800
机械	履带式起重机 25t	台班	1086.59	0.748	–	0.612	–
	汽车式起重机 25t	台班	1269.11	–	0.901	–	0.731
	载货汽车 6t	台班	545.58	0.009	0.009	0.009	0.009
	交流弧焊机 30kV·A	台班	216.39	2.992	3.604	2.448	2.924

注:1-5-248 至 1-5-255 子目为不带梁混凝土门式刚架。

6. 天窗架、天窗端壁安装

工作内容:构件翻身、就位、加固、安装、校正、垫实结点、焊接或紧固螺栓。

单位:10m³

定　额　编　号			1-5-258	1-5-259	1-5-260	1-5-261
项　　　　　目			天窗架及端壁板拼装			
			每个构件体积(m³)			
			0.5 以内		1.0 以内	
			履带吊	汽车吊	履带吊	汽车吊
基　　价　(元)			**6450.26**	**7644.14**	**3514.25**	**4189.55**
其中	人　工　费　(元)		2145.83	2513.03	1227.83	1434.38
	材　料　费　(元)		2065.86	2065.86	1004.16	1004.16
	机　械　费　(元)		2238.57	3065.25	1282.26	1751.01
名　　　　称	单位	单价(元)	数		量	
人工 综合工日	工日	75.00	28.611	33.507	16.371	19.125
材料 硬木楔	m³	1397.25	0.142	0.142	0.068	0.068
二等板方材 综合	m³	1800.00	0.172	0.172	0.093	0.093
加固杉杆 φ10×5	m³	1700.00	0.022	0.022	0.010	0.010
加固杉杆 φ10×6.5	m³	1700.00	0.049	0.049	0.024	0.024
加固杉杆 φ12×10	m³	1700.00	0.380	0.380	0.181	0.181
镀锌铁丝 8~12 号	kg	5.36	67.280	67.280	31.810	31.810
电焊条 结422 φ2.5	kg	5.04	65.830	65.830	31.460	31.460
脚手架材料费	元	–	98.745	98.745	47.190	47.190
机械 履带式起重机 15t	台班	966.34	1.590	–	0.910	–
汽车式起重机 20t	台班	1205.93	–	1.862	–	1.063
载货汽车 6t	台班	545.58	0.026	0.026	0.017	0.017
交流弧焊机 30kV·A	台班	216.39	3.179	3.723	1.819	2.125

定 额 编 号				1-5-262	1-5-263	1-5-264	1-5-265
项 目				天窗架及端壁板拼装		天窗架及端壁板安装	
				每个构件体积(m³)			
				2.0 以内		0.5 以内	
				履带吊	汽车吊	履带吊	汽车吊
基 价 （元）				**2240.26**	**2607.99**	**4771.63**	**5953.29**
其中	人 工 费 (元)			780.30	883.58	2076.98	2444.18
	材 料 费 (元)			646.36	646.36	541.62	541.62
	机 械 费 (元)			813.60	1078.05	2153.03	2967.49
名 称		单位	单价(元)	数		量	
人工	综合工日	工日	75.00	10.404	11.781	27.693	32.589
材料	硬木楔	m³	1397.25	0.046	0.046	0.070	0.070
	二等板方材 综合	m³	1800.00	0.063	0.063	–	–
	方木垫	m³	670.00	–	–	0.070	0.070
	垫铁	kg	4.75	–	–	34.780	34.780
	加固杉杆 φ10×5	m³	1700.00	0.007	0.007	–	–

单位:10m³

定 额 编 号				1-5-262	1-5-263	1-5-264	1-5-265
项　　　　目				天窗架及端壁板拼装		天窗架及端壁板安装	
				每个构件体积(m³)			
				2.0 以内		0.5 以内	
				履带吊	汽车吊	履带吊	汽车吊
材料	加固杉杆 φ10×6.5	m³	1700.00	0.016	0.016	–	–
	加固杉杆 φ12×10	m³	1700.00	0.122	0.122	–	–
	麻袋	条	5.50	–	–	4.600	4.600
	麻绳	kg	8.50	–	–	0.050	0.050
	镀锌铁丝 8~12 号	kg	5.36	21.480	21.480	–	–
	电焊条 结 422 φ2.5	kg	5.04	21.240	21.240	39.080	39.080
	脚手架材料费	元	–	–	–	9.015	9.015
机械	履带式起重机 15t	台班	966.34	0.578	–	1.539	–
	汽车式起重机 20t	台班	1205.93	–	0.655	–	1.811
	载货汽车 6t	台班	545.58	0.009	0.009	–	–
	交流弧焊机 30kV·A	台班	216.39	1.156	1.309	3.077	3.621

工作内容:同前

定 额 编 号			1-5-266	1-5-267	1-5-268	1-5-269
项 目			天窗架及端壁板安装			
			每个构件体积(m³)			
			1.0 以内		2.0 以内	
			履带吊	汽车吊	履带吊	汽车吊
基 价 (元)			**2667.38**	**3365.03**	**1716.73**	**2131.19**
其中	人 工 费 (元)		1176.23	1399.95	757.35	883.58
	材 料 费 (元)		265.74	265.74	174.47	174.47
	机 械 费 (元)		1225.41	1699.34	784.91	1073.14
名 称	单位	单价(元)	数		量	
人工 综合工日	工日	75.00	15.683	18.666	10.098	11.781
材料 硬木楔	m³	1397.25	0.033	0.033	0.017	0.017
方木垫	m³	670.00	0.034	0.034	0.023	0.023
垫铁	kg	4.75	16.630	16.630	11.320	11.320
麻袋	条	5.50	2.200	2.200	1.480	1.480
麻绳	kg	8.50	0.050	0.050	0.050	0.050
电焊条 结422 φ2.5	kg	5.04	19.110	19.110	12.690	12.690
脚手架材料费	元	—	9.015	9.015	9.015	9.015
机械 履带式起重机 15t	台班	966.34	0.876	—	0.561	—
汽车式起重机 20t	台班	1205.93	—	1.037	—	0.655
交流弧焊机 30kV·A	台班	216.39	1.751	2.074	1.122	1.309

定 额 编 号			1-5-270	1-5-271	1-5-272	1-5-273
项 目			天窗上下档		支 撑	
			每个构件体积(m³)			
			0.4 以内		0.8 以内	
			履带吊	汽车吊	履带吊	汽车吊
基 价 (元)			**3797.66**	**4663.03**	**7304.23**	**9232.52**
其中	人 工 费 (元)		1441.43	1701.53	3272.93	3847.35
	材 料 费 (元)		774.04	774.04	439.76	439.76
	机 械 费 (元)		1582.19	2187.46	3591.54	4945.41
名 称	单位	单价(元)	数		量	
人工 综合工日	工日	75.00	19.219	22.687	43.639	51.298
材料 方木垫	m³	670.00	0.027	0.027	0.013	0.013
垫铁	kg	4.75	65.000	65.000	31.340	31.340
麻绳	kg	8.50	0.030	0.030	0.030	0.030
电焊条 结 422 φ2.5	kg	5.04	86.890	86.890	54.150	54.150
脚手架材料费	元	-		9.015	9.015	9.015
机械 履带式起重机 15t	台班	966.34	1.131	-	2.567	-
汽车式起重机 20t	台班	1205.93	-	1.335	-	3.018
交流弧焊机 30kV·A	台班	216.39	2.261	2.669	5.134	6.035

定　额　编　号			1-5-274	1-5-275	1-5-276	1-5-277
项　　　　　　　目			天窗侧板		檩　条	
			每个构件体积(m³)			
			0.2 以内			
			履带吊	汽车吊	履带吊	汽车吊
基　　　价　　（元）			**40840.11**	**50262.85**	**1612.99**	**1780.08**
其中	人　工　费　（元）		17329.20	20027.70	479.40	566.10
	材　料　费　（元）		4494.29	4494.29	220.71	220.71
	机　械　费　（元）		19016.62	25740.86	912.88	993.27
名　　　　　称	单位	单价(元)	数		量	
人工 综合工日	工日	75.00	231.056	267.036	6.392	7.548
材料 方木垫	m³	670.00	0.262	0.262	0.010	0.010
垫铁	kg	4.75	629.370	629.370	26.430	26.430
麻绳	kg	8.50	0.030	0.030	0.270	0.270
电焊条 结 422 φ2.5	kg	5.04	261.900	261.900	15.310	15.310
脚手架材料费	元	－	9.015	9.015	9.015	9.015
机械 履带式起重机 15t	台班	966.34	13.592	－	0.680	－
汽车式起重机 20t	台班	1205.93	－	15.708	－	0.578
交流弧焊机 30kV·A	台班	216.39	27.183	31.416	1.182	1.369

7.板安装

工作内容:1.构件翻身、就位、加固、安装、校正、垫实结点、焊接或紧固螺栓。2.按规定地点卸车堆放、支垫稳固。

单位:10m³

定 额 编 号			1-5-278	1-5-279	1-5-280	1-5-281
项 目			大型屋面板		挑檐屋面板	
			每个构件体积(m³)			
			0.6 以内			
			履带吊	汽车吊	履带吊	汽车吊
基 价 （元）			**735.85**	**902.63**	**1673.63**	**2145.47**
其中	人 工 费 （元）		288.15	340.43	605.03	720.38
	材 料 费 （元）		127.85	127.85	128.61	115.76
	机 械 费 （元）		319.85	434.35	939.99	1309.33
名 称	单位	单价(元)	数		量	
人工 综合工日	工日	75.00	3.842	4.539	8.067	9.605
材料 垫木	m³	837.00	0.048	0.048	0.077	–
方木垫	m³	670.00	–	–	–	0.077
垫铁	kg	4.75	9.270	9.270	4.480	4.480
麻绳	kg	8.50	0.050	0.050	0.050	0.050
电焊条 结422 φ2.5	kg	5.04	6.030	6.030	5.880	5.880
脚手架材料费	元		12.825	12.825	12.825	12.825
机械 履带式起重机 15t	台班	966.34	0.230	–	0.672	–
汽车式起重机 20t	台班	1205.93	–	0.264	–	0.799
交流弧焊机 30kV·A	台班	216.39	0.451	0.536	1.343	1.598

工作内容:同前

定　额　编　号				1-5-282	1-5-283	1-5-284	1-5-285
项　　　　　目				槽形板		大型屋面板	挑檐屋面板
				每个构件体积(m³)			
				1.2 以内		0.6 以内	
				履带吊	汽车吊	塔式起重机	
基　　　价　（元）				**680.37**	**767.72**	**443.57**	**760.89**
其中	人　工　费　（元）			243.53	251.18	248.63	435.45
	材　料　费　（元）			56.28	56.28	110.33	115.76
	机　械　费　（元）			380.56	460.26	84.61	209.68
	名　　　　称	单位	单价(元)	数　　　　　量			
人工	综合工日	工日	75.00	3.247	3.349	3.315	5.806
材料	方木垫	m³	670.00	0.006	0.006	0.048	0.077
	垫铁	kg	4.75	8.770	8.770	7.270	4.480
	麻绳	kg	8.50	0.050	0.050	0.050	0.050
	电焊条 结 422 φ2.5	kg	5.04	2.020	2.020	6.030	5.880
	脚手架材料费	元		–	–	12.825	12.825
机械	履带式起重机 15t	台班	966.34	0.272	–	–	–
	汽车式起重机 20t	台班	1205.93	–	0.281	–	–
	交流弧焊机 30kV·A	台班	216.39	0.544	0.561	0.391	0.969

工作内容:同前

单位:10m³

定 额 编 号			1-5-286	1-5-287	1-5-288
项　　　　目			槽形板	大型屋面板	槽形板
			每个构件体积(m³)		
			1.2 以内	0.6 以内	1.2 以内
			塔式起重机	卷扬机	
基　　　价　(元)			**384.21**	**1042.31**	**968.45**
其中	人　工　费　(元)		221.25	747.15	701.93
	材　料　费　(元)		56.28	153.42	88.00
	机　械　费　(元)		106.68	141.74	178.52
名　　　称	单位	单价(元)	数		量
人工 综合工日	工日	75.00	2.950	9.962	9.359
材料 方木垫	m³	670.00	0.006	0.062	0.008
垫铁	kg	4.75	8.770	12.510	11.840
麻绳	kg	8.50	0.050	0.050	0.050
电焊条 结 422 φ2.5	kg	5.04	2.020	7.780	2.610
脚手架材料费	元	－	－	12.825	12.825
机械 交流弧焊机 30kV·A	台班	216.39	0.493	0.655	0.825

定 额 编 号			1-5-289	1-5-290	1-5-291	1-5-292
项 目			长向空心板(焊接安装)			
			每个构件体积(m³)			
			0.6 以内		1.2 以内	
			履带吊	汽车吊	履带吊	汽车吊
基 价 (元)			**660.59**	**797.93**	**470.74**	**569.61**
其中	人 工 费 (元)		297.75	328.35	236.55	259.50
	材 料 费 (元)		65.04	65.04	31.53	31.53
	机 械 费 (元)		297.80	404.54	202.66	278.58
名 称	单位	单价(元)	数		量	
人工 综合工日	工日	75.00	3.970	4.378	3.154	3.460
材料 方木垫	m³	670.00	0.008	0.008	0.004	0.004
垫铁	kg	4.75	9.430	9.430	4.520	4.520
麻绳	kg	8.50	0.050	0.050	0.050	0.050
电焊条 结 422 φ2.5	kg	5.04	2.870	2.870	1.380	1.380
机械 履带式起重机 15t	台班	966.34	0.213	–	0.145	–
汽车式起重机 20t	台班	1205.93	–	0.247	–	0.170
交流弧焊机 30kV·A	台班	216.39	0.425	0.493	0.289	0.340

定　额　编　号				1-5-293	1-5-294	1-5-295	1-5-296
项　　　　　目				长向空心板(不焊接)			
				每个构件体积(m³)			
				0.6 以内		1.2 以内	
				履带吊	汽车吊	履带吊	汽车吊
基　　　　价　　(元)				**402.87**	**525.50**	**273.28**	**361.12**
其 中	人　工　费　(元)			191.25	221.85	130.05	153.00
	材　料　费　(元)			5.79	5.79	3.11	3.11
	机　械　费　(元)			205.83	297.86	140.12	205.01
名　　称		单位	单价(元)	数		量	
人工	综合工日	工日	75.00	2.550	2.958	1.734	2.040
材料	方木垫	m³	670.00	0.008	0.008	0.004	0.004
	麻绳	kg	8.50	0.050	0.050	0.050	0.050
机械	履带式起重机 15t	台班	966.34	0.213	－	0.145	－
	汽车式起重机 20t	台班	1205.93	－	0.247	－	0.170

单位:10m³

定 额 编 号			1-5-297	1-5-298	1-5-299	1-5-300
项 目			空心板(焊接安装)			
			每个构件体积(m³)			
			0.2 以内		0.3 以内	
			履带吊	汽车吊	履带吊	汽车吊
基 价 (元)			**1406.66**	**1864.00**	**1021.61**	**1254.73**
其中	人 工 费 (元)		534.90	738.90	412.50	466.05
	材 料 费 (元)		205.78	205.78	133.41	133.41
	机 械 费 (元)		665.98	919.32	475.70	655.27
名 称	单位	单价(元)	数		量	
人工 综合工日	工日	75.00	7.132	9.852	5.500	6.214
材料 方木垫	m³	670.00	0.026	0.026	0.017	0.017
垫铁	kg	4.75	29.910	29.910	19.350	19.350
麻绳	kg	8.50	0.050	0.050	0.050	0.050
电焊条 结422 φ2.5	kg	5.04	9.100	9.100	5.890	5.890
机械 履带式起重机 15t	台班	966.34	0.476	–	0.340	–
汽车式起重机 20t	台班	1205.93	–	0.561	–	0.400
交流弧焊机 30kV·A	台班	216.39	0.952	1.122	0.680	0.799

工作内容:同前

单位:10m³

定 额 编 号				1-5-301	1-5-302	1-5-303	1-5-304
项 目				空心板(不焊接)			
				每个构件体积(m³)			
				0.2 以内		0.3 以内	
				履带吊	汽车吊	履带吊	汽车吊
基 价 (元)				**906.23**	**1326.78**	**646.38**	**853.74**
其中	人 工 费 (元)			428.40	632.40	306.00	359.55
	材 料 费 (元)			17.85	17.85	11.82	11.82
	机 械 费 (元)			459.98	676.53	328.56	482.37
名 称		单位	单价(元)	数			量
人工	综合工日	工日	75.00	5.712	8.432	4.080	4.794
材料	方木垫	m³	670.00	0.026	0.026	0.017	0.017
	麻绳	kg	8.50	0.050	0.050	0.050	0.050
机械	履带式起重机 15t	台班	966.34	0.476	—	0.340	—
	汽车式起重机 20t	台班	1205.93	—	0.561	—	0.400

工作内容:同前

定　额　编　号				1-5-305	1-5-306	1-5-307	1-5-308
项　　　　　目				空心板(焊接安装)		空心板(不焊接安装)	
				每个构件体积(m³)			
				0.2 以内	0.3 以内	0.2 以内	0.3 以内
				塔式起重机			
基　　　价　　(元)				**837.53**	**623.32**	**383.78**	**283.73**
其中	人　工　费　(元)			455.18	355.13	365.93	265.88
	材　料　费　(元)			205.78	139.44	17.85	17.85
	机　械　费　(元)			176.57	128.75	-	-
名　　　称		单位	单价(元)	数		量	
人工	综合工日	工日	75.00	6.069	4.735	4.879	3.545
材料	方木垫	m³	670.00	0.026	0.026	0.026	0.026
	垫铁	kg	4.75	29.910	19.350	-	-
	麻绳	kg	8.50	0.050	0.050	0.050	0.050
	电焊条 结422 φ2.5	kg	5.04	9.100	5.890	-	-
机械	交流弧焊机 30kV·A	台班	216.39	0.816	0.595	-	-

工作内容:同前

单位:10m³

定 额 编 号				1-5-309	1-5-310	1-5-311	1-5-312
项 目				长向空心板(焊接安装)		长向空心板(不焊接安装)	
				每个构件体积(m³)			
				0.6 以内	1.2 以内	0.6 以内	1.2 以内
				塔式起重机			
基 价 (元)				**399.92**	**288.84**	**172.22**	**115.99**
其中	人 工 费 (元)			255.68	202.13	166.43	112.88
	材 料 费 (元)			65.04	31.53	5.79	3.11
	机 械 费 (元)			79.20	55.18	–	–
名 称		单位	单价(元)	数		量	
人工	综合工日	工日	75.00	3.409	2.695	2.219	1.505
材料	方木垫	m³	670.00	0.008	0.004	0.008	0.004
	垫铁	kg	4.75	9.430	4.520	–	–
	麻绳	kg	8.50	0.050	0.050	0.050	0.050
	电焊条 结422 φ2.5	kg	5.04	2.870	1.380	–	–
机械	交流弧焊机 30kV·A	台班	216.39	0.366	0.255	–	–

工作内容:同前

定 额 编 号			1-5-313	1-5-314	1-5-315	1-5-316
项 目			空心板(焊接安装)		空心板(不焊接安装)	
			每个构件体积(m³)			
			0.2 以内	0.3 以内	0.2 以内	0.3 以内
			卷 扬 机			
基 价 (元)			**1522.32**	**1182.60**	**616.76**	**451.22**
其中	人 工 费 (元)		939.08	775.20	593.55	436.05
	材 料 费 (元)		287.00	190.36	23.21	15.17
	机 械 费 (元)		296.24	217.04	—	—
名 称	单位	单价(元)	数		量	
人工 综合工日	工日	75.00	12.521	10.336	7.914	5.814
材料 方木垫	m³	670.00	0.034	0.022	0.034	0.022
垫铁	kg	4.75	40.380	26.120	—	—
麻绳	kg	8.50	0.050	0.050	0.050	0.050
电焊条 结 422 φ2.5	kg	5.04	11.740	7.600	—	—
脚手架材料费	元	—	12.825	12.825	—	—
机械 交流弧焊机 30kV·A	台班	216.39	1.369	1.003	—	—

工作内容:同前

定　额　编　号				1-5-317	1-5-318	1-5-319	1-5-320
项　　　　　目				混凝土墙板安装			
				三层以内 每个构件体积(m³)			
				2 以内	2 以外	2 以内	2 以外
				履带吊	汽车吊	履带吊	汽车吊
基　　　　　价　(元)				**1386.92**	**1355.88**	**1214.96**	**1104.78**
其中	人　工　费　(元)			548.25	341.10	638.18	414.38
	材　料　费　(元)			132.21	103.41	132.21	103.41
	机　械　费　(元)			706.46	911.37	444.57	586.99
名　　　称		单位	单价(元)	数			量
人工	综合工日	工日	75.00	7.310	4.548	8.509	5.525
材料	垫铁	kg	4.75	14.746	12.420	14.746	12.420
	麻袋	条	5.50	0.820	0.690	0.820	0.690
	麻绳	kg	8.50	0.050	0.050	0.050	0.050
	电焊条 结422 φ2.5	kg	5.04	8.810	5.430	8.810	5.430
	脚手架材料费	元	－	12.825	12.825	12.825	12.825
机械	履带式起重机 25t	台班	1086.59	0.408	－	0.255	－
	汽车式起重机 25t	台班	1269.11	－	0.476	－	0.306
	交流弧焊机 30kV·A	台班	216.39	1.216	1.420	0.774	0.918

定 额 编 号			1-5-321	1-5-322	1-5-323	1-5-324
项 目			混凝土墙板安装			
			三层以内 每个构件体积(m³)		六层以内 每个构件体积(m³)	
			2 以内	2 以外	2 以内	2 以外
			塔式起重机			
基 价 (元)			**794.09**	**505.21**	**839.55**	**554.87**
其中	人 工 费 (元)		501.75	309.83	536.18	341.10
	材 料 费 (元)		132.21	103.41	132.21	103.41
	机 械 费 (元)		160.13	91.97	171.16	110.36
名 称	单位	单价(元)	数		量	
人工	综合工日	工日	75.00	6.690	4.131	7.149	4.548
材料	垫铁	kg	4.75	14.746	12.420	14.746	12.420
	麻袋	条	5.50	0.820	0.690	0.820	0.690
	麻绳	kg	8.50	0.050	0.050	0.050	0.050
	电焊条 结422 φ2.5	kg	5.04	8.810	5.430	8.810	5.430
	脚手架材料费	元	-	12.825	12.825	12.825	12.825
机械	交流弧焊机 30kV·A	台班	216.39	0.740	0.425	0.791	0.510

定　额　编　号			1-5-325	1-5-326	1-5-327	1-5-328
项　　　　　目			平板(焊接安装)		平板(不焊接安装)	
			每个构件体积(m³)			
			0.2 以内	0.3 以内	0.2 以内	0.3 以内
			卷扬机			
基　　　价　　(元)			**1588.30**	**1244.32**	**672.32**	**498.53**
其中	人　工　费　(元)		974.10	808.35	634.95	469.20
	材　料　费　(元)		301.52	204.22	37.37	29.33
	机　械　费　(元)		312.68	231.75	–	–
名　　　称	单位	单价(元)	数			量
人工	综合工日	工日	75.00	12.988	10.778	8.466	6.256
材料	方木垫	m³	670.00	0.036	0.024	0.036	0.024
	垫铁	kg	4.75	42.390	27.990	–	–
	麻绳	kg	8.50	0.050	0.050	0.050	0.050
	电焊条 结 422 φ2.5	kg	5.04	12.460	8.320	–	–
	脚手架材料费	元	–	12.825	12.825	12.825	12.825
机械	交流弧焊机 30kV·A	台班	216.39	1.445	1.071	–	–

定　额　编　号			1-5-329	1-5-330	1-5-331	1-5-332
项　　　　　　目			平板(焊接安装)			
			每个构件体积(m³)			
			0.2 以内		0.3 以内	
			履带吊	汽车吊	履带吊	汽车吊
基　　　　价　　(元)			**1478.29**	**1834.05**	**1090.42**	**1333.66**
其中	人　工　费　(元)		559.13	642.00	435.45	492.15
	材　料　费　(元)		217.02	217.02	143.11	143.11
	机　械　费　(元)		702.14	975.03	511.86	698.40
名　　　称		单位	单价(元)	数　　　　　　量		
人工	综合工日	工日	75.00	7.455	8.560	5.806	6.562
材料	方木垫	m³	670.00	0.028	0.028	0.018	0.018
	垫铁	kg	4.75	31.400	31.400	20.730	20.730
	麻绳	kg	8.50	0.050	0.050	0.050	0.050
	电焊条 结 422 φ2.5	kg	5.04	9.660	9.660	6.380	6.380
机械	履带式起重机 15t	台班	966.34	0.502	–	0.366	–
	汽车式起重机 20t	台班	1205.93	–	0.595	–	0.425
	交流弧焊机 30kV·A	台班	216.39	1.003	1.190	0.731	0.859

工作内容:同前

定 额 编 号				1-5-333	1-5-334	1-5-335	1-5-336
项 目				平板(不焊接安装)			
				每个构件体积(m³)			
				0.2 以内		0.3 以内	
				履带吊	汽车吊	履带吊	汽车吊
基 价 (元)				**956.92**	**1272.22**	**695.12**	**910.74**
其中	人 工 费 (元)			452.63	535.50	328.95	385.73
	材 料 费 (元)			19.19	19.19	12.49	12.49
	机 械 费 (元)			485.10	717.53	353.68	512.52
名 称		单位	单价(元)	数		量	
人工	综合工日	工日	75.00	6.035	7.140	4.386	5.143
材料	方木垫	m³	670.00	0.028	0.028	0.018	0.018
	麻绳	kg	8.50	0.050	0.050	0.050	0.050
机械	履带式起重机 15t	台班	966.34	0.502	—	0.366	—
	汽车式起重机 20t	台班	1205.93	—	0.595	—	0.425

定 额 编 号			1-5-337	1-5-338	1-5-339	1-5-340
项 目			阳 台 板			
			重心在内		重心在外	
			履带吊	汽车吊	履带吊	汽车吊
基 价 (元)			**1492.04**	**1873.85**	**2273.14**	**2891.74**
其中	人 工 费 (元)		483.23	571.20	788.63	933.30
	材 料 费 (元)		259.10	259.10	259.10	259.10
	机 械 费 (元)		749.71	1043.55	1225.41	1699.34
名 称	单位	单价(元)	数		量	
人工 综合工日	工日	75.00	6.443	7.616	10.515	12.444
材 料	方木垫	m³	670.00	0.017	0.017	0.017	0.017
	二等板方材 综合	m³	1800.00	0.030	0.030	0.030	0.030
	支撑杉杆	m³	1120.00	0.115	0.115	0.115	0.115
	垫铁	kg	4.75	9.650	9.650	9.650	9.650
	麻绳	kg	8.50	0.050	0.050	0.050	0.050
	电焊条 结422 φ2.5	kg	5.04	3.700	3.700	3.700	3.700
机 械	履带式起重机 15t	台班	966.34	0.536	—	0.876	—
	汽车式起重机 20t	台班	1205.93	—	0.638	—	1.037
	交流弧焊机 30kV·A	台班	216.39	1.071	1.267	1.751	2.074

工作内容:同前

定 额 编 号				1-5-341	1-5-342	1-5-343	1-5-344
项 目				天 沟 板			
				每个构件体积(m³)			
				0.6 以内		0.8 以内	
				履带吊	汽车吊	履带吊	汽车吊
基 价 (元)				**1393.57**	**1702.95**	**1472.69**	**1814.24**
其中	人 工 费 (元)			574.43	671.93	617.78	726.15
	材 料 费 (元)			134.12	134.12	118.23	118.23
	机 械 费 (元)			685.02	896.90	736.68	969.86
名 称		单位	单价(元)	数		量	
人工	综合工日	工日	75.00	7.659	8.959	8.237	9.682
材料	方木垫	m³	670.00	0.007	0.007	0.006	0.006
	垫铁	kg	4.75	17.280	17.280	15.020	15.020
	麻绳	kg	8.50	0.030	0.030	0.030	0.030
	电焊条 结 422 φ2.5	kg	5.04	6.800	6.800	5.910	5.910
	脚手架材料费	元	—	12.825	12.825	12.825	12.825
机械	履带式起重机 25t	台班	1086.59	0.451	—	0.485	—
	汽车式起重机 25t	台班	1269.11	—	0.527	—	0.570
	交流弧焊机 30kV·A	台班	216.39	0.901	1.054	0.969	1.139

定 额 编 号				1-5-345	1-5-346	1-5-347	1-5-348
项 目				楼梯踏步		楼梯平台	
				焊接安装			
				每个构件体积(1.2m³以内)			
				履带吊	汽车吊	履带吊	汽车吊
基 价 (元)				**2810.67**	**3641.22**	**1653.95**	**2065.76**
其中	人 工 费 (元)			1113.08	1312.65	680.25	772.05
	材 料 费 (元)			129.51	129.51	81.28	81.28
	机 械 费 (元)			1568.08	2199.06	892.42	1212.43
名 称		单位	单价(元)	数			量
人工	综合工日	工日	75.00	14.841	17.502	9.070	10.294
材料	方木垫	m³	670.00	0.019	0.019	0.010	0.010
	垫铁	kg	4.75	18.470	18.470	11.770	11.770
	麻绳	kg	8.50	0.050	0.050	0.050	0.050
	电焊条 结422 φ2.5	kg	5.04	5.680	5.680	3.620	3.620
机械	履带式起重机 15t	台班	966.34	1.122	–	0.638	–
	汽车式起重机 20t	台班	1205.93	–	1.343	–	0.740
	交流弧焊机 30kV·A	台班	216.39	2.236	2.678	1.275	1.479

定 额 编 号				1-5-349	1-5-350	1-5-351	1-5-352
项 目				楼梯踏步		楼梯平台	
				不 焊 接			
				每个构件体积(1.2m³以内)			
				履带吊	汽车吊	履带吊	汽车吊
基 价 (元)				**2104.04**	**2838.87**	**1197.40**	**1565.07**
其中	人 工 费 (元)			1006.65	1206.15	573.75	665.55
	材 料 费 (元)			13.16	13.16	7.13	7.13
	机 械 费 (元)			1084.23	1619.56	616.52	892.39
名 称		单位	单价(元)	数		量	
人工	综合工日	工日	75.00	13.422	16.082	7.650	8.874
材料	方木垫	m³	670.00	0.019	0.019	0.010	0.010
	麻绳	kg	8.50	0.050	0.050	0.050	0.050
机械	履带式起重机 15t	台班	966.34	1.122	—	0.638	—
	汽车式起重机 20t	台班	1205.93	—	1.343	—	0.740

单位:10m³

定 额 编 号				1-5-353	1-5-354	1-5-355	1-5-356
项 目				楼梯踏步	楼梯平台	平 板	
				每个构件体积(m³)			
				1.2 以内	0.2 以内	0.3 以内	
				塔式起重机			
基 价 (元)				**1362.46**	**783.66**	**789.90**	**567.45**
其中	人 工 费 (元)			831.98	474.30	387.00	286.28
	材 料 费 (元)			129.51	81.28	217.02	143.11
	机 械 费 (元)			400.97	228.08	185.88	138.06
名 称		单位	单价(元)	数 量			
人工	综合工日	工日	75.00	11.093	6.324	5.160	3.817
材料	方木垫	m³	670.00	0.019	0.010	0.028	0.018
	垫铁	kg	4.75	18.470	11.770	31.400	20.730
	麻绳	kg	8.50	0.050	0.050	0.050	0.050
	电焊条 结 422 φ2.5	kg	5.04	5.680	3.620	9.660	6.380
机械	交流弧焊机 30kV·A	台班	216.39	1.853	1.054	0.859	0.638

工作内容:同前

单位:10m³

定　额　编　号				1-5-357	1-5-358
项　　　　目				小型构件	
				构件体积(0.1m³ 以内)	
				焊　接	不焊接
				卷扬机	
基　　　价　（元）				**972.18**	**309.31**
其 中	人　工　费　（元）			486.45	302.18
	材　料　费　（元）			209.83	7.13
	机　械　费　（元）			275.90	－
名　　　称	单位	单价(元)		数	量
人工 综合工日	工日	75.00		6.486	4.029
材　料 垫铁	kg	4.75		26.430	－
方木垫	m³	670.00		0.010	0.010
麻绳	kg	8.50		0.050	0.050
电焊条 结 422 φ2.5	kg	5.04		15.310	－
机械 交流弧焊机 30kV·A	台班	216.39		1.275	－

工作内容: 构件翻身、就位、加固、安装、校正、垫实结点、焊接或紧固。沟盖板、排风道含构件连接处填缝灌浆。　　　　　　　　　单位:见表

定　额　编　号			1-5-359	1-5-360	1-5-361	1-5-362
项　　　　目			雨篷(挑檐)		沟盖板	排风道
			履带吊	塔式起重机		
单　　　　　　　位			10m³			10m
基　　　价　(元)			**1707.20**	**922.69**	**1166.68**	**418.49**
其中	人　工　费　(元)		621.60	532.35	822.38	219.98
	材　料　费　(元)		109.05	109.05	344.30	40.33
	机　械　费　(元)		976.55	281.29	–	158.18
名　　　称	单位	单价(元)	数		量	
人工 综合工日	工日	75.00	8.288	7.098	10.965	2.933
材料 方木垫	m³	670.00	0.054	0.054	0.037	0.004
垫铁	kg	4.75	11.040	11.040	–	0.490
麻绳	kg	8.50	0.050	0.050	–	–
电焊条 结422 φ2.5	kg	5.04	3.970	3.970	–	1.280
现浇混凝土 C20-10(砾石)	m³	191.49	–	–	–	0.020
水泥砂浆 1:2	m³	243.72	–	–	0.960	–
水泥砂浆 1:3	m³	205.32	–	–	0.400	0.120
其他材料费	元		–	–	3.410	0.400
机械 履带式起重机 15t	台班	966.34	0.672	–	–	–
交流弧焊机 30kV·A	台班	216.39	1.343	1.131	–	0.731
载货汽车 6t	台班	545.58	0.067	0.067	–	–

第六章 门 窗

说　　明

一、本章包括：木门、厂库房大门及特种门、铝合金门窗、塑钢门窗、采板组角门窗、不锈钢门、特殊五金安装 7 节共 108 个子目。

二、本章中门窗定额子目均按工厂制作、现场安装编制，执行中不得调整。

三、定额中的木门及厂库房大门不包括安装玻璃，设计要求安装玻璃，执行门窗玻璃的相应定额子目。

四、铝合金门窗、塑钢门窗及彩板门窗定额子目中包括纱门、纱扇。

五、门窗组合、门门组合和窗窗组合所需的拼条、拼角，可执行拼管的定额子目。

六、阳台门联窗，门和窗分别计算，执行相应的门、窗定额子目。

七、电子感应横移门、旋转门，不包括电子感应装置，另执行相应定额子目。

八、防火门的定额子目不包括门锁、闭门器、合页、顺序器等特殊五金，另执行特殊五金相应定额子目；不包括防火玻璃，另执行防火玻璃相应定额子目。

九、铝合金门窗、塑钢门窗、彩板门窗的五金及安装均包括在门窗的价格中。

十、木门包括了普通五金，不包括特殊五金和门锁，设计要求时执行特殊五金的相应定额子目。

十一、人防混凝土门和挡窗板均包括钢门窗框。

十二、冷藏库门包括门樘筒子板制作安装，门上五金由厂家配套供应。

十三、围墙的钢栅栏大门、钢板大门不包括地轨安装，不锈钢伸缩门包括了地轨的制作及安装。

十四、厂库房大门、围墙大门门上的五金铁件、滑轮、轴承的价格均包括在门的价格中。

工程量计算规则

一、除特殊规定外,各类门窗安装工程量均按门、窗洞口面积计算。

二、卷帘门安装按洞口高度增加 600mm 乘以门的图示宽度以平方米(m^2)计算,电动装置安装以套计算。

三、推拉栅栏门按图示尺寸以平方米(m^2)计算。

四、人防混凝土门和挡窗板按门和挡窗板的外围图示尺寸以平方米(m^2)计算。

五、不锈钢包门框按门框的展开面积以平方米(m^2)计算;固定亮玻璃按玻璃图示尺寸以平方米(m^2)计算;无框玻璃门、有框玻璃门、电子感应横移自动门按玻璃门的图示尺寸以平方米(m^2)计算,旋转门按套计算;电子感应自动装置按套计算。

六、围墙平开大门、钢窗附框及隔热断桥铝合金隐形纱窗,按图示尺寸以平方米(m^2)计算;不锈钢电动伸缩门按门洞宽度以米(m)计算;电动装置按套计算。

七、木门安装玻璃:全玻璃门及多玻璃门安玻璃均按门的框外围面积以平方米(m^2)计算;半截玻璃门(包括门亮子)安玻璃,按玻璃框上皮至中坎下皮高度乘以外围宽度以平方米(m^2)计算;零星玻璃按图示尺寸以平方米(m^2)计算。

八、防火玻璃按图示尺寸以平方米(m^2)计算。

九、拼管按图示尺寸以米(m)计算。

一、木门

1. 镶板门、胶合板门

工作内容:框扇安装、钉护口条、普通小五金、刷防腐油等。

单位:m²

定 额 编 号			1-6-1	1-6-2	1-6-3	1-6-4	1-6-5
项 目			纤维板门	胶合板门	镶板门	半截玻璃门	多玻璃门
基 价 (元)			**163.16**	**236.73**	**398.69**	**185.58**	**311.70**
其中	人 工 费 (元)		16.43	16.43	16.43	19.28	15.68
	材 料 费 (元)		142.72	214.24	363.16	161.47	287.88
	机 械 费 (元)		4.01	6.06	19.10	4.83	8.14
名 称	单位	单价(元)	数		量		
人工 综合工日	工日	75.00	0.219	0.219	0.219	0.257	0.209
材料 纤维板木门	m²	125.00	0.970	–	–	–	–
胶合板木门	m²	198.00	–	0.970	–	–	–
镶板木门	m²	350.00	–	–	0.970	–	–
松木半玻门	m²	145.00	–	–	–	0.970	–
多玻木门	m²	275.00	–	–	–	–	0.970
防腐油	kg	1.78	0.303	0.303	0.303	0.229	0.308
白合页 125mm	个	2.10	1.480	1.480	1.480	1.920	1.220
大拉手	个	23.00	0.660	0.660	0.660	0.580	0.610
插销 300mm	个	1.87	0.660	0.660	0.660	0.770	0.610
其他材料费	元	–	1.410	2.120	3.600	1.600	2.850
机械 其他机具费	元	–	4.010	6.060	19.100	4.830	8.140

2. 自由门

工作内容:同前

单位:m²

定 额 编 号			1-6-6	1-6-7	1-6-8	1-6-9
项　　　目			自　由　门			
			松　木		硬　木	
			无亮	带亮	无亮	带亮
基　　价　（元）			257.99	247.27	792.73	846.95
其中	人　工　费　（元）		35.63	39.08	42.15	46.35
	材　料　费　（元）		216.72	202.12	728.12	776.23
	机　械　费　（元）		5.64	6.07	22.46	24.37
名　　称	单位	单价(元)	数			量
人工 综合工日	工日	75.00	0.475	0.521	0.562	0.618
材料 松木全玻门	m²	175.00	0.970	–	–	–
松木全玻门带亮	m²	172.00	–	0.970	–	–
硬木全玻门	m²	697.00	–	–	0.970	–
硬木全玻门带亮	m²	758.00	–	–	–	0.970
防腐油	kg	1.78	0.149	0.155	0.149	0.155
弹簧合页 双弹 L200	副	55.00	0.810	0.600	0.810	0.600
其他材料费	元	–	2.150	2.000	7.210	7.690
机械 其他机具费	元	–	5.640	6.070	22.460	24.370

3. 装饰门

工作内容: 同前

单位:m²

定 额 编 号			1-6-10	1-6-11	1-6-12	1-6-13	1-6-14	1-6-15
项 目			装 饰 门					
			实 木		贴 面		模 压 板	
			带门框	不带门框	带门框	不带门框	带门框	不带门框
基 价 (元)			**1242.08**	**724.41**	**640.29**	**423.21**	**366.95**	**234.69**
其中	人 工 费 (元)		27.00	12.90	27.00	12.90	22.50	8.33
	材 料 费 (元)		1181.92	689.56	594.10	397.61	333.55	219.35
	机 械 费 (元)		33.16	21.95	19.19	12.70	10.90	7.01
名 称	单位	单价(元)	数			量		
人工 综合工日	工日	75.00	0.360	0.172	0.360	0.172	0.300	0.111
材料 实木装饰门带门框	m²	1200.00	0.970	–	–	–	–	–
实木装饰门扇	m²	698.00	–	0.970	–	–	–	–
榉木贴面装饰门带门框	m²	600.00	–	–	0.970	–	–	–
榉木贴面装饰门扇	m²	400.00	–	–	–	0.970	–	–
模压门带门框	m²	336.00	–	–	–	–	0.970	–
模压门扇	m²	220.00	–	–	–	–	–	0.970
防腐油	kg	1.78	0.308	–	0.308	–	0.308	–
白合页 100mm	个	3.10	1.830	1.830	1.830	1.830	1.220	1.220
其他材料费	元	–	11.700	6.830	5.880	3.940	3.300	2.170
机械 其他机具费	元	–	33.160	21.950	19.190	12.700	10.900	7.010

4. 推拉门等

工作内容:同前

单位:m²

定　额　编　号			1-6-16	1-6-17	1-6-18	1-6-19	1-6-20	1-6-21
项　　　　　　目			推拉门	壁柜推拉门	壁橱门	阁楼门	门窗玻璃	
							门窗玻璃	零星玻璃
基　　　价　（元）			392.95	261.00	208.95	239.20	24.78	26.68
其中	人　工　费　（元）		41.25	79.73	22.28	49.20	4.13	7.95
	材　料　费　（元）		340.39	174.70	180.62	183.64	20.65	18.73
	机　械　费　（元）		11.31	6.57	6.05	6.36	－	－
名　　　称	单位	单价(元)	数			量		
人工 综合工日	工日	75.00	0.550	1.063	0.297	0.656	0.055	0.106
材料 推拉木门	m²	305.00	0.970	－	－	－	－	－
推拉门滑轨	m	23.00	1.060	－	－	－	－	－
推拉门滑轮	套	13.20	1.224	－	－	－	－	－
门铁件	kg	4.50	0.141	－	－	－	－	－
壁柜推拉门	m²	127.00	－	0.970	－	－	－	－
壁柜门上滑轨	m	30.00	－	0.589	－	－	－	－
壁柜门下滑轨	m	24.00	－	0.589	－	－	－	－

定 额 编 号			1-6-16	1-6-17	1-6-18	1-6-19	1-6-20	1-6-21
项 目			推拉门	壁柜推拉门	壁橱门	阁楼门	门窗玻璃	
							门窗玻璃	零星玻璃
材料	壁柜门上滑轮	套	6.60	–	1.510	–	–	–	–
	壁柜门下滑轮	套	5.30	–	1.510	–	–	–	–
	壁橱门	m²	179.00	–	–	0.970	–	–	–
	阁楼门	m²	145.00	–	–	–	0.970	–	–
	暗插销	个	23.00	–	–	–	1.140	–	–
	防腐油	kg	1.78	–	–	0.308	0.564	–	–
	玻璃 3mm	m²	15.00	–	–	–	–	1.053	1.236
	白合页 100mm	个	3.10	–	–	1.500	4.500	–	–
	油灰	kg	5.00	–	–	–	–	0.877	–
	清油	kg	8.80	–	–	–	–	0.016	–
	油漆溶剂油	kg	4.87	–	–	–	–	0.026	–
	其他材料费	元	–	3.370	1.730	1.790	1.820	0.200	0.190
机械	其他机具费	元	–	11.310	6.570	6.050	6.360	–	–

二、厂库房大门、特种门

1. 厂库房大门

工作内容:预埋铁件、框扇安装、五金安装等。

单位:m²

定 额 编 号			1-6-22	1-6-23	1-6-24	1-6-25
项 目			厂库房大门			
			钢木大门		钢大门	
			平开	推拉	平开	推拉
基 价 (元)			**406.71**	**515.42**	**293.80**	**409.41**
其中	人 工 费 (元)		25.43	42.45	13.28	14.55
	材 料 费 (元)		371.74	461.52	271.24	379.94
	机 械 费 (元)		9.54	11.45	9.28	14.92
名 称	单位	单价(元)	数		量	
人工 综合工日	工日	75.00	0.339	0.566	0.177	0.194
材料 钢木大门	m²	355.60	0.970	0.970	—	—
钢大门	m²	260.00	—	—	0.970	0.970
橡胶板 各种规格	kg	9.68	0.288	0.221	0.215	0.033
铁件	kg	5.30	—	12.460	—	12.387
二等板方材 综合	m³	1800.00	0.005	—	0.001	—
镀锌五金铁件	kg	6.60	1.005	4.212	0.972	7.076
预埋铁件	kg	5.50	0.856	2.916	1.100	2.056
其他材料费	元	—	3.680	4.570	2.690	3.760
机械 其他机具费	元	—	9.540	11.450	9.280	14.920

注:本定额不包括固定铁件的混凝土垫块及门樘或梁柱内的预埋铁件。

2.特种门

工作内容:同前

单位:m²

定 额 编 号				1-6-26	1-6-27	1-6-28	1-6-29	1-6-30
项 目				安全户门	防火门		钢防盗门	防火玻璃
					木质	冷弯钢板		
基 价 (元)				**382.55**	**559.01**	**423.16**	**390.56**	**411.65**
其中	人 工 费 (元)			21.90	14.63	16.88	20.70	7.95
	材 料 费 (元)			349.05	527.47	393.62	369.86	391.88
	机 械 费 (元)			11.60	16.91	12.66	–	11.82
名 称		单位	单价(元)	数		量		
人工	综合工日	工日	75.00	0.292	0.195	0.225	0.276	0.106
材料	钢框安全户门	m²	355.00	0.970	–	–	–	–
	木防火门	m²	529.00	–	0.970	–	–	–
	冷弯钢板防火门	m²	377.00	–	–	0.970	–	–
	钢防盗门	m²	380.00	–	–	–	0.962	–
	防火玻璃 丙级	m²	400.00	–	–	–	–	0.970
	铁件	kg	5.30	0.234	1.720	0.424	–	–
	预埋铁件	kg	5.50	–	–	3.167	–	–
	垫铁	kg	4.75	–	–	0.918	–	–
	膨胀螺栓 M10～16(综合)	套	0.24	–	–	–	2.680	–
	其他材料费	元	–	3.460	5.220	3.900	3.660	3.880
机械	其他机具费	元	–	11.600	16.910	12.660	–	11.820

注:1.钢门窗安装按成品件考虑(包括五金配件和铁脚在内)。2.钢天窗安装角铁横档及连接件,设计与定额用量不同时,可以调整,耗损按6‰。3.实腹式或空腹式钢门窗均执行本定额。

工作内容:同前

单位:m²

定　额　编　号			1-6-31	1-6-32	1-6-33	1-6-34	1-6-35	1-6-36
项　　　　目			隔音门	保温门	变电室门	防射线门	冷藏库门	冷藏冻结间门
基　　价　（元）			**313.21**	**465.54**	**334.58**	**939.17**	**931.02**	**977.29**
其中	人　工　费　（元）		33.53	83.78	118.43	45.15	153.60	164.10
	材　料　费　（元）		270.60	369.03	207.63	867.79	757.35	790.83
	机　械　费　（元）		9.08	12.73	8.52	26.23	20.07	22.36
名　　　　称	单位	单价（元）	数			量		
人工 综合工日	工日	75.00	0.447	1.117	1.579	0.602	2.048	2.188
材料 隔音门	m²	260.00	0.970	—	—	—	—	—
保温门	m²	354.00	—	0.970	—	—	—	—
变电室门	m²	198.00	—	—	0.970	—	—	—
防射线门	m²	755.00	—	—	—	0.970	—	—
冷藏库门	m²	249.00	—	—	—	—	0.970	—
冷藏冻结间门	m²	309.00	—	—	—	—	—	0.970
海绵橡胶密封条	m	3.00	2.660	—	—	—	2.467	3.474
橡胶板 各种规格	kg	9.68	0.038	—	—	—	0.150	0.153
拉手 150mm	个	0.65	1.160	0.870	—	—	—	—
插销 300mm	个	1.87	0.580	0.440	—	—	—	—
预埋铁件	kg	5.50	—	1.050	1.247	—	—	—

单位:m²

定　额　编　号				1-6-31	1-6-32	1-6-33	1-6-34	1-6-35	1-6-36
项　　　　目				隔音门	保温门	变电室门	防射线门	冷藏库门	冷藏冻结间门
材 料	铁件	kg	5.30	–	0.434	0.798	0.988	–	–
	P 型橡胶条	m	1.50	–	2.541	–	–	–	–
	防腐油	kg	1.78	1.087	1.087	–	–	1.918	1.791
	白合页 100mm	个	3.10	1.160	1.550	–	–	–	–
	冷库门胶条	m	4.40	–	0.452	–	–	–	–
	镀锌铁丝窗纱	m²	5.40	–	–	0.449	–	–	–
	环氧粘接剂	kg	43.70	–	–	–	0.026	–	–
	铅板 各种规格	kg	17.70	–	–	–	6.160	–	–
	预埋螺栓	kg	7.15	–	–	–	0.200	–	–
	合页 150mm	个	8.63	–	–	–	1.160	–	–
	二等板方材 综合	m³	1800.00	–	–	–	–	0.195	0.211
	镀锌铁皮 $\delta = 0.5$	m²	23.20	–	–	–	–	–	0.574
	聚苯乙烯塑料板 1000×150	m³	435.00	–	–	–	–	0.325	0.152
	门铁件	kg	4.50	–	–	–	–	0.792	1.963
	乳胶	kg	5.80	–	–	–	–	0.019	0.019
	其他材料费	元	–	2.680	3.650	2.060	8.590	7.500	7.830
机 械	其他机具费	元	–	9.080	12.730	8.520	26.230	20.070	22.360

工作内容:同前

单位:m²

定　额　编　号			1-6-37	1-6-38	1-6-39	1-6-40	1-6-41
项　　　　　目			人防混凝土				钢制人防密闭门
			密闭门	防密门	门式悬板活门	挡窗板	
基　　　价　　（元）			**1279.58**	**1376.93**	**3211.45**	**704.87**	**2293.77**
其中	人　工　费　（元）		269.25	269.25	629.18	144.98	269.25
	材　料　费　（元）		986.64	1084.61	2519.21	548.63	1976.14
	机　械　费　（元）		23.69	23.07	63.06	11.26	48.38
名　　　称	单位	单价(元)	数			量	
人工 综合工日	工日	75.00	3.590	3.590	8.389	1.933	3.590
材料 人防钢筋混凝土密闭门	m²	1000.00	0.970	－	－	－	－
人防钢筋混凝土防密门	m²	1100.00	－	0.970	－	－	－
人防钢筋混凝土悬板活门	m²	2500.00	－	－	0.970	－	－
人防钢筋混凝土挡窗板	m²	560.00	－	－	－	0.970	－
钢制人防密闭门	m²	2010.00	－	－	－	－	0.970
万能胶	kg	14.50	－	－	0.084	－	－
橡胶板 各种规格	kg	9.68	－	－	7.030	－	－
P 型橡胶条	m	1.50	3.308	3.308	－	－	3.308
铁件	kg	5.30	0.360	0.360	－	－	0.360
其他材料费	元	－	9.770	10.740	24.940	5.430	19.570
机械 其他机具费	元	－	23.690	23.070	63.060	11.260	48.380

定 额 编 号			1-6-42	1-6-43	1-6-44	1-6-45	1-6-46
项 目			卷 帘 门				电动装置
			镀锌钢板	铝合金	彩板	不锈钢	
单 位			100m²				套
基 价 (元)			21383.37	33839.87	53088.62	58185.12	4008.17
其中	人 工 费 (元)		1966.50	2769.00	879.75	1598.25	82.50
	材 料 费 (元)		18466.87	29980.87	50281.87	54826.87	3825.20
	机 械 费 (元)		950.00	1090.00	1927.00	1760.00	100.47
名 称	单位	单价(元)	数			量	
人工 综合工日	工日	75.00	26.220	36.920	11.730	21.310	1.100
材料 镀锌钢板卷帘门	m²	180.00	100.000	–	–	–	–
铝合金卷帘门	m²	294.00	–	100.000	–	–	–
彩板卷帘门	m²	495.00	–	–	100.000	–	–
不锈钢卷帘门	m²	540.00	–	–	–	100.000	–
膨胀螺栓 M10~16(综合)	套	0.24	530.000	530.000	530.000	530.000	–
电焊条 422 结 φ2.5	kg	5.04	5.060	5.060	5.060	5.060	5.000
五金铁件	kg	4.56	28.800	28.800	28.800	28.800	–
卷帘门电动装置	套	3800.00	–	–	–	–	1.000
其他材料费	元	–	182.840	296.840	497.840	542.840	–
机械 其他机具费	元	–	950.000	1090.000	1927.000	1760.000	100.470

工作内容:同前

定　额　编　号			1-6-47	1-6-48	1-6-49	1-6-50	1-6-51
项　　　　　　目			围墙大门				钢推拉栅栏门
			钢栅栏大门	钢板大门	不锈钢电动伸缩门	伸缩门电动装置	
单　　　　　　位			100m²		m	套	100m²
基　　价　（元）			**32335.35**	**29175.60**	**1726.10**	**5971.82**	**20875.03**
其中	人　工　费　（元）		1903.50	1833.75	80.40	209.25	5625.00
	材　料　费　（元）		29400.85	26400.85	1602.62	5600.00	15250.03
	机　械　费　（元）		1031.00	941.00	43.08	162.57	—
名　　称	单位	单价(元)	数			量	
人工 综合工日	工日	75.00	25.380	24.450	1.072	2.790	75.000
材料 钢栅栏围墙大门	m²	290.00	100.000	—	—	—	—
钢板大门	m²	260.00	—	100.000	—	—	—
不锈钢电动伸缩门	m	1600.00	—	—	1.000	—	—
伸缩门电动装置	套	5600.00	—	—	—	1.000	—
钢推拉栅栏门	m²	150.00	—	—	—	—	100.000
五金铁件	kg	4.56	57.000	57.000	0.399	—	28.900
预埋铁件	kg	5.50	21.500	21.500	—	—	21.500
不锈钢电焊条 302	kg	40.00	—	—	0.020	—	—
电焊条 结 422 φ2.5	kg	5.04	4.500	4.500	—	—	—
机械 其他机具费	元	—	1031.000	941.000	43.080	162.570	—

三、铝合金门窗安装

1.铝合金门

工作内容: 现场搬运,校正框扇、安装、裁安玻璃及五金配件、周边塞口、清扫等。

单位:100m²

定 额 编 号				1-6-52	1-6-53	1-6-54	1-6-55
项 目				平 开 门		推 拉 门	
				半截玻璃门	全玻璃门	半截玻璃门	全玻璃门
基 价 (元)				**48747.17**	**47118.43**	**36836.35**	**32553.77**
其中	人 工 费 (元)			4995.00	4995.00	4335.00	4335.00
	材 料 费 (元)			42382.17	40784.43	31534.35	27329.77
	机 械 费 (元)			1370.00	1339.00	967.00	889.00
名 称		单位	单价(元)	数		量	
人工	综合工日	工日	75.00	66.600	66.600	57.800	57.800
材料	铝合金半玻平开门	m²	453.60	92.510	–	–	–
	铝合金全玻平开门	m²	436.50	–	92.510	–	–
	铝合金半玻推拉门	m²	337.50	–	–	92.510	–
	铝合金全玻推拉门	m²	292.50	–	–	–	92.510
	其他材料费	元	–	419.630	403.810	312.220	270.590
机械	其他机具费	元	–	1370.000	1339.000	967.000	889.000

定　　额　　编　　号				1-6-56	1-6-57	1-6-58
项　　　　　目				自由门	隔热断桥铝复合门	
					平开门	推拉门
基　　　价　（元）				**51786.74**	**79073.37**	**70664.22**
其中	人　工　费　（元）			4335.00	5550.00	5550.00
	材　料　费　（元）			45898.74	73523.37	65114.22
	机　械　费　（元）			1553.00	–	–
名　　　　称		单位	单价（元）	数		量
人工	综合工日	工日	75.00	57.800	74.000	74.000
材料	铝合金自由门	m²	470.00	96.690	–	–
	隔热断桥铝合金平开门	m²	780.00	–	92.510	–
	隔热断桥铝合金推拉门	m²	690.00	–	–	92.510
	密封油膏	kg	3.74		52.510	52.510
	密封填料	kg	17.98	–	24.540	24.540
	其他材料费	元	–	454.440	727.950	644.700
机械	其他机具费	元	–	1553.000	–	–

2. 铝合金窗

工作内容:同前

单位:100m²

定 额 编 号				1-6-59	1-6-60	1-6-61	1-6-62
项 目				平 开 窗		推 拉 窗	
				单玻	双玻	单玻	双玻
基 价 (元)				39137.71	42929.11	30116.73	33056.20
其中	人 工 费 (元)			3217.50	3375.00	2925.00	3075.00
	材 料 费 (元)			34910.21	38326.11	26343.73	28916.20
	机 械 费 (元)			1010.00	1228.00	848.00	1065.00
名 称		单位	单价(元)	数		量	
人工	综合工日	工日	75.00	42.900	45.000	39.000	41.000
材料	铝合金单玻平开窗	m²	363.60	94.600	–	–	–
	铝合金双玻平开窗	m²	399.60	–	94.600	–	–
	铝合金单玻推拉窗	m²	274.50	–	–	94.600	–
	铝合金双玻推拉窗	m²	301.50	–	–	–	94.600
	膨胀螺栓 M10~16(综合)	套	0.24	700.000	602.000	480.000	450.000
	其他材料费	元	–	345.650	379.470	260.830	286.300
机械	其他机具费	元	–	1010.000	1228.000	848.000	1065.000

定　额　编　号			1-6-63	1-6-64	1-6-65
项　　　　　　目			固定窗	百叶窗	拼管安装
单　　　　　　位			100m²		m
基　　价　（元）			28499.29	37132.56	51.69
其中	人　工　费　（元）		3157.50	3120.00	11.70
	材　料　费　（元）		24713.79	33050.56	39.03
	机　械　费　（元）		628.00	962.00	0.96
名　　　　　称	单位	单价(元)	数		量
人工 综合工日	工日	75.00	42.100	41.600	0.156
材料 铝合金固定窗	m²	260.10	92.640	－	－
铝合金百叶窗	m²	349.20	－	92.640	－
铝合金拼管	m	36.00	－	－	1.060
膨胀螺栓 M10~16(综合)	套	0.24	1556.000	1556.000	2.020
其他材料费	元	－	244.690	327.230	0.390
机械 其他机具费	元	－	628.000	962.000	0.960

定　额　编　号			1-6-66	1-6-67	1-6-68	1-6-69
项　　　　　目			隔热断桥铝复合窗			隔热断桥铝合金隐形纱窗
			推拉窗	固定窗	平开窗	
基　　价　（元）			**53375.95**	**41997.21**	**62219.22**	**10144.23**
其中	人　工　费　（元）		5678.25	3157.50	5700.00	1027.50
	材　料　费　（元）		47697.70	38839.71	56519.22	9090.00
	机　械　费　（元）		－	－	－	26.73
名　　　称	单位	单价(元)	数		量	
人工 综合工日	工日	75.00	75.710	42.100	76.000	13.700
材料 隔热断桥铝合金推拉窗	m²	490.00	94.640	－	－	－
隔热断桥铝合金固定窗	m²	400.00	－	92.640	－	－
隔热断桥铝合金平开窗	m²	580.00	－	－	95.040	－
密封油膏	kg	3.74	36.670	53.400	68.890	－
密封填料	kg	17.98	39.750	66.710	32.190	－
隔热断桥铝合金隐形纱窗	m²	90.00	－	－	－	100.000
其他材料费	元	－	472.250	384.550	559.600	90.000
机械 其他机具费	元	－	－	－	－	26.730

四、塑钢门窗

1.塑钢门

工作内容:现场搬运、校正框扇、安装、裁安玻璃及五金配件、周边塞口、清扫等。

单位:100m²

定 额 编 号			1-6-70	1-6-71	1-6-72	1-6-73
项 目			平 开 门		推 拉 门	
			单玻	双玻	单玻	双玻
基 价 (元)			**36859.55**	**40622.04**	**35929.24**	**38675.17**
其中	人 工 费 (元)		5736.75	5866.50	4849.50	5055.00
	材 料 费 (元)		29703.80	33168.54	29759.74	32036.17
	机 械 费 (元)		1419.00	1587.00	1320.00	1584.00
名 称	单位	单价(元)	数		量	
人工 综合工日	工日	75.00	76.490	78.220	64.660	67.400
材料 塑钢单玻平开门	m²	305.10	95.290	—	—	—
塑钢双玻平开门	m²	341.10	—	95.290	—	—
塑钢单玻推拉门	m²	302.40	—	—	96.320	—
塑钢双玻推拉门	m²	325.80	—	—	—	96.320
膨胀螺栓 M10～16(综合)	套	0.24	1403.000	1403.000	1408.000	1408.000
其他材料费	元	—	294.100	328.400	294.650	317.190
机械 其他机具费	元	—	1419.000	1587.000	1320.000	1584.000

2.塑钢窗

工作内容:同前

单位:100m²

定 额 编 号			1-6-74	1-6-75	1-6-76	1-6-77	1-6-78
项 目			固定窗	平开窗		推拉窗	
				单玻	双玻	单玻	双玻
基 价 (元)			**25330.09**	**33606.17**	**37492.86**	**29969.48**	**34002.18**
其中	人 工 费 (元)		2186.25	3219.00	3373.50	2674.50	2901.00
	材 料 费 (元)		22083.84	29151.17	32653.36	26237.98	29752.18
	机 械 费 (元)		1060.00	1236.00	1466.00	1057.00	1349.00
名 称	单位	单价(元)	数			量	
人工 综合工日	工日	75.00	29.150	42.920	44.980	35.660	38.680
材料 塑钢固定窗	m²	224.10	96.650	–	–	–	–
塑钢单玻平开窗	m²	295.20	–	96.320	–	–	–
塑钢双玻平开窗	m²	331.20	–	–	96.320	–	–
塑钢单玻推拉窗	m²	266.40	–	–	–	96.650	–
塑钢双玻推拉窗	m²	302.40	–	–	–	–	96.650
膨胀螺栓 M10~16(综合)	套	0.24	858.000	1787.000	1787.000	961.000	961.000
其他材料费	元	–	218.650	288.630	323.300	259.780	294.580
机械 其他机具费	元	–	1060.000	1236.000	1466.000	1057.000	1349.000

五、彩板组角门窗

1. 彩板组角窗

工作内容:现场搬运,校正框扇、安装、裁安玻璃及五金配件、焊接铁件、周边塞口、清扫等。

单位:m²

定 额 编 号			1-6-79	1-6-80	1-6-81	1-6-82	1-6-83	1-6-84
项 目			推拉窗	平开窗	固定窗	百叶窗	悬窗	窗附框
基 价 (元)			**357.89**	**378.95**	**259.72**	**384.13**	**415.65**	**77.80**
其中	人 工 费 (元)		20.85	24.68	15.90	21.68	24.68	3.38
	材 料 费 (元)		326.38	342.99	234.18	350.51	377.46	74.42
	机 械 费 (元)		10.66	11.28	9.64	11.94	13.51	–
名 称	单位	单价(元)	数			量		
人工 综合工日	工日	75.00	0.278	0.329	0.212	0.289	0.329	0.045
材 料	彩板组角推拉窗	m²	339.30	0.948	–	–	–	–	–
	彩板组角平开窗	m²	356.40	–	0.948	–	–	–	–
	彩板组角固定窗	m²	243.00	–	–	0.948	–	–	–
	彩板组角百叶窗	m²	364.50	–	–	–	0.948	–	–
	彩板组角悬窗	m²	392.40	–	–	–	–	0.948	–
	彩板组角附框46系列	m²	65.45	–	–	–	–	–	1.000
	膨胀螺栓 M10~16(综合)	套	0.24	6.220	7.190	6.220	6.220	7.190	–
	镀锌固定件	个	1.20	–	–	–	–	–	6.860
	其他材料费	元	–	3.230	3.400	2.320	3.470	3.740	0.740
机械 其他机具费	元	–	10.660	11.280	9.640	11.940	13.510	

2. 彩板组角门

工作内容:同前

单位:m²

定 额 编 号				1-6-85	1-6-86	1-6-87	1-6-88
项 目				平开门	推拉门	弹簧门	固定门
基 价 (元)				**582.84**	**395.46**	**608.74**	**348.06**
其 中	人 工 费 (元)			48.45	39.60	46.88	34.20
	材 料 费 (元)			518.17	342.37	536.92	302.16
	机 械 费 (元)			16.22	13.49	24.94	11.70
名 称		单位	单价(元)	数			量
人工	综合工日	工日	75.00	0.646	0.528	0.625	0.456
材 料	彩板组角平开门	m²	540.00	0.946	–	–	–
	彩板组角推拉门	m²	356.40	–	0.946	–	–
	彩板组角弹簧门	m²	558.00	–	–	0.946	–
	彩板组角固定门	m²	312.30	–	–	–	0.946
	膨胀螺栓 M10~16(综合)	套	0.24	9.160	7.620	15.560	15.560
	其他材料费	元	–	5.130	3.390	5.320	2.990
机械	其他机具费	元	–	16.220	13.490	24.940	11.700

六、不锈钢门

工作内容: 1. 不锈钢包门框:安装骨架、钉基层、粘贴不锈钢片面层、清扫等全部操作过程。

2. 门安装:锚固件安装、门安装等。

单位:100m²

定 额 编 号				1-6-89	1-6-90	1-6-91	1-6-92
项 目				不锈钢片包门框		无框玻璃门	有框玻璃门
				木龙骨	钢龙骨		
基 价 (元)				**42263.87**	**47529.25**	**103061.24**	**101625.32**
其中	人 工 费 (元)			11431.50	11518.50	6525.75	7800.00
	材 料 费 (元)			29408.37	34092.75	93595.49	90730.32
	机 械 费 (元)			1424.00	1918.00	2940.00	3095.00
名 称		单位	单价(元)	数		量	
人工	综合工日	工日	75.00	152.420	153.580	87.010	104.000
材料	一等板方材 综合	m³	2050.00	1.264	0.504	—	—
	无框玻璃门	m²	980.00	—	—	94.560	—
	有框玻璃门	m²	950.00	—	—	—	94.560
	角钢综合	kg	4.00	51.000	1600.000	—	—
	镜面不锈钢板 δ=1mm	m²	220.00	109.140	109.140	—	—
	不锈钢卡口槽	m	17.70	106.000	106.000	—	—
	万能胶	kg	14.50	30.000	30.000	—	—
	其他材料费	元	—	291.170	337.550	926.690	898.320
机械	其他机具费	元	—	1424.000	1918.000	2940.000	3095.000

注: 木骨架枋材40×45,设计与定额不符合时可以换算。

工作内容:安装、调试等全部操作过程。

单位:套

定 额 编 号			1-6-93	1-6-94	1-6-95	1-6-96
项 目			旋转门	电子感应横移门	电子感应装置	
				m²	平移门	旋转门
基 价 （元）			**64298.00**	**1004.73**	**15318.02**	**151982.54**
其中	人 工 费 （元）		2475.00	82.50	165.00	412.50
	材 料 费 （元）		60600.00	909.00	15150.00	151500.00
	机 械 费 （元）		1223.00	13.23	3.02	70.04
名 称	单位	单价（元）	数		量	
人工 综合工日	工日	75.00	33.000	1.100	2.200	5.500
材料 旋转门 直径3m	套	60000.00	1.000	—	—	—
电子感应横移门	m²	900.00	—	1.000	—	—
平移门自动感应装置	套	15000.00	—	—	1.000	—
旋转门自动感应装置	套	150000.00	—	—	—	1.000
其他材料费	元	—	600.000	9.000	150.000	1500.000
机械 其他机具费	元	—	—	1223.000	13.230	3.020	70.040

注:木骨架枋材40×45,设计与定额不符合时可以换算。

七、特殊五金安装

工作内容:刻槽、打孔、安装各种五金等。

单位:个

定 额 编 号			1-6-97	1-6-98	1-6-99	1-6-100
项 目			门锁安装		地弹簧安装	金属管子拉手
			执手锁	弹子锁		
基 价 (元)			**62.32**	**34.20**	**202.34**	**40.77**
其中	人 工 费 (元)		16.35	15.38	30.53	16.58
	材 料 费 (元)		44.44	18.18	169.68	23.23
	机 械 费 (元)		1.53	0.64	2.13	0.96
名 称	单位	单价(元)	数		量	
人工 综合工日	工日	75.00	0.218	0.205	0.407	0.221
材料 执手锁	把	44.00	1.000	-	-	-
弹子锁	把	18.00	-	1.000	-	-
地弹簧(铜面)365mm	个	168.00	-	-	1.000	-
大拉手	个	23.00	-	-	-	1.000
其他材料费	元	-	0.440	0.180	1.680	0.230
机械 其他机具费	元	-	1.530	0.640	2.130	0.960

注:木骨架枋材40×45,设计与定额不符合时可以换算。

定　额　编　号			1-6-101	1-6-102	1-6-103	1-6-104
项　　　　　　目			推扳手	暗插销	闭门器	
					明装	暗装
单　　　　位			个	10 个		
基　　价　（元）			**19.89**	**323.20**	**1244.80**	**1433.79**
其中	人　工　费（元）		4.20	82.50	112.50	299.25
	材　料　费（元）		15.15	232.30	1111.00	1111.00
	机　械　费（元）		0.54	8.40	21.30	23.54
名　　　称	单位	单价(元)	数		量	
人工 综合工日	工日	75.00	0.056	1.100	1.500	3.990
材料 推扳手	个	15.00	1.000	–	–	–
暗插销	个	23.00	–	10.000	–	–
闭门器	个	110.00	–	–	10.000	10.000
其他材料费	元	–	0.150	2.300	11.000	11.000
机械 其他机具费	元	–	0.540	8.400	21.300	23.540

注:木骨架枋材 40×45,设计与定额不符合时可以换算。

工作内容:定位、弹线、安装骨架、钉木基层、粘贴不锈钢片面层、清扫等全部操作过程。刻槽、打孔、安装各种五金。 单位:10个

定　额　编　号				1-6-105	1-6-106	1-6-107	1-6-108
项　　　　目				门镜	门磁吸	不锈钢防盗链	电子锁
基　　　价　（元）				**102.75**	**92.47**	**575.40**	**2320.00**
其中	人　工　费　（元）			37.35	75.00	30.00	300.00
	材　料　费　（元）			60.60	17.47	545.40	2020.00
	机　械　费　（元）			4.80	－	－	－
名　　　　称		单位	单价（元）	数			量
人工	综合工日	工日	75.00	0.498	1.000	0.400	4.000
材料	门镜	个	6.00	10.000	－	－	－
	门磁吸	只	1.73	－	10.000	－	－
	不锈钢防盗链	只	54.00	－	－	10.000	－
	电子锁	把	200.00	－	－	－	10.000
	其他材料费	元	－	0.600	0.170	5.400	20.000
机械	其他机具费	元	－	4.800			

注:木骨架枋材 40×45,设计与定额不符合时可以换算。